突发事件卫生应急培训教材

# 核和辐射突发事件处置

主 编 苏 旭

主 审 王作元 刘 英 叶常青 郭 勇

编 者

（以姓氏笔画为序）

邢志伟　中国医学科学院放射医学研究所&血液病医院
刘建香　中国疾控中心辐射安全所
问清华　广东台山核电运营有限公司
苏　旭　中国疾控中心辐射安全所
张　伟　中国疾控中心辐射安全所
张良安　中国医学科学院放射医学研究所
侯长松　中国疾控中心辐射安全所
姜恩海　中国医学科学院放射医学研究所&血液病医院
袁　龙　中国疾控中心辐射安全所
雷翠萍　中国疾控中心辐射安全所

人民卫生出版社

图书在版编目（CIP）数据

核和辐射突发事件处置 / 苏旭主编. —北京：人民卫生出版社，2013

突发事件卫生应急培训教材

ISBN 978-7-117-17585-2

Ⅰ. ①核…　Ⅱ. ①苏…　Ⅲ. ①核能－放射性事故－处理－职业培训－教材　Ⅳ. ①TL73

中国版本图书馆 CIP 数据核字（2013）第 135753 号

| 人卫社官网　www.pmph.com | 出版物查询，在线购书 |
|---|---|
| 人卫医学网　www.ipmph.com | 医学考试辅导，医学数据库服务，医学教育资源，大众健康资讯 |

**突发事件卫生应急培训教材**
**——核和辐射突发事件处置**

---

主　　编：苏　旭
出版发行：人民卫生出版社（中继线 010-59780011）
地　　址：北京市朝阳区潘家园南里 19 号
邮　　编：100021
E - mail：pmph @ pmph.com
购书热线：010-59787592　010-59787584　010-65264830
印　　刷：北京铭成印刷有限公司
经　　销：新华书店
开　　本：787×1092　1/16　　印张：16
字　　数：389 千字
版　　次：2013 年 9 月第 1 版　2014 年 11 月第 1 版第 4 次印刷
标准书号：ISBN 978-7-117-17585-2/R · 17586
定　　价：53.00 元
打击盗版举报电话：010-59787491　E-mail：WQ @ pmph.com
（凡属印装质量问题请与本社市场营销中心联系退换）

　　近年来，自然灾害、事故灾难、突发公共卫生事件和社会安全事件频繁发生，已成为世界各国关注的焦点。突发公共事件具有突发性强、破坏性大、波及范围广的特点，直接影响经济社会协调发展和广大人民群众身体健康与生命安全。卫生应急作为突发公共事件应对的重要内容，一直以来受到党中央、国务院的高度重视和社会各界的高度关切。自 2003 年 SARS 疫情之后，我国加快了卫生应急体系建设，并取得了显著成效。特别是在汶川地震、玉树地震，以及甲型 H1N1 流感、人感染 H7N9 禽流感疫情等突发公共事件的应对中，充分显示出我国卫生应急能力的长足进步。

　　做好突发事件卫生应急工作，要求我们必须培养造就一支高素质的人才队伍。为推进全国卫生应急培训工作规范化和标准化建设，根据《医药卫生中长期人才发展规划（2011-2020年）》、《2012-2015 年全国卫生应急培训规划》、《全国卫生应急工作培训大纲（2011-2015 年）》要求，我办组织卫生应急各个领域的百余名专家，结合卫生应急工作特点和近年来突发事件卫生应急应对实践，历时一年多，编制了这套突发事件卫生应急培训系列教材。全套教材由传染病突发事件处置、紧急医学救援、中毒事件处置、核和辐射突发事件处置、卫生应急物资保障、卫生应急风险沟通等 6 个分册组成，立足卫生应急岗位需要，突出实用性，凸显科学性，提高可操作性，对各级各类卫生应急人员培训具有很强的指导作用。

　　希望各级卫生行政部门和各类医疗卫生机构利用好这套教材，加大投入，完善制度，强化考核，大力开展卫生应急管理和专业技术人员的培训工作，全面提高突发事件卫生应急处置能力。

　　各位参与教材编写的专家在本职工作比较繁忙的情况下，查阅和收集大量资料，按时、保质、保量地完成了编写工作，付出了很多心血和智慧，同时，教材编写也得到了中美新发和再发传染病合作项目（EID）的大力支持，在此一并表示衷心感谢。

　　由于内容多、涉及面广，此系列教材难免出现一些错误和疏漏，请给予批评指正。

国家卫生计生委卫生应急办公室

2013 年 8 月 19 日

# 前　言

随着我国经济的发展和科技的进步,核和辐射技术在工业、农业、核能、医疗及科学研究等领域的应用日益广泛,极大地促进了社会进步和经济发展。然而,核和辐射技术是一把"双刃剑",在造福人类的同时,核和辐射事故时有发生,伤害和威胁着人们的健康与安全。据不完全统计,1988～2008年间我国发生放射事故约592起。1986年前苏联切尔诺贝利核电站事故的惨痛教训依然让人们记忆犹新,2011年日本福岛核电站事故又一次给人们敲响了警钟,再次表明核能并非绝对安全。为保障我国核和辐射技术应用的可持续协调发展、保护公众生命安全和健康权益,加强核和辐射突发事件卫生应急队伍能力建设,提高应急响应能力和水平具有重要的现实意义。

应急队伍及人员的培训是应急准备的重要内容,也是提高队伍应急能力的重要途径。为规范和加强核和辐射突发事件卫生应急培训工作,原卫生部卫生应急办公室组织有关专家组成了编委会,编写了《核和辐射突发事件处置》卫生应急培训教材,内容覆盖了辐射防护基础、放射生物学基础、相关法律法规、组织体系、心理干预、媒体交流、辐射监测、剂量估算、现场救援、临床救治和案例分析等。

本教材可供各级卫生行政部门、放射防护机构、核辐射损伤救治基地、定点医院等单位及卫生应急专业队伍中的管理人员和专业技术人员培训和开展工作时使用,也可供大专院校教学参考。

参加本教材编审工作的有中国疾病预防控制中心、中国医学科学院、军事医学科学院、台山核电运营有限公司等单位和部门的专家学者。主编苏旭研究员对该教材进行了统筹规划,张良安研究员撰写了第一章和第五章,刘建香研究员撰写了第二章,袁龙和雷翠萍助理研究员撰写了第三章,侯长松研究员撰写了第四章,问清华教授撰写了第六章,姜恩海和邢志伟研究员撰写了第七章,张伟研究员撰写了第八章。该教材强化理论与实践相结合,力求实用,并提供了案例介绍。在此,编委会对参与编审的人员的严谨工作态度、忘我工作作风表示诚挚的敬意和感谢。

鉴于编写时间有限,本教材难免不尽如人意或疏漏之处,恳请广大读者提出批评指正,使本教材再版时进一步完善,更好地服务于核和辐射突发事件卫生应急工作。

编　者

2013年8月

# 目　录

## 第一章　辐射防护基础

# 第二章　放射生物学基础

# 第三章　应急准备与响应

## 第四章　应急干预与辐射防护

## 第五章　辐射监测与剂量估算

# 第六章　核和辐射事故现场救援

## 第七章　放射损伤的临床救治

## 第八章　核和辐射事故案例分析

# 第一章 >>>

## 辐射防护基础

## 第一节 核物理学基础

### 一、原子物理学基础

#### （一）物质和元素

物质为构成宇宙万物的实物、场等客观事物，是能量的一种聚集形式。

一种元素是一种物质，用普通的化学方法不能将它分解成更简单的一些物质。到 2007 年为止，总共有 118 种元素被发现，其中有 94 种存在于地球上。拥有原子序数大于 82 的元素（即铋及之后的元素）都是不稳定，并会进行放射衰变。

#### （二）原子

原子是构成化学元素的基本单元和化学变化中的最小微粒，即不能用普通的化学变化再分的微粒。

#### （三）原子结构

不同元素的原子具有不同的性质，但它们的结构是十分相似的。原子由带正电的原子核和带负电的核外电子组成，原子核非常小，它的体积约为整个原子体积的几千万亿分之一，但原子质量的 99.95% 以上都集中在原子核内。

一个原子的中子和质子构成了核心，即原子核，电子在不同的轨道上围绕着原子核旋转，最靠近原子核的轨道最多只能容纳 2 个电子，而第二层轨道能达到 8 个电子，……依此类推直到外层轨道。内层轨道称为 K 轨道（或 K 壳层）。第二层轨道为 L 壳层，第三层轨道为 M 壳层等，K、L、M、N 壳层最多能够容纳的电子数分别是 2、8、18、32。例如，图 1-1 表示的锌的原子结构中有 30 个电子，排列在 4 层壳层中。

每一个原子的质子数通常与电子数相同。这就是说原子核里的正电荷总数等于原子电子负电荷的总数，因而原子通常是电中性的。原子核外的电子按照轨道绕核运行。在某一轨道上的电子具有一定的能量，电子可以吸收外来的能量从能量较低的轨道跃迁到能量较高的轨道，这种现象叫做原子的激发。如果外来的能量较大，使得轨道上的电子脱离原子核的束缚力而自由运

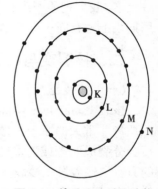

图 1-1　锌原子的原子结构

动,则叫原子的电离。当电子从能量较高的外层轨道跃迁到能量较低的内层轨道时,电子将多余的能量以电磁波的形式辐射出来。

原子核是由质子和中子组成的,质子带正电荷,其所带正电荷与电子所带的负电荷数目相等,所以原子中的电子数与原子核内的质子数是相等的。中子是不带电的中性粒子。原子核内的质子和中子数的总和叫做原子质量数。

### (四)质量数

如果原子中电子的微小质量可以忽略的话,原子的质量就可以用质子和中子的数目来确定。质子数加上中子数的和称为质量数,用符号 $A$ 表示:

$$质量数(A)=质子数+中子数$$

### (五)原子序数

原子中质子的数目称为原子序数,用符号 $Z$ 表示:

$$原子序数(Z)=质子数$$

质子数也就是原子序数,它确定了原子的化学特性,因而也确定了元素。因此:

原子序数为 1 的所有原子是氢原子;原子序数为 2 的所有原子是氦原子;原子序数为 3 的所有原子是锂原子;原子序数为 4 的所有原子是铍原子;原子序数为 5 的所有原子是硼原子;原子序数为 6 的所有原子是碳原子;原子序数为 30 的所有原子是锌原子等,自然界中存在的元素最重的是铀,铀的原子序数是 92。近年来,大约有 12 种高原子序数的元素可以由人工生产出来。

### (六)同位素

虽然某种特定元素的所有原子都含有相同数目的质子,但是有可能具有不同数目的中子,这意味着一种元素可以有几种类型的原子。这些不同类型的原子称为该元素的同位素。例如: $^{32}_{15}P$ 是磷的同位素。

因为元素的化学特性取决于这种元素的原子序数,所以重要的是要记住:一种给定元素的所有同位素在化学性质上是相同的。

天然存在的同位素大多是以同位素混合物状态出现,其他同位素可以用核粒子轰击(例如,在核反应堆中用中子轰击)天然同位素来产生。这些人工生产的同位素是不稳定的,最终将以放出次级粒子或 γ 射线的方式进行衰变。

综上所述,同位素的定义是:具有相同原子序数即相同核电荷数的所有原子属于同一种元素,我们把原子序数相同而质量数不同的各元素统称为某元素的同位素。它们在元素周期表上占有同一位置,它们的化学性质相同。

## 二、核裂变与核聚变

### (一)核裂变

核裂变(nuclear fission)又称核分裂是一个原子核分裂成几个原子核的变化。只有一些质量非常大的原子核像铀、钍等才能发生核裂变。这些原子的原子核在吸收一个中子以后会分裂成两个或更多个质量较小的原子核同时放出 2~3 个中子和很大的能量又能使别的原子核接着发生核裂变……使过程持续进行下去这种过程称作链式反应。原子核在发生核裂变时释放出巨大的能量称为原子核能俗称原子能。1 吨铀 -235 的全部核的裂变将产生

20 000 兆瓦小时的能量（足以让 20 兆瓦的发电站运转 1000 小时）与燃烧 300 万吨煤释放的能量一样多。

铀裂变在核电厂最常见加热后铀原子放出 2～4 个中子,中子再去撞击其他原子从而形成链式反应而自发裂变。撞击时除放出中子还会放出热再加快撞击,但如果温度太高反应炉会熔掉而演变成反应炉熔毁造成严重灾害,因此通常会放控制棒(硼制成)去吸收中子以降低分裂速度。

按分裂的方式裂变可分为自发裂变和感生裂变。自发裂变是没有外部作用时的裂变类似于放射性衰变,是重核不稳定性的一种表现,感生裂变是在外来粒子,最常见的是中子轰击下产生的裂变。

核裂变是在 1938 年发现的,由于当时第二次世界大战的需要,核裂变被首先用于制造威力巨大的原子武器——原子弹。原子弹的巨大威力就是来自核裂变产生的巨大能量。目前人们除了将核裂变用于制造原子弹外,更努力研究利用核裂变产生的巨大能量为人类造福,让核裂变始终在人们的控制下进行,核电站就是这样的装置。

不稳定的重核比如铀 -235 的核可以自发裂变。快速运动的中子撞击不稳定核时也能触发裂变。由于裂变本身释放分裂的核内中子所以如果将足够数量的放射性物质(如铀 -235)堆在一起那么一个核的自发裂变将触发近旁两个或更多核的裂变其中每一个至少又触发另外两个核的裂变依此类推而发生所谓的链式反应。这就是称之为原子弹(实际上是核弹)和用于发电的核反应堆(通过受控的缓慢方式)的能量释放过程。对于核弹链式反应是失控的爆炸,因为每个核的裂变引起另外好几个核的裂变。对于核反应堆反应进行的速率用插入铀(或其他放射性物质)堆的可吸收部分中子的物质来控制使得平均起来每个核的裂变正好引发另外一个核的裂变。

核裂变所释放的高能量中子移动速度极高(快中子),因此必须通过减速以增加其撞击原子的机会同时引发更多核裂变。一般商用核反应堆多使用慢化剂将高能量中子速度减慢变成低能量的中子(热中子)。商营核反应堆普遍采用普通水、石墨和较昂贵的重水作为慢化剂。

**(二)核聚变**

核聚变,又称核融合,是指由质量小的原子,比方说氘和氚,在一定条件下(如超高温和高压),发生原子核互相聚合作用,生成中子和氦 -4,并伴随着巨大的能量释放的一种核反应形式。原子核中蕴藏巨大的能量。根据质能方程 $E = mc^2$,原子核之静质量变化(质量亏损)造成能量的释放。

核聚变反应是当前很有前途的新能源。参与核反应的氢原子核如氢气、氘、氚、锂等从热运动获得必要的动能而引起的聚变反应见核聚变。热核反应是氢弹爆炸的基础可在瞬间产生大量热能但目前尚无法加以利用。如能使热核反应在一定约束区域内根据人们的意图有控制地产生与进行即可实现受控热核反应。这正是目前在进行试验研究的重大课题。受控热核反应是聚变反应堆的基础。相比核裂变,核聚变的放射性污染等环境问题少很多。如氘和氚之核聚变反应,其原料可直接取自海水,来源几乎取之不尽,因而是比较理想的能源取得方式。

太阳的能量来自它中心的热核聚变,如超高温和高压发生原子核互相聚合作用生成新的质量更重的原子核并伴随着巨大的能量释放的一种核反应形式。如果是由轻的原子核变化为重的原子核叫核聚变如太阳发光发热的能量来源。

目前人类已经可以实现不受控制的核聚变如氢弹的爆炸。但是要想能量可被人类有效利用必须能够合理的控制核聚变的速度和规模实现持续、平稳的能量输出。科学家正努力研究如何控制核聚变但是现在看来还有很长的路要走。

核聚变能释放出巨大的能量但目前人们只能在氢弹爆炸的一瞬间实现非受控的人工核聚变。而要利用人工核聚变产生的巨大能量为人类服务就必须使核聚变在人们的控制下进行这就是受控核聚变。实现受控核聚变具有极其诱人的前景。不仅因为核聚变能放出巨大的能量而且由于核聚变所需的原料——氢的同位素氘可以从海水中提取。经过计算 1L 海水中提取出的氘进行核聚变放出的能量相当于 300L 汽油燃烧释放的能量。全世界的海水几乎是"取之不尽"的，因此受控核聚变的研究成功将使人类摆脱能源危机的困扰。

利用核能的最终目标是要实现受控核聚变。裂变时靠原子核分裂而释出能量。聚变时则由较轻的原子核聚合成较重的较重的原子核而释出能量。最常见的是由氢的同位素氘（又叫重氢）和氚（又叫超重氢）聚合成较重的原子核如氦而释出能量。核聚变较之核裂变有两个重大优点。一是地球上蕴藏的核聚变能远比核裂变能丰富得多。据测算每升海水中含有 0.03g 氘，所以地球上仅在海水中就有 45 万亿吨氘。1L 海水中所含的氘经过核聚变可提供相当于 300L 汽油燃烧后释放出的能量。地球上蕴藏的核聚变能约为蕴藏的可进行核裂变元素所能释出的全部核裂变能的 1000 万倍可以说是取之不竭的能源。至于氚虽然自然界中不存在，但靠中子同锂作用可以产生，而海水中也含有大量锂。

## 三、电离辐射

在辐射防护领域，将能在物质中产生离子对的辐射称之为电离辐射。X 和 γ 射线辐射能间接引起物质原子电离，因此是一种电离辐射。这时可以认为 X 和 γ 射线是由光子组成的，但它们的来源各异。γ 射线来自核衰变，当不稳定的核分裂或衰变，变成稳定的核时，多余的能量以 γ 射线方式放出，而 X 射线则来自核外电子的相互作用。X 射线由两种原子核外的物理过程产生：①高速电子在物质中受阻而减速，其能量以轫致辐射的形式放出；②高速电子与靶原子碰撞，把内壳层某一能级上的电子击出原子，然后外壳层某一能级上的电子去填补内壳层留下的空位，放出能量等于这两个能级之差的光子，产生了特征 X 射线。因此，X 射线实际上包括轫致辐射和特征 X 射线两个部分，前者的能量为连续谱，最大能量等于轰击靶的电子的动能；后者为几种单能的光子，能量取决于靶原子的电子壳层结构。轰击电子的能量越高，后者所占的比例越小。

使原子电离需要克服的电子的束缚能一般在几到几十个电子伏（eV），经计算，1eV 能量的入射粒子的波长不大于 1μm，也就是说，一般比紫外线的波长还短。这样 X、γ 射线能在生物物质中产生离子对，发生电离，而一般的电磁波包括无线电波、微波、红外线、可见光等是不会引起电离的。因此将 X、γ 射线称为电离辐射；而不能将无线电波、红外线、可见光、紫外线等称为电离辐射，常把它们称为非电离辐射。

电离辐射和非电离辐射都是由量子或按波运动方式传播的能量波包组成的辐射，一般称为电磁辐射。电磁辐射的成员除 X、γ 射线外，还有紫外线、可见光（紫、蓝、绿、黄、橙、红色光）、红外线和无线电波。每个量子的能量与辐射的波长有关，实验证明，$E \propto 1/\lambda$，式中 $E$ 是电磁辐射光子或量子的能量，$\lambda$ 是它的波长。

# 第二节 放射性及其单位

## 一、放射性衰变规律

放射性物质的衰变具有统计学性质。因此要预示任何一种特定原子的衰变是不可能的。但放射性衰变规律具有指数规律性质。在数学上用公式（1-1）表示：

$$N = N_0 e^{-\lambda t} \tag{1-1}$$

式中 $N_0$ 是衰变开始时的原子核数；$N$ 是衰变开始后 $t$ 时刻的原子核数；$\lambda$ 是放射性衰变常数，它是一个原子核在单位时间内发生衰变的几率，衰变常数与外界条件（温度、压力、磁场等）无关。

放射性核素的半衰期（$T_{1/2}$）是该核素的原子核衰减到一半所需要的时间，将 $N = N_0/2$ 代入公式（1-1）就可得到：

$$T_{1/2} = \frac{0.693}{\lambda} \tag{1-2}$$

放射性核素经过一段时间（$\tau$）的衰变以后，当剩下的核素数目为初始核素数目的 37% 时，我们称 $\tau$ 为该放射性核素的平均寿命。$\tau$ 可以通过 $\tau = 1.44 T_{1/2}$ 计算。

## 二、放射性活度

单位时间内放射性物质发生衰变的原子核数称为放射性活度，按公式（1-3）计算。

$$A = A_0 e^{-\lambda t} \tag{1-3}$$

式中，$A_0$ 是衰变前的放射性活度，$A$ 是经过时间 $t$ 的衰变后的放射性活度。放射性活度的国际制（SI）单位是贝克勒尔：符号 Bq，它定义为 1 核衰变/秒，与居里（旧的放射性活度单位）相比，贝可勒尔是一个很小的单位，实际上，采用通用的倍数词头是很方便的，平常工作中 Bq、MBq 和 TBq 用得比较多。

放射性活度过去常用的单位是居里（Ci），1 居里（Ci）= $3.7 \times 10^{10}$ Bq。质量为 1g 的 $^{226}$Ra 放射性活度近似为 1 居里。

## 三、放射性衰变

一些核素能自发地发射 α、β 等带电粒子，或 γ 射线，或轨道电子俘获后释放 X 射线，或发生自发裂变，称这样的核素为放射性核素。放射性核素都能自发的发射一种或多种射线并同时改变能量状态，或转变为另一种核素。例如，$^{218}$Po 发射一个 α 粒子就变为 $^{214}$Pb，再发射一个 β 就变成 $^{214}$Bi。通常把上述过程称为核衰变，也称为放射性衰变。核衰变有自己的规律，不受外界任何条件的影响和限制。核衰变的主要类型有 α 衰变、β 衰变和 γ 衰变等。

### （一）α 衰变

放射性核素的核自发地发射出 α 粒子的过程称为 α 衰变。α 粒子实际上是放射性核素

放射出来的高速飞行的氦原子核,它由两个中子和两个质子组成。如果用 X 表示衰变前的核素,Y 表示衰变后的子核,则有:

$$_Z^A X \rightarrow _{Z-2}^{A-4} Y + _2^4 He$$

α 粒子是带正电荷的,质量较大,接近 4,比电子重约 7500 倍,运动较慢,它每次与电子碰撞只损失很少一部分能量,需要通过多次碰撞,速度才逐渐减慢,而且基本不改变方向。α 粒子损失的能量使得粒子径迹附近形成大量的激发分子与离子,例如 $^{210}$Po 衰变产生的一个 5.6MeV 的 α 粒子通过 3.8cm 的空气层被阻停时总共产生约 150 000 个离子对和更多地激发分子。因此,当 α 粒子穿入介质后,随着穿入深度的增加和更多电离事件的发生,能量渐被耗失,使粒子运动变得更慢,而慢速粒子又引起了更多的电离事件,故在其行径的末端,电离密度明显增大,形成峰值(图 1-2),称为布拉格峰(Bragg peak)。

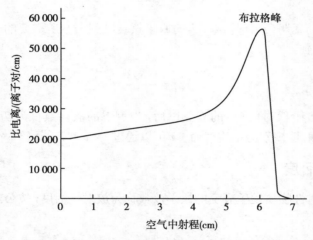

图 1-2  α 粒子在空气中的比电离曲线(李宗扬,2002)

α 粒子外照射对机体不会产生严重危害。但发射 α 粒子的放射性核素进入体内时,造成的损伤较大。

**(二)β 衰变**

β 衰变分为 β$^-$、β$^+$ 和电子俘获三种情况。

β$^-$ 衰变实际上是原子核内的一个中子转变为质子的过程,β$^-$ 粒子就是电子。β$^-$ 衰变后母核与子核的质量数未改变,但由于核中多了一个质子,故原子序数增加了一个单位,并且发射一个中微子($\nu$)。

$$_Z^A X \rightarrow _{Z+1}^A X + \beta^- + \nu$$

中微子是一种基本粒子,不带电,质量极小,几乎不与其他物质作用,广泛存在自然界的粒子。

重原子核的中子数多于质子数,α 辐射使中子数和质子数都减少了 2,但是,中子减少的比例比质子小得多,在 $_{92}^{238}$U 衰变过程中,质子数从 92 中减少 2,而中子数从 146 中减少 2,所以,中子数减小的比例显然要小些。因此,α 辐射的效果是产生中子过多的核,这种核是不稳定的。这些中子过多的原子核不是简单地发射出一个中子(或几个中子)来修正它的

不稳定性,而是原子核中的一个中子通过发射出一个 β 粒子(即高速电子)转变成质子:

$$_{0}^{1}n \rightarrow {}_{1}^{1}p + \beta^-$$

这种现象称之为 β 发射,在 $_{92}^{238}U$ 的 α 衰变后形成的 $_{90}^{234}Th$ 情况下,$_{90}^{234}Th$ 通过 $\beta^-$ 发射进一步衰变成 $_{91}^{234}Pa$:

$$_{90}^{234}Th \rightarrow {}_{91}^{234}Pa + \beta^- \quad 或 \quad _{90}^{234}Th \xrightarrow{\beta^-} {}_{91}^{234}Pa$$

在 β 衰变过程中发射的电子有连续的能谱分布,其范围从 0 到某个最大能量 $E_{max}$。这个最大能量是特定的原子核的特性,实验发现,β 的平均能量约为 $1/3 E_{max}$(图 1-3)。

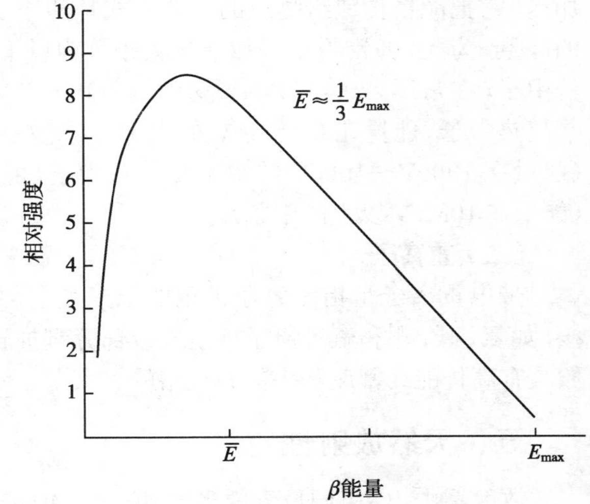

高能电子包括放射性核素核转变时释放出的 β 射线(电子或正电子)及电子加速器产生的接近单一能量的电子束。放射治疗中由直线加速器产生的电子流,其能量为几至十几 MeV(高能电子),主要在组织深部产生最大的电离作用。而 $^{90}Sr$ 辐射源放出 0.53MeV 的 β 粒子则在浅层(1~2mm 的深度)引起最大的电离作用。

$$\overline{E} \approx \frac{1}{3}E_{max}$$

**图 1-3　典型的 β 能谱(李宗扬,2002)**

## (三)γ 衰变

有些放射性核素在发生 α 或 β 衰变后,生成的子核往往处于激发状态,这个状态是不稳定的,它们将通过发射 γ 射线的方式,释放出多余的能量,跃迁到低能态或基态,这个过程叫 γ 衰变。在 γ 衰变过程中,原子核的质量数和电荷数都未发生变化,只是能量状态改变了而已。在大多数情况下,原子核发射出一个 α 粒子或一个 β 粒子以后,原子核本身要重新排列,这时便以 γ 射线的形式释放出能量。一般而言,核的衰变数不等于所释放出的射线数。图 1-4 是常用 γ 放射源的核衰变图。

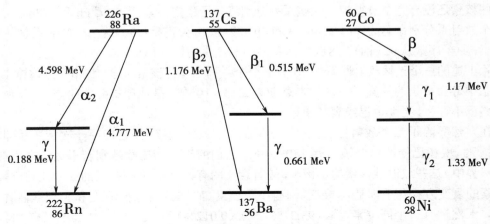

**图 1-4　常用 γ 放射源的核衰变图(李宗扬,2002)**

## 四、其他粒子辐射

### （一）中子辐射

中子是质量约为 1 个原子质量单位的不带电的粒子，在自由状态下是不稳定的，能以 11.7 分钟的半衰期自发的衰变为一个质子与一个电子。中子通过组织时不受带电物质的干扰，与带电粒子相比，在质量与能量相同条件下，中子的穿透力较大。中子本身不能直接被加速，它把能量传递给物质的主要方式是和原子核相互作用。与核作用的几率取决于中子的能量，为此，通常将中子按能量大小分为以下 6 类：①热中子：指与周围介质达到热平衡的中子，在常温（20.4℃）下平均能量为 0.025eV，现在将 0.5eV 以下的中子都称为热中子；②超热中子（能量在 0.5~1eV 的中子）；③慢中子（能量在 1~100eV 的中子）；④中能中子（能量在 100eV~10keV 的中子）；⑤快中子（能量在 10keV~10MeV 的中子）；⑥高能中子（能量在 10MeV 以上的中子）。

### （二）重离子

带电重离子是指比氢原子重的原子被全部或部分剥掉轨道电子后的带正电荷的原子核，如氦、碳、硼和氩等原子被全部或部分剥掉轨道电子后的带正电荷的原子核。重离子一般具有高传能线密度和尖的布拉格峰。

## 五、天然放射性

放射系中，始祖同位素的半衰期很长，铀 -238 的半衰期为 45 亿年，这与地球的年龄大致相同。钍 -232 的半衰期更长，达 140 亿年，正是由于这个缘故，才使它们得以在地球上留存。不过，放射系中其他成员的半衰期要短得多。最长的不过几十万年；最短的还不到百万分之一秒。显然，它们是不可能在地球上单独存在的。但是，放射系中的每个成员都不但会衰变而减少，而且同时也会由于上一个成员的衰变而得到补充，因此只要放射系的始祖元素存在，各中间成员也就绝不会消失。当放射系中各中间成员衰变掉的量与生成的量相等时，即各成员之间的比值保持恒定不变时，这种状态被称为放射性平衡。

天然放射系是自然界存在的三个主要放射系：①$^{238}$U 系，又称铀系或铀镭系；②$^{235}$U 系，又称锕系或锕铀系；③$^{232}$Th 系，又称钍系。由于这三个系的"始祖"核素的寿命都很长，所以这些核素还没有完全衰变掉。这些系列分别终止于稳定核素 $^{206}$Pb、$^{207}$Pb 和 $^{208}$Pb。可将上述三个放射系分别命名为 $4n+2$、$4n+3$ 和 $4n$ 放射系（n 为正整数）。这三个放射系总共有 47 种核素，原子序数从 92（铀）到 81（铊），各系中都产生惰性气体氡。

除上述的三个天然放射性系外，还有一个个系列的母体核素为镎（$^{237}$Np），故称镎系。由于镎系中寿命最长的核素——镎的半衰期为 $2.14×10^6$ 年，是地球年龄的四分之一，所以在自然界已不存在，至今也已经衰减殆尽。

在自然界除了三个放射性系列外，还存在一些放射性核素，它们经一次衰变后即成为稳定核素，现在已知的这类核素有 180 多种。它们的半衰期在数秒到若干亿年之间变化。在自然界中，这些放射性核素的量极少，较有意义的有钾、铷、铟等核素的放射性同位素，这些核素的衰变方式几乎都是 β- 衰变，只有少数核素（如 $^{40}$K）具有 β- 衰变和 K 俘获两种衰变方式。天然钾有三个同位素，$^{39}$K（93.31%），$^{40}$K（0.012%）和 $^{41}$K（6.7%），其中只有 $^{40}$K 具有放射性，它的半衰期为 $1.27×10^9$ 年。1g 天然钾 1 秒钟内约放出 28 个能量为 1.31MeV 的

β- 粒子，另外还放出 3 个能量为 1.46MeV 的 γ 光子。

## 六、感生放射性

当对稳定的材料用一些特定的放射线照射后，使其具有放射性，这种放射性称为感生放射性。多数放射线不导致其他材料具有放射性。

中子活化是感生放射性的主要形式。中子辐射可以从核裂变、核反应和高能的反应中得到。

用核粒子轰击较轻的元素可以产生放射性元素。在核反应堆中，当中子击中一个原子核时，它可能被吸收并且发射出 γ 射线。这样的过程称为中子，γ（n，γ）反应。产生的原子通常是不稳定的，这是因为中子过剩最终要通过发射 β 辐射而衰变。

# 第三节　电离辐射与物质相互作用

电离辐射与物质的相互作用中，带电粒子与不带电粒子有着显著的差异。一般情况下，带电粒子穿过物质时，由于受原子核和电子的静电库仑场作用，几乎会与它遇到的每个原子发生作用，作用次数十分频繁，然而，每次作用损失的能量却不多。从宏观来看，带电粒子在物质中是连续损失能量。不带电粒子，因为它不带电荷，所以在物质中相互作用次数不多，但是每次相互作用，常有较大的能量损失。

## 一、带电粒子与物质的相互作用

在剂量学领域中的带电粒子，是指放射性核素衰变时发出的或加速器发射出的电子、正电子、质子和 α 粒子，还有 γ 射线通过物质时放出的高能电子，中子在物质内传播过程中产生的反冲核等，以及宇宙射线中存在的各种带电的基本粒子。在与物质相互作用中，通常把静止质量比电子大的那些带电粒子，统称为重带电粒子。

进入物质的带电粒子能与物质的原子、分子发生碰撞，这种碰撞有弹性的，也有非弹性的。弹性碰撞结果，产生一个反冲原子，该反冲原子可能获得入射粒子的大部分能量。不过只有当带电粒子能量很低时，才会有明显的弹性碰撞过程。对于常见的能量介于 $10^4 \sim 10^6 eV$ 的电子，发生弹性碰撞的几率仅为 5%，随着电子能量的增高，这种几率还会进一步减少，甚至可以忽略。一般情况下，带电粒子能量损失的主要原因是非弹性碰撞。

在非弹性碰撞中，入射的带电粒子通过电磁作用，把能量传递给原子的电子。如果原子的电子获得的能量足以使它脱离原子，则称之为电离；如果电子获得的能量不足以使它脱离原子，仅能使电子跃迁到原子的较高能级，则称此过程为激发。电离过程中被击出的电子，如果具有能使其他原子电离和激发的能量，则称这类电子为 δ 电子。带电粒子在电离、激发过程中损失的能量叫做带电粒子的"碰撞损失"，可以用物质对带电粒子的碰撞阻止本领给予定量描述。

### （一）α 粒子与物质的相互作用

α 粒子与物质相互作用有电离、激发和核反应三种形式。α 粒子通过物质时，与周围原子的壳层电子发生库仑（静电）碰撞，使壳层电子获得能量，当电子获得了足以克服原子核对它的束缚的能量时，就会脱离原子轨道，形成自由电子和带正电荷的原子核（正离子）组成的离子对,这就是电离效应。如果这些自由电子的能量足够大,并可继续产生电离的电子称为 δ 电子,此继发电离称为次级电离,通常称前者为初级电离。α 粒子在物质中前进时,通过电离不断的损失能量,用以产生离子对。一个能量为 5MeV 的 α 粒子在空气中可以产生 $1.5 \times 10^5$ 个离子对;但离子对的分布是不均匀的。α 射线在单位路程上产生的离子对数目称为比电离或电离密度。

α 射线在介质中运行时,还可能与原子核发生作用,它可能与原子核由于库仑作用而改变运动方向(称作卢瑟福散射)。还可能进入原子核而发生核反应,即产生出一个新核并释放一个或几个粒子,如 $^{210}$Po 放出的 α 射线轰击 Be 靶可发生如下核反应:

$$^{9}_{4}Be + ^{4}_{2}\alpha \rightarrow ^{12}_{6}C + ^{1}_{0}n + 5.901MeV$$

式中:n 为中子,上式可简写为: $^{9}_{4}Be(\alpha, n)^{12}_{6}C$,也可以称为 (α, n) 反应。

包括 α 粒子在内的所有带电粒子在物质中运动时,不断的损失能量,待能量耗尽时就停留在物质中。带电粒子沿初始运动方向所行进的最大距离称作入射粒子在该物质中的"射程"(用 R 表示)。入射粒子在物质中行径的实际轨迹长度称作"路径"。显然,"路径"要大于"射程"。

像 α 粒子之类的重带电粒子的质量大,它与物质原子的相互作用不会导致其运动方向有大的改变,其轨迹几乎是直线,因此,重带电粒子的"射程"基本上等于"路径"。

通常定义使 α 粒子减少了一半时的吸收体的厚度为 α 粒子的"平均射程"($R_m$)。在文献中,常会出现"外推射程"这个术语,这是将透射曲线开始下降的直线部分外推与横轴相交处,所对应的吸收体的厚度就成为"外推射程"($R_e$)。

当 α 粒子的能量在 3~7MeV 范围,在空气中的平均射程($R_a$)可以用经验公式(1-4)估算:

$$R_a = 0.318E^{3/2} \tag{1-4}$$

式中:$R_a$——α 粒子在空气中的平均射程,即 α 粒子入射点到其数目减少到入射时的一半之间的距离,单位为 cm;

$E$——α 粒子入射时的能量,单位 MeV。

α 粒子通过其他物质时的射程可以用经验公式(1-5)近似计算其数值:

$$R_m = 0.0032(A_m^{1/2}/\rho)R_a \tag{1-5}$$

式中:$R_m$——α 粒子在介质 m 中的平均射程,单位为 cm;

$A_m$——是介质 m 相对于空气的相对原子质量;

$\rho$——是介质 m 的密度,单位为 g/cm³。

**(二)β 粒子与物质的相互作用**

β 放射性核素所释放的 β 粒子能量一般在 4MeV 以下,在这样的能量范围内,β 射线与物质相互作用的主要形式是电离、激发、散射和产生次级 X 射线等。

与 α 射线一样,β 射线通过物质时,也会使周围的原子电离和激发,但其比电离值比 α 射线要小很多。1 个 3MeV 的电子,其比电离为每毫米 4 个离子对,而同样能量的 α 射线在 1mm 的路程上约可产生 4000 个离子对。由于 β 射线的比电离较小,因而其射程要比 α 射线大得多。

　　当高速电子通过物质时，与原子相互作用，不仅逐渐损失能量，而且改变运动方向，这种现象称为散射。散射现象对 α 粒子不明显，而质量比 α 粒子小很多的 β 粒子则容易被散射，并可能经历多次散射。这样，其散射角就有可能大于 90°，形成反散射。散射物质的原子序数越高，散射角也就越大。

　　当电子能量很高时，它的能量将主要损失于轫致辐射。入射电子除了在原子核电场作用下发出轫致辐射外，还可能在原子束缚电子的电场作用下发出轫致辐射。带电粒子在轫致辐射过程中损失的能量叫做带电粒子能量的"辐射损失"，可以用物质对带电粒子的辐射阻止本领给予定量描述。

　　对于电子，当其能量 < 10MeV 时，电子的"碰撞损失"远大于"辐射损失"；但当电子能量 > 150MeV 时，电子能量的"辐射损失"将是主要的。对于重带电粒子，弹性散射是不显著的，而且轫致辐射的发生几率也可以忽略不计，因此重带电粒子的能量损失几乎全是电离和激发过程的"碰撞损失"。

　　在实际工作中，可以认为 β 粒子的射程与物质的密度有关，而与物质的种类无关。通常使用物质的质量厚度（g/cm$^2$）来表示 β 粒子的射程。

　　β 粒子的强度在物质中的吸收近似地遵从指数定律：

$$I = I_0 e^{-\mu_m d_m} \tag{1-6}$$

其中：$I_0$——是 β 粒子开始入射物质时的强度；

　　　$I$——是 β 粒子穿过厚度为 $d_m$（g/cm$^2$），密度为 $\rho$（g/cm$^3$）的吸收物质后的强度；

　　　$\mu_m$——$\mu_m = \mu/\rho$ 是射线质能吸收系数，单位为 cm$^2$/g。$\mu_m$ 值与 β 粒子能量有关。

　　β 射线减至原来一半的吸收介质厚度称为半值层（$HVL$）。β 射线的最大射程（$R_{max}$）为其半值层的 7～8 倍。

## 二、非带电粒子与物质的相互作用

　　这里的非带电粒子，主要指 X 和 γ 射线及中子。

### （一）X 和 γ 射线与物质的相互作用

　　X 和 γ 射线的波长很短，具有很强的穿透能力。X 和 γ 射线通过物质时，将与其中的电子、核、带电粒子的电场以及原子核的介子场相互作用。其结果可能产生光子的吸收、弹性散射和非弹性散射。发生吸收时，光子的能量全部转变为其他形式的能量。弹性散射时仅仅改变辐射的传播方向。非弹性散射，不但改变辐射方向，同时也部分地吸收光子的能量。表 1-1 中列出了 X 和 γ 射线与物质相互作用的可能过程。不过表中的"光电效应"，"康普顿散射"及"电子对产生"过程是主要的，其他过程造成的能量损失很少。

　　**1. 光电效应**　在光电效应过程中，一个光子整个被原子吸收，继而从原子壳层发出一个电子，亦就是光电子。光电子出射角分布与入射光子能量有关，低能光子产生的光电子与入射方向成 90° 的方向上发射最多，随入射光子能量的加大而越来越多的光电子沿入射光子朝前发射。光电子的动能（$E_k$）等于光电子接受到的能量（$h\nu$）减去该电子在原子中的结合能（$B_i$）：

$$E_k = h\nu - B_i \tag{1-7}$$

　　一般光子能量远大于结合能，因此可认为光电子动能等于 γ 射线能量。如光子能量大

表1-1　X和γ射线与物质相互作用的可能过程（Frank H. Attix, 1968）

| 作用对象 | 作用类型 | | |
|---|---|---|---|
| | 吸收 | 散射 | |
| | | 弹性散射 | 非弹性散射 |
| 原子中的电子 | 光电效应 | 瑞利散射（低能范围） | 康普顿散射 |
| 核子 | 光核反应 hv≥10MeV | 弹性核散射 | 核共振散射 |
| 带电粒子周围的电场 | 电子对产生 hv≥1.02MeV | 德布里克散射 | — |
| 介子 | 光介子产生 hv≥140MeV | — | — |

于 K 层电子的结合能，则 80% 的光电子来自 K 层。内壳层电子射出后，留下的空位即为外壳层电子补充，此时会伴生下列现象：①发射特征 X 射线；②发射俄歇电子；③发射以上二者。特征 X 射线是当能态较高的电子，如 L 层跃迁到 K 层填补空位时，多余的能量以特征 X 射线形式放出。俄歇电子是俄歇效应释出的电子，俄歇效应是处于激发态的原子，当外壳层电子填充内壳层电子空位时，以发射轨道电子代替发射特征 X 射线的退激过程。低能光子在高原子序数物质中发生光电效应的几率很大，但随光子能量增加，原子序数的降低，光电效应的几率迅速下降。对于机体组织，其 K 壳层电子的结合能为 0.5keV，当入射光子能量为 50keV，发生光电效应时，光电子得到的能量为 49.5keV。光电子留下的空位被外层电子补充时，即使没有俄歇电子发生，特征 X 线的能量不可能超过 0.5keV，这些低能光子，几乎就在同一个细胞内被全部吸收。因此，一个光子在组织内若通过光电效被吸收，则几乎全部能量都转移到组织。

**2. 康普顿散射**　如果入射光子的能量比原子中束缚电子的结合能大很多，那么，从光子而言，可以认为这些电子是自由的。康普顿散射就是入射光子与这类自由电子间的碰撞过程。康普顿散射中，入射光子的一部分能量传递给电子，使其反冲出去，同时自己也改变了原来的方向。能量较低时，入射光子能量大部分被散射光子带走。能量较高时，入射光子能量大部分转移给电子，康普顿散射过程发生的几率随光子能量的增大而减小。一般的，入射光子与原子的一个轨道电子发生碰撞，将一部分能量传递给电子，自己却改变了运动方向。当 γ 射线能量在 0.5～5MeV 范围内时，γ 射线与物质的主要作用是康普顿效应。康普顿效应总是发生在束缚最松的外层电子上。当散射角 θ（图 1-5）为 0° 时，散射光子能量与入射光子相同，反冲电子能量 Ee = 0，这实际为入射光子仅从电子边掠过，未受到散射。当 θ = 180° 时散射光子沿入射光子相反方向回来，而反冲电子沿入射光子方向飞出，称之为反散射，此时散射光子能量为最小。

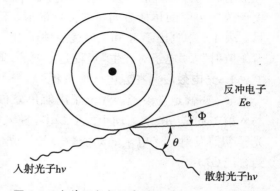

图 1-5　康普顿散射示意图（Frank H. Attix, 1968）

**3. 电子对产生** 在电子对产生过程中，入射光子与一个原子核周围的电场相互作用，光子的全部能量（$hv$）变成一个负电子和一个正电子的静止质量能，以及它们的动能。两个电子的总的动能 $T_e$（各占一半）用公式（1-8）计算：

$$T_e = hv - 1.02 \qquad (1-8)$$

正、负电子由于电离作用在物质中消耗了它们的动能，慢化并将停止的正电子与物质中自由电子复合向相反方向发射两个能量各为 0.511MeV 的光子，即湮没辐射。只有在入射光子能量大于 1.02MeV 时，才会发生电子对效应，实际上只当 γ 光子能量大于 2MeV 时，电子对效应才随能量的再增高，而成为相互作用的主要作用过程，并且在高原子序数的物质中尤为突出。

在生物软组织中，当 X 或 γ 射线的光子能量小于 50keV 时，以光电效应为主，此时光子将它的全部能量传递给轨道电子，使它具有动能而发射出去，这种能量吸收过程称为光电效应，所发射的电子称为光电子。当能量为 60～90keV 时，光电效应与康普顿效应大致相等。当能量为 0.2～2MeV 时，以康普顿效应为主，此时光子与介质原子的 1 个轨道电子碰撞，产生 1 个向一定角度发射的反冲电子和 1 个散射的带有剩余能量的光子，此过程称为康普顿效应。当能量为 5～10MeV 时，电子对的产生逐渐增加；50～100MeV 时，电子对产生为主要的能量吸收形式，形成电子对时，入射的高能光子转化为一对正负电子，形成的正电子慢化后，最终与负电子结合而转变为各约 0.511MeV 的两个光子，这个过程称为湮没辐射。

上述三种效应的发生与光子的能量及物质的原子序数有关。一般的，对于低原子序数的物质，康普顿效应在很宽的能量范围内占优势；对中等原子序数的物质，在低能时以光电效应为主，在高能时以电子对效应为主。

**4. 光子在物质中的衰减** 窄束光子减弱用准直、窄束几何条件，使那些与介质原子发生作用的光子都离开原入射线束，经过厚度为 $x$ 的吸收片后，在日常宽束条件的射线减弱规律由公式（1-9）表示：

$$I = I_0 B e^{-\mu_m x} \qquad (1-9)$$

式中：$I_0$ 为光子通过吸收片前的强度，这些光子包括入射的初始光子束及散射光子、湮没辐射以及轫致辐射等次级光子；

$I$ 为光子通过吸收片前的强度；

$\mu_m$ 为总质量减弱系数；

$B$ 称为积累因子，其定义是某一特定的辐射量在任一点处的总值与不经受任何碰撞到达该点的辐射量之比值，因而是大于 1 的值，它与光子能量及介质特性等有关。

**（二）中子与物质的相互作用**

中子是一种不带电荷的中性粒子。它与物质的相互作用既不同于带电粒子，也不同于光子。中子通过物质时与原子核外电子几乎不发生作用，中子与物质的作用只限于与原子核的作用，其反应几率与核的性质及中子能量有关。其作用可大体上分为散射和吸收两种作用类型。散射又可分为弹性散射、非弹性散射和去弹性散射三种。

弹性散射时中子将其部分能量传递给原子核，散射前后中子与原子核的总动能不变，获得能量的原子核称为反冲核，原子核越轻，中子传递给反冲核的能量越大，因此中子与氢核所形成的反冲质子,获取的能量最多(约有中子的一半能量传给反冲质子),此过程可记作(n, n),人体软组织与中子相互作用获取能量主要来源于此。非弹性散射是中子将一部分能量用于激发原子核,受激核释放光子后又退至基态,此过程可记作(n, n′)。这种散射只在中子能量大于原子核激发能时才可能发生。热中子在任何物质中都以辐射俘获作用为主,慢中子和轻核作用以弹性散射为主,与重核作用以辐射俘获为主,快中子和中能中子则主要是与原子核发生弹性散射作用(非弹性散射一般只在大于 0.1MeV 时才发生)。释放带电粒子的俘获只限于轻核且发生几率很小,去弹性散射只在高能中子才会发生。

### (三)质(量)能(量)转移系数

质能转移系数($\mu_{tr}$)是指不带电电离粒子在密度在 $\rho$ 的物质中穿行距离为 d$l$ 时,通过相互作用将其入射能量转移给次级带电粒子动能的份额。

在实际的辐射防护工作中,不仅需要计算单质元素材料的质能转移系数,也需要考虑空气、水、肌肉、混凝土等混合物和化合物材料的质能转移。这时需要知道混合物和化合物中不同元素的重量比,再以这个比为权数,将所含元素的质能转移系数加权平均,就可得到混合物和化合物的质能转移系数。

### (四)质能吸收系数

质能吸收系数($\mu_{en}/\rho$)是指质能转移系数减去次级带电粒子以韧致辐射形式损失的能量份额。$\mu_{tr}/\rho$ 与 $\mu_{en}/\rho$ 的差别依赖于韧致辐射的情况,当次级带电粒子的动能与它的静止能相近或更大时,两者差异会更显著,对于高原子序数物质中的相互作用来说,尤为如此。当该物质为空气,辐射是单能 X 或 γ 射线而在空气中每产生一对离子所消耗的平均能量与电子能量无关时,则 $\mu_{en}/\rho$ 与照射量除以能注量而得的商成正比。

在实际的辐射防护和剂量学中,不但需要计算单质元素材料的质能吸收系数,而且需要计算空气、水、肌肉、混凝土等混合物和化合物材料的质能吸收系数。这时需要知道混合物和化合物中不同元素的重量比,再以这个比为权数,将所含元素的质能吸收系数加权平均,就可得到混合物和化合物的质能吸收系数。

## 三、核辐射的穿透能力

α粒子是一种大而重的粒子(以氢原子核作为标准)穿过物质的速度比较慢,因此,沿着它的轨迹与原子发生相互作用的机会较多,在每次相互作用过程中都将放出一些能量。结果,α粒子很快地损失了能量,在浓密介质中只能穿过很短的距离。

β粒子的质量比 α 粒子小得多,能以较快的速度飞行,因此,它在单位径迹长度上只遭到很小的相互作用,从而放出能量的速率比 α 粒子慢得多,这意味着在浓密的介质中,β粒子比 α 粒子穿透得更远。

γ辐射主要与原子电子发生相互作用而损失能量,在浓密介质中,它能穿过较远的距离,并且很难全部被吸收。

中子通过多种相互作用放出能量,每种过程的相对重要性取决于中子的能量。由于这个原因,一般的做法是把中子至少分成三个能量组:快中子、中能中子和热中子。中子有很大的穿透性,在浓密介质中将穿过很长的距离。

表 1-2 总结了各种核辐射的特性和射程;列出的射程只是个粗略值,因为它们还取决于辐射的能量。

表 1-2　核辐射的特性（Frank H. Attix，1968）

| 辐射类型 | 质量(u) | 电荷 | 在空气中的射程 | 在生物组织中的射程 |
|---|---|---|---|---|
| α | 4 | +2 | 0.03m | 0.04mm |
| β | 1/1840 | −1（+ 正电子） | 3m | 5mm |
| X 和 γ 辐射 | 0 | 0 | 很长 | 能穿过人体 |
| 快中子 | 1 | 0 | 很大 | 能穿过人体 |
| 热中子 | 1 | 0 | 很大 | 0.15m |

# 第四节　辐射防护中常用量和单位

## 一、总论

防护实用量是从辐射防护监测的实际出发定义的量，这些量均是在一些特定的环境或辐射场中定义的，这些量仅用在辐射防护监测方面，不能用于其他目的。防护评价量是辐射防护评价的目标量，这些量主要通过物理量或实用量用计算或估算求得，它们本身是不可测的量。防护实用量是可测量的量，它们主要用于对有效剂量的评估。

## 二、剂量学基本物理量

### （一）吸收剂量

吸收剂量（$D$）是电离辐射授予体积元内物质的平均能量（$d\varepsilon$）除以该体积元的质量（$dm$）而得的商，即：

$$D = \frac{d\varepsilon}{dm} \tag{1-10}$$

吸收剂量的 SI 单位是"$J \cdot kg^{-1}$"，SI 单位的专门名称叫"戈瑞"（Gray），符号是"Gy"，$1Gy = 1J/kg$。过去曾用的吸收剂量的专用单位是"拉德"，其符号为"rad"，$1rad = 0.01Gy$。

应当注意的是，通常提到吸收剂量时，必须指明介质和所在的位置。由于吸收剂量将随辐射类型和物质的种类而异，因而在描述吸收剂量时，必须说明是哪种辐射对何种物质造成的吸收剂量。当吸收剂量分布不均匀时，还必须明确其位置。

### （二）吸收剂量均值

如上所述，吸收剂量是物质内任一点的特定值。然而，在吸收剂量的实际应用中，它通常指大的体积上的平均值。因此，在低剂量时，假定用一个特定组织或器官的吸收剂量均值作为吸收剂量的量度，对辐射防护而言是可以接受的。

吸收剂量均值是对整个特定器官（例如肝），组织（例如肌肉）或组织区域（例如骨表面，皮肤）范围内进行平均。吸收剂量能否代表特定器官、组织或组织区域电离辐射能量沉积的程度与一些因素有关。对于外照射，主要决定于照射在该组织中的均匀性和入射辐射的贯穿程度或射程。对强贯穿辐射（光子、中子），大多数器官内的吸收剂量分布是足够均匀的，因而，平均吸收剂量是对整个器官或组织范围内剂量的一个适当的度量。

### （三）注量

外辐射场主要用粒子注量或自由空气中的比释动能等物理量来描述，人体摄入放射性核素后的内辐射场决定于这些核素的生物动力学、人体解剖学和生理学参数。

注量是一个用于描述外辐射场的量。然而，在辐射防护中应用这个量不大方便，因而不用在剂量限值的定义方面。注量通常需要有粒子和粒子能量，以及方向分布的附加说明，这些与损伤的关系十分复杂。

一种辐射场可以用粒子数（$N$），它的能量和方向分布，及其这些量的空间和时间分布来完全地描述。这就需要明确其标量和矢量的特性。ICRP 已给辐射场方面的量下了明确的定义（ICRU 第 60 号报告书，1998），其中，提供方向分布信息的矢量主要用于辐射场的转移理论和计算方面；而标量，例如粒子注量或比释动能，通常在剂量学应用中采用。要完全描述辐射场应有两类量，一类是关于粒子数量，例如注量和注量率，也称为粒子注量和粒子注量率；另一类是由它们转移的能量，如能量注量。辐射场可以由不同类型的辐射组成，这时基于辐射粒子数的辐射场能量还与辐射类型有关，这时就需要在量前明确其辐射类型，例如，中子注量。

注量是基于计数通过一个小的球面粒子数的一个量，注量 $\Phi$ 是 $dN$ 除以 $da$ 所得的商。

$$\Phi = \frac{dN}{da} \tag{1-11}$$

其中：$dN$ 是入射到有效截面积为 $da$ 的球面上的粒子总数。注量的 SI 单位是"$m^{-2}$"。

辐射场中，通过一个小球的粒子数目经常具有随机涨落特性。但是，注量及其相关的量却定义为非随机量，因而，在确定点和特定时间有单值，并不具有涨落特性。注量应当是一个期望值。

X、γ、β 射线均可以通过注量的测量来估算其吸收剂量。一般来说，中子的吸收剂量主要也是通过注量测量来实现的。

### （四）比释动能

物质中非带电粒子（间接电离粒子，例如，光子或中子）是通过电离和慢化次级带电粒子来完成其对物质的能量转移的。这种能量转移通常用比释动能来描述。比释动能 $K$，定义为非带电粒子在无限小体积内释放出的所有带电粒子的初始动能之和 $d\varepsilon_{tr}$ 除以该体积内物质的质量 $dm$ 而得的商，即：

$$K = \frac{d\varepsilon_{tr}}{dm} \tag{1-12}$$

比释动能 $K$ 的 SI 单位和专用单位，均与吸收剂量相同，是"Gy"。

应注意的是，$d\varepsilon_{tr}$ 包括了带电粒子在轫致辐射过程中辐射出来的能量以及发生的次级过程所产生的任何带电粒子的能量，如光电子伴随的俄歇电子的能量。比释动能 $K$ 关心的是质量为 $dm$ 的无限小体积内转移给次级电子的能量总和，它并不关心这些次级电子的去向。

提到比释动能时，必须指明能量转移时的介质和所在位置。在实际使用中，可以确定与周围介质不同的该介质中的比释动能，也可以确定与周围介质相同的该介质中的比释动能。对前者其值是指假如在所研究的那点上存在少量特定物质时得到的。如"在水模体内某点 $P$ 处的空气比释动能"，意指在水模体内，设想 $P$ 点处存在少量空气时，在此空气腔中的比释动能值。

### （五）比释动能与吸收剂量的关系

**1. 带电粒子平衡** 比释动能和吸收剂量虽然有相同的量纲，但它们在概念上是完全不同的两个剂量学量。在整个所关心的体积内，若带电粒子的能量、数目和方向都是恒定的话，即存在带电粒子平衡（CPE），并且轫致辐射损失可以忽略不计，那么，该点处的比释动能就等于该点处的吸收剂量。

在特殊情况下，有真实的 CPE 条件存在（在介质的最大剂量深度），这时的吸收剂量 $D$ 与总的比释动能 $K$ 满足以下的关系：

$$D = K(1-g) \tag{1-13}$$

上式中 $g$ 是电离辐射产生的次级电子消耗于轫致辐射的能量占其初始能量的份额。$g$ 的大小与电子的动能有关，能量越高，$g$ 值越大；$g$ 值也与介质的原子序数有关，高原子序数的介质其 $g$ 值也越高；在空气中对于 $^{60}$Co 和 $^{137}$Cs $\gamma$ 射线，$g = 0.32\%$，对 X 射线对最大能量小于 300keV 的，$g$ 值可忽略不计。

在高能情况下，由于吸收剂量存在建立区，这对皮肤有一个保护的作用。然而，实际工作中，虽然表面剂量不大，但由于在模体或人体皮肤上面的空气中可能产生电子污染，或加速器头和线束整形设备产生的带电粒子，使表面皮肤的剂量不可能是 0。

**2. 用空气比释动能测量计算吸收剂量的方法** 大多数剂量学问题是要确定生物组织中的吸收剂量，但直接测量生物组织中的吸收剂量是非常困难的，常用的方法是测定有关位置上的空气比释动能 $K_a$。当带电粒子平衡条件（CPE）得到满足时，可再利用以下关系求出受照物质（$m$）的吸收剂量（$D_m$）。

$$D_m \underline{CPE} K_a \times (\mu_{en}/\rho)_m / (\mu_{en}/\rho)_a \times (1-g) \tag{1-14}$$

其中：$K_a$：受照物质（$m$）所处位置的空气比释动能，Gy；

$(\mu_{en}/\rho)_a$ 和 $(\mu_{en}/\rho)_m$：分别是空气与物质（$m$）的质量能量吸收系数。

### （六）空气比释动能率常数 $\varGamma_\delta$

空气比释动能率常数是一个描述不同放射性核素源，单位放射性活度在自由空气中的特定距离上引起的空气比释动能率大小的物理常数，通常用 $\varGamma_\delta$ 表示。

表 1-3 中给出了常用核素的 $\varGamma_\delta$ 值。

表 1-3　常用放射性核素的空气比释动能率常数 $\varGamma_\delta$

| 核素 | mGy·m²·GBq⁻¹·h⁻¹ | 核素 | mGy·m²·GBq⁻¹·h⁻¹ |
|---|---|---|---|
| $^{60}$Co | 0.36 | $^{192}$Ir | 0.14 |
| $^{106}$Ru | 0.0071 | $^{198}$Au | 0.067 |
| $^{131}$I | 0.062 | $^{226}$Ra | 0.0022 |
| $^{137}$Cs | 0.095 | $^{241}$Am | 0.037 |

注：本表基础数据来源：Frank H. Attix 1968

## 三、辐射防护评价量

### （一）辐射防护中主要的剂量学量

ICRP 将吸收剂量作为剂量评价的基本物理量，它通常是整个器官和组织的平均值，在应用时适当选择一些权重因数，这些权重因数考虑了不同辐射的生物效应的差异，以及不同器官和组织对随机性效应的辐射敏感性的差异。有效剂量就是综合考虑了上述因素的一个辐射防护评价量。

用于辐射防护评价中的防护量主要指器官吸收剂量 $D_T$、器官当量剂量 $H_T$、有效剂量 $E$。

### （二）组织或器官的当量剂量

组织或器官的当量剂量，$H_T$ 可用下式计算：

$$H_T = \sum_R W_R D_{TR} \tag{1-15}$$

式中：$W_R$ 是辐射 $R$ 的权重因数（表 1-4）；$D_{TR}$ 是辐射 $R$ 在一个组织或器官中引起的平均吸收剂量。

表 1-4　ICRP 第 103 号出版物推荐的辐射权重因数 $W_R$

| 辐射类型 | 能量范围 | 辐射权重因数 $W_R$ |
|---|---|---|
| 光子 | 所有能量 | 1 |
| 电子和 μ 介子 | 所有能量 | 1 |
| 质子和带电 δ 介子 | >2MeV | 2 |
| α 粒子，裂变碎片，重离子 | 所有能量 | 20 |
| 中子 | 下列连续函数用于中子辐射权重因数的计算： $W_R = \begin{cases} 2.5 + 18.2 e^{-[\ln(E_n)]^2/6} & E_n < 1\text{MeV} \\ 5.0 + 17.0 e^{-[\ln(2E_n)]^2/6} & 1\text{MeV} \leqslant E_n \leqslant 50\text{MeV} \\ 2.5 + 3.2 e^{-[\ln(0.04E_n)]^2/6} & E_n > 50\text{MeV} \end{cases}$ | |

### （三）有效剂量

有效剂量 $E$ 可用下式计算，其中 $W_T$ 是组织权重因数，其值列在表 1-5 中。

$$E = \sum_T W_T H_T \tag{1-16}$$

器官当量剂量和有效剂量的单位为 $J \cdot kg^{-1}$，其单位的专用名为希沃特（Sv）。

在有效剂量的定义中，考虑了各个人体器官和组织在随机性效应的辐射危害方面的相对辐射敏感性。

表 1-5　ICRP 2007 年建议书中的组织权重因数 $W_T$

| 器官/组织 | 组织数目 | $W_T$ | 合计贡献 |
|---|---|---|---|
| 肺，胃，结肠，骨髓，乳腺，其余组织 | 6 | 0.12 | 0.72 |
| 性腺 | 1 | 0.08 | 0.08 |
| 甲状腺，食管，膀胱，肝 | 4 | 0.04 | 0.16 |
| 骨表面，皮肤，脑，唾液腺 | 4 | 0.01 | 0.04 |

1. 性腺的 $W_T$，用于对睾丸和卵巢剂量的平均值
2. 对结肠的剂量，像第 60 号出版物用公式表示那样，取为对上部大肠和下部大肠剂量的质量加权平均值，所指定的其余组织（总计 14 种，每种性别 13 种）是：肾上腺，外胸（ET）区，胆囊，心脏，肾，淋巴结，肌肉，口腔黏膜，胰腺，前列腺（男性），小肠，脾，胸腺，子宫/子宫颈（女性）

表 1-5 中给出的其余组织中的特定组织的有效剂量可直接进行相加而不需要做进一步的质量加权，这就是说给每一个其余组织的权重因数低于其他任何有名称的组织的最小值（0.01）。对于其余组织，其合计的 $w_T$ 为 0.12。

有效剂量的定义，是以人体器官或组织内的平均剂量为基础的。这个量给出的数值，考虑了所给定的照射情况，但是不考虑具体的个人特性。例如在人员受到内照射情况下，器官剂量通常是先评价放射性核素的摄入量，再乘以剂量系数（摄入单位活度所致的相应器官平均剂量）而确定的。这些系数是采用通用的生物动力学模型和参考体模来计算的。所以，这就意味着根据某特定放射性核素给定的摄入活度，就可以估算出相应的有效剂量。据判断，由此得到的剂量的近似程度对于辐射防护来讲是可以接受的。

有效剂量的采用，使得可以把情况差异很大（例如由不同种类辐射的内照射和外照射）的照射组合在一个单一数值中。这样，基本的照射限值就可以用一个单一的量来表示。

在实际应用中，对器官剂量或者外照射情况下的转换系数和内照射情况下剂量系数（单位摄入的剂量，$Sv\ Bq^{-1}$）的计算，并不是基于个体人员的数据，而是基于 ICRP 第 89 号出版物（2002）中给出的人体参考值。另外，在评价公众成员的照射时，可能需要考虑某些与年龄相关的资料，例如食物消费量等。参考值的采用，以及在有效剂量计算中对两种性别进行平均的做法表明，参考剂量系数的用途并不在于提供某个具体个人的剂量，而是参考人的剂量。还将制定适用于不同年龄儿童的参考计算模体，用于计算公众成员的剂量系数。

有效剂量的主要用途是提供证明满足剂量限值的手段的一个量。在这个意义上，有效剂量主要被用于监管目的。有效剂量用于限制随机性效应（癌症和遗传效应）的发生，它不适用于评价组织反应的几率。在剂量远低于年有效剂量限值的剂量范围内，不应当发生组织反应。只有在极少数几种情况下（如组织权重因数低的单个器官，如皮肤的急性局部照射），使用有效剂量的年剂量限值会不足以避免组织反应。在这种情况下，也需要对局部组织剂量进行评价。

**（四）内照射防护评价量**

在内照射剂量估算中，最常用的是待积器官当量剂量 $H_T(\tau)$ 和待积有效剂量 $E(\tau)$，组织或器官 T 中的待积当量剂量 $H_T(\tau)$ 定义为：

$$H_T(\tau) = \int_0^{0+\tau} \dot{H}_T(t)\,dt \qquad (1\text{-}17)$$

其中 $\tau$ 是在 $t_0$ 时刻摄入放射性核素之后的积分时间，$\dot{H}_T(t)$ 是摄入放射性核素之后 $t$ 时刻的剂量当量。待积有效剂量 $E(\tau)$ 由下式给出：

$$E(\tau) = \sum_T W_T H_T(\tau) \qquad (1\text{-}18)$$

$H_T(\tau)$ 和 $E(\tau)$ 是摄入放射性物质后，随时间积分的一个剂量学量。对于职业工作人员，待积有效剂量评价的待积时间通常为摄入后 50 年。50 年的待积时间，是 ICRP 考虑到一个参加工作的年轻人的平均寿命而取的整数值。摄入所产生的待积有效剂量也被用于公众成员的预期剂量估算。在上述情况中，所考虑的 50 年的待积周期适用于成年人。对于婴幼儿和儿童，剂量评价年龄应达到 70 岁。如果没有特殊说明，对成年人，$\tau$ 的值为 50 年，对于婴幼儿为 70 年。

用上述公式直接计算 $H_T(\tau)$ 和 $E(\tau)$ 比较困难，辐射防护中并不需要这样复杂的计算，而是采用简单的隔室模型代表器官中的放射性核素的转移、沉积和排除进行简化。因此通常用以下简化公式计算：

$$H_T(\tau) = A_0 h_T(\tau) \qquad (1-19)$$

$$E(\tau) = A_0 e(\tau) \qquad (1-20)$$

$A_0$ 是放射性核素的摄入量总活度，单位为 Bq；$h_T(\tau)$ 是待积组织或器官的剂量系数，单位为 Sv/Bq；$e(\tau)$ 称作待积有效剂量系数，即每单位摄入量引起的待积有效剂量预定值，单位为 Sv/Bq。

ICRP 通过建立人体的生物动力学模型和相应的剂量学模型，对 $H_T(\tau)$ 和 $e(\tau)$ 值进行了计算，并公布于其相应的出版物。原则上，只要能估算出摄入量（$A_0$）再结合 ICRP 给出的 $H_T(\tau)$ 或 $e(\tau)$ 值，就可以方便地计算出待积组织当量剂量 $H_T(\tau)$ 或待积有效剂量 $E(\tau)$。

## 四、辐射防护实用量

实用量是用来估算辐射防护评价量的可测量的量，按照这个要求，实用量需要满足：①在常规的场所和个人监测中，用现有仪器或稍加改进的仪器是实际可测量的；②在正常的工作条件下，提供对适当的防护量的合理估计。这些实用量的测量结果，通常应是要达到合理高估而不低估防护评价量的目标。

辐射防护中不同的任务需要不同的实用量，这包括用于控制工作场所辐射和确定控制区或监督区的场所监测，以及控制和限制个人受照的个人监测。利用场所监测仪进行的测量应在自由空气中进行，而个人剂量计则应佩戴在人体上。作为结果，在一个给定的情形下，自由空气的场所监测仪所监测的辐射场与佩戴在人体上的个人剂量计所监测的辐射场是不同的，因为在人体表面的辐射场会受到辐射在人体中散射和吸收的严重影响。采用不同的实用量就反映了这些差别。

可用表 1-6 来描述外照射监测各种任务中不同实用量的用途。ICRU（1993b）规定 $H_p(10)$ 和 $H^*(10)$ 是用于强贯穿辐射，如光子（12keV 以上）和中子，而 $H_p(0.07)$ 和 $H'(0.07, \Omega)$ 则适用于弱贯穿辐射，如 β 粒子的监测。此外，$H_p(0.07)$ 也可用于各种电离辐射对手足的剂量监测。很少使用的晶状体受照监测用的 $H'(3, \Omega)$ 和 $H_p(3)$ 没有包括在该方案中，通过监测 $H_p(0.07)$ 可以达到同样的监测目的。

表 1-6　外照射监测实用量的用途

| 任务 | 实用量 | |
|---|---|---|
| | 场所监测 | 个人监测 |
| 控制有效剂量 | 周围剂量当量 $H'(10)$ | 个人剂量当量 $H_p(10)$ |
| 控制皮肤、手足及晶状体剂量 | 定向剂量当量 $H'(0.07, \Omega)$ | 个人剂量当量 $H_p(0.07)$ 及 $H_p(3)$ |

### （一）周围剂量当量 $H^*(d)$

辐射场中某一点的周围剂量当量，$H^*(d)$ 是在相应的齐向扩展辐射场中，在 ICRU 球内与齐向场方向相反的半径上，其深度为 $d$ 处的剂量当量（图 1-6）。其单位为 $J \cdot kg^{-1}$，单位的专用名为希沃特（Sv）。应注意的是，$H^*(d)$ 的表述应包括参考深度 $d$，为简化符号，$d$ 可以用 mm 为单位的量来表示。

对强贯穿辐射，$d$ 常用 10mm 这个深度，因而此时周围剂量当量可表示为 $H^*(10)$。

周围剂量当量是定义在 ICRU 球内的用于场所监测量，在外照射的大多数实际情况中，周围剂量当量可以满足为限值量的数值提供保守估计或其上限的目的。但对于处在高能辐射场，如高能加速器周围和宇宙射线辐射场中的人员，情况并非总是如此。

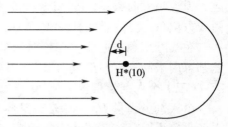

图 1-6 周围剂量当量定义示意图

在这种情况下，次级带电粒子达到平衡的深度是非常重要的。对于能量很高的粒子来说，ICRU 组织中 10mm 深度，在该点之前不足以完成带电粒子的累积。因此，运用实用量将低估有效剂量。然而，在机组人员受照的相关辐射场中，若对所推荐的中子和质子的辐射权重因数加以考虑，那么 $H^*(10)$ 似乎仍是一个合适的实用量。

按 ICRU 的建议，所有外辐射防护测量仪器的刻度都可应用新的实用量。过去按照射量或比释动能等刻度的仪器都必须重新进行刻度。另一方面，在选择新的量时一个重要的考虑是：当前流行的仪器不论是刻度程序或应用都应尽可能地只作小的改变而继续使用。实际上在我们常用的大多数情况下，可以将测量比释动能的仪器直接用做周围剂量当量测量。

**（二）定向剂量当量**

定向剂量当量，$H'(d, \Omega)$，用于对于弱贯穿辐射的场所监测，实用量为定向剂量当量 $H'(0.07, \Omega)$，或用得很少的 $H'(3, \Omega)$，如图 1-7，其定义如下：

辐射场中某点处的定向剂量当量 $H'(d, \Omega)$ 是由相应的扩展场在 ICRU 球内在指定方向 $\Omega$ 的半径上深度为 $d$ 处所产生的剂量当量。

对于弱贯穿辐射，$d = 0.07$mm，$H'(d, \Omega)$ 写为 $H'(0.07, \Omega)$。在监测晶状体的剂量时，ICRU 推荐使用 $H'(3, \Omega)$，$d = 3$mm。

其单位为 $J \cdot kg^{-1}$，单位的专用名为希沃特（Sv）。应注意的是，表述 $H'(d, \Omega)$ 应有参考深度 $d$ 和方向 $\Omega$ 的说明。

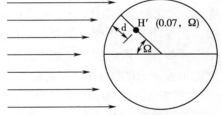

图 1-7 定向剂量当量定义示意图

定向剂量当量是在 ICRU 球内的用于场所监测量。定向剂量当量 $H'(3, \Omega)$ 和个人剂量当量 $H_p(3)$ 在实际当中是很少使用的，现有的测量仪表也很少能有测量这些量的。ICRP 建议停止使用这些量，因为如果采用其他实用量来评价晶状体所受到的剂量，也可以充分实现对晶状体受照的监测。$H_p(0.07)$ 通常被用于这一特殊目的。

对于弱贯穿辐射的场所监测，$H'(0.07, \Omega)$ 几乎是唯一使用的量。由于单向辐射入射主要发生在校准过程中，该量可以写为 $H'(0.07, \Omega)$，其中 α 为方位角 $\Omega$ 与辐射入射方向相反的方向之间的夹角。在辐射防护实践中一般不指定方位角 $\Omega$，因为 $H'(0.07, \Omega)$ 通常是所感兴趣点的最大值，这一点是很重要的。在测量过程中可以通过转动剂量率仪以获得最大的读数来实现。

测量 $H'(d, \Omega)$ 要求辐射场在测量仪器范围内是均匀的，并要求仪器具有特定的方向响应。为说明方向 $\Omega$，要求选定一个参考的坐标系统，在此系统中 $\Omega$ 可以表述出来（例如用极角或方位角）。该系统的选择常依赖于辐射场。

在实际上原来的弱贯穿辐射测量中，测定组织等效吸收体中特定深度吸收剂量率的仪器都可用来测量定向剂量当量率，不需要作大的改变。

### （三）个人剂量当量

个人剂量当量 $Hp(d)$，是在身体表面下，深度 $d$ 处组织的剂量当量。单位为 $J \cdot kg^{-1}$，专用名为希沃特（Sv）。表述 $Hp(d)$ 应有参考深度 $d$ 的说明，为表示简为，$d$ 可以用 mm 为单位表示。对弱贯穿辐射，皮肤和晶状体的 $Hp(d)$ 分别为 $Hp(0.07)$ 和 $Hp(3)$。对强贯穿辐射，深度为 10mm，表示为 $Hp(10)$。

$Hp(d)$ 用一个佩戴在身体表面的个人剂量计来测量，这种剂量计有一个探测器，并在探测器上覆盖了一个适当厚度的组织等效材料。如个人剂量计上覆盖的组织等效吸收体的厚度分别为 0.07mm、3mm 和 10mm，则可以直接用来测量 $Hp(d)$。

# 第五节　辐射防护体系

## 一、ICRP 建议书

1966 年 ICRP 发表了第 9 号出版物，确认放射防护的目的是"防止急性辐射效应并将晚期效应的危险限制到一个可以接受的水平"。当时的认识水平尚不足以区分确定性效应和随机性效应，也"不知道是否存在一个阈值"，然而，ICRP 明确提出了线性无阈假设，并确认这种假设不至于低估辐射危害。由于无阈假设的提出，不能再将"耐受剂量"以下的照射再看作是完全"安全"的剂量，进而提出了"可接受的危险"的概念。这一概念表明：剂量限值不再是由纯粹安全上的原因确定的，还应考虑社会的可接受程度。

1977 年 ICRP 发表了第 26 号出版物，明确指出放射防护体系的三个基本原则，即正当性、最优化和剂量限值三原则。ICRP 第 26 号出版物的发布，是放射防护工作的一个里程碑。由于实施最优化的结果，大多数人员所受到的剂量远小于剂量限值，只有在少数情况下需要依靠剂量限值来限制个人剂量。辐射防护的目的在于防止有害的确定性效应，并限制随机性效应的发生率，使之达到被认为可以接受的水平。

1977—1990 年期间，ICRP 曾对第 26 号出版物提出过一系列的修订增补意见与声明。主要考虑到新的科学数据、事故的预防和如何实际提高防护水平等。新的科学数据发表，例如日本原子弹爆炸幸存者剂量估算的 1986 年剂量系统（DS-86）版本和剂量及剂量率因子，较大幅度改变了辐射危险度的数值，引起人们要求修改限值的呼声。事故的预防方面，例如三哩岛事故和切尔诺贝利事故使人们认识到有必要将事故作为常规运行中的一部分而在防护体系中予以考虑。在如何实际提高防护水平上，一方面，科学技术的发展不断地改进防护水平（这种改进通常是一个渐进过程）；另一方面，实际的照射水平是由防护的最优化过程确定的，因而降低剂量限值并不能明显地降低实际的剂量水平；同时，假定把限值降低到许多情况都需要依靠约束值来限制，则势必偏离最优化的旨意，或者说假定选取更低的剂量约束值，则又势必加重核工业的负担，也限制核工业给人类带来的利益。

ICRP 要面对如何既适应放射防护学新数据的变化，又考虑到社会和经济因素，特别是核燃料循环防护水平提高的实际可能性;就是在这样的情况下,1990 年,ICRP 发表了第 60 号出版物(ICRP-60),它在保留 1977 年原建议书的放射防护体系的基础上,对具体内容作了部分变更和补充,阐述更加明确与系统。ICRP 1990 年建议书重新修改标称危险系数,重新定义剂量,提出源相关评价方法和个人相关评价方法,区分三种照射,以及建立实践和干预的防护体系。根据 1990 年以来的科学研究成果和辐射防护中的新问题,2007 年 ICRP 提出了新的辐射防护建议书 ICRP 103 号出版物(ICRP-103)。

ICRP-60 和 ICRP-103 的辐射防护目标都是:防止确定性效应的发生;将随机性效应发生的几率降低到可以接受的尽可能低的水平。

在两个出版物中,都明确了委员会的三项放射防护基本原则,即正当性、最优化和剂量限值的应用,并阐明了如何把这些基本原则应用于施予照射的辐射源和接受照射的个人。

如图 1-8 所示,ICRP-103 改变了 ICRP-60 以过程为基础的实践和干预的防护方法,将其分为应急照射、现存照射和计划照射。ICRP-103 中不仅系统地讨论了计划照射情况,而且也讨论了现存照射情况(包括来自过去在委员会建议书之外运作的实践引起的残留物)和应急照射情况;并提出正当性和最优化基本原则适用于所有三种照射。ICRP-103 的计划照射与 ICRP-60 的实践的情况相同,也分为正常照射和潜在照射两种情况,而且对所有受监管源,都用委员会现行的有效剂量和当量剂量的个人剂量限值。

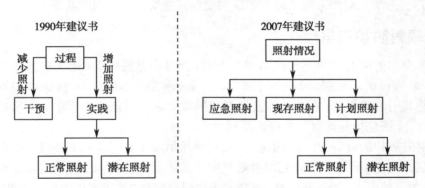

图 1-8  ICRP-60 建议与 ICRP-103 建议的比较

ICRP-60 从辐射防护观点出发,明确地区分为引起照射的"实践"和减少照射的"干预"。"干预"还可分为对短期照射和持续照射的干预。短期照射是与事故和应急相关的,持续照射则与补救行动有关。实践又分为正常照射和潜在照射,正常照射是预期会发生的照射;潜在照射是不期望但可能发生的照射。

ICRP-103 将照射情况分为应急照射、现存照射和计划照射三种,用区分三类照射情况的防护取代 ICRP-60 中以过程为基础的实践和干预的防护方法。

计划照射:谨慎的引入或操作辐射源的情况,它也分为正常照射和潜在照射。

应急照射:在计划照射情况的运行过程中可能发生,或者来自于恶意行为或其他意外情况,并需要采取应急措施以避免或降低不良后果的情况。

现存照射:在决定必须采取控制措施时,照射已经存在的情况,包括紧急事件发生后的持续照射。

ICRP-103 与 ICRP-60 一样,将照射分为职业照射、医疗照射和公众照射。

职业照射：除了国家有关法规和标准所排除的照射以及根据国家有关法规和标准予以豁免的实践或源所产生的照射以外，工作人员在其工作过程中所受的所有照射。

医疗照射：患者(包括不一定患病的受检者)因自身医学诊断或治疗所受的照射、知情但自愿帮助和安慰患者的人员(不包括施行诊断或治疗的执业医师和医技人员)所受的照射，以及生物医学研究计划中的志愿者所受的照射等。

公众照射：公众成员所受的辐射源的照射，包括获准的源和实践所产生的照射和在干预情况下受到的照射，但不包括职业照射、医疗照射和当地正常天然本底辐射的照射，通常将妊娠工作人员的胚胎和胎儿照射当做公众照射。

为实现对公众的辐射防护的目的，ICRP-103 推荐使用"代表人"一词替代早期的"关键人群组"概念。"关键人群组"表征公众成员中受到最大辐射照射的人员；"代表人"用以表征"代表人"的习性(如食品消费量、呼吸速率、所在位置、地方资源的利用等)必须代表受到高辐射照射的人员中少数有代表性的个人的典型习性，而不是某一个人的极端的习性(ICRP-101)。

ICRP-103 进一步强调"源相关"的重要性。在 1990 年建议书中指出：只要个人剂量远在确定性效应阈值之下，来自单个源的个人剂量所贡献的效应与来自其他源的剂量效应无关。每个源或每组源可以各自分别处理，再考虑个人受到这个或这组源的照射。这个方法称为"源相关"方法。对源采取措施可保证对受到其照射的人群组的防护。

## 二、辐射防护正当性

任何改变照射情况的决定都应当利大于弊，而且应是源相关；这个概念适合所有照射情况；意味着通过引入新源，减小现存照射，或减低潜在照射的危险等，人们能够取得的利益足以弥补其引起的损害；在考虑涉及辐射照射或潜在照射危险的活动时所考虑的后果不限于辐射危害，还包括其他危险和代价及利益。

用于辐射防护的计划已预先制定，且可对源采取必要的行动的情况下，引入的新的活动(计划照射)时应：要求只有计划照射对受照个人或社会能够产生净利益以抵消其带来的辐射危害，才可被引入；当有新信息、新技术出现时，该活动的正当性需要被重新审视。

用于主要通过改变照射途径而非直接作用于源以控制照射的情况。主要的例子是现存照射和应急照射情况。

正当性原则用于决定是否采取行动以避免进一步的照射。任何减小剂量的决定，都会带来某些不利因素，必须要由作出这种决定带来的利益大于危害来证明其为正当的。

判断正当性的职权在政府或审管当局，以确保对整个社会而不是对某个人有益。

医疗照射正当性是通过对医用辐射类型、治疗方法(过程)和对患者利弊分析，考察其诊疗活动对患者和社会是否有足够的利益，如果结论是否定的，则不应进行该类医疗照射，应尽可能采用不涉及医疗照射的替代方法。此正当性判断的职权经常归专业人员而非政府部门或全权审管当局。

非正当照射的典型情况有：

1. 除涉及医疗照射的正当实践外，通过在食物、饲料、饮料、化妆品或意在由人食入、吸入或经皮摄入或施用于人的任何其他商品或产品中有意添加放射性物质或通过活化致活度增加的实践。

2. 涉及在商品或产品如玩具和私人珠宝或装饰品中轻率地使用辐射或放射性物质的实践,这些实践通过有意添加放射性物质或通过活化导致活度增加。

3. 用作一种艺术形式或为宣传目的的利用辐射的人体成像。

## 三、辐射防护最优化

辐射防护最优化原则:在考虑了经济和社会因素后,遭受照射的可能性、受照人员数以及个人剂量大小,均应保持在可合理达到的尽可能低的水平,即 ALARA 原则(as law as reasonably achievable)。

ICRP-103 中再次强调防护最优化原则:

采用 ICRP-60 中类似的方法,应用于所有照射情况,但受到个人剂量和危险限制的约束;对计划照射情况采用剂量和危险约束,对应急照射和现存照射情况采用参考水平。最优化旨在取得当前背景下最佳水平的防护;通过以下持续的、反复的过程得以实现(图 1-9)最优化。

1. 估计照射情况。

2. 选择适当的数值作为剂量约束或参考水平。

3. 阐明各种可供选择的防护方案。

4. 选择当前背景下最佳的方案。

图 1-9 的第一步,选择了一个初步的防护方案,用参考水平作为参考基准,这时有较多的人超出了参考水平;由此,对防护方案进行初步最优化(第二步)后,这时虽然超出参考水平的人数减少了,但接受大剂量的人员还较多;再对初步最优化的防护方案进行最优化(第三步),使其大部分职业人员接受剂量都在参考水平以下。三步最优化方法比一步就提出最优化的防护方案要好操作得多。

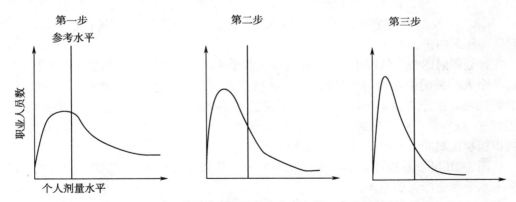

图 1-9　通过人员对参考水平的分布来评价三步最优化的效果

最优化是前瞻性的反复的过程,目的是防止或降低未来的照射。此时需考虑到技术和社会经济的发展,既需要定性的又需要定量的判断。

最优化过程是意愿的构建过程。需要不断探究是否已经采取当前状况下最好的方案,是否已经采用所有可合理减小剂量的措施;需要所有相关机构的各个层次承担相应的义务、采取适当的措施、提供充足的资源。

应当注意的是，防护的最优化并非剂量的最小化，最佳的选择未必是剂量最低的选择。最优化途径包括降低个人剂量和减少受照人员数，这样可以降低集体有效剂量。集体有效剂量是工作人员防护最优化的一个重要的参数。选择最优化方案时，应仔细考虑受照人群中个人照射分布的特性。当照射涉及多人口、大区域、长时间时，集体有效剂量之和并非作出决策的有效手段，因为它可能误导防护措施的选择（应考虑"不确定性"因素的增加）。

最优化的所有方面不可能都规范化；所有部门有义务在最优化过程中承担责任。对审管当局，问题的焦点应该是最优化的过程、程序以及评价。需要建立当局与运行管理人员公开的对话，最优化过程的成功强烈地依赖于对话的质量。

## 四、剂量限值及剂量约束

### （一）辐射防护水平

在 ICRP 1990 年的建议书中就注意到，假设个人剂量低于确定性效应的阈值，则从单个源产生的个人效应不依赖于其他辐射源的效应。对于多数情况，每一个或一组源都分别进行处理。因此，考虑个人受照时，考虑这个源或这组源是必需的。这种处理过程称作为"源相关"方法。由于可采取行动来对接触这些源的一组人员进行防护，因此，ICRP-103 建议书中强调了"源相关"方法的重要性。

ICRP-103 建议书明确指出：在计划照射情况，对个人接受剂量的源相关限制是剂量约束；对于潜在照射相应的概念是危险约束；对应急和现存照射的情况，源相关限制是参考水平；剂量约束和参考水平用在辐射防护最优化的过程中，可确保所有的照射，在考虑社会和经济因素后，保持能做到的尽可能低的水平。剂量约束和参考水平作为辐射防护最优化的过程的关键部分，在大多数情况下，可以确保辐射防护在一个适当的水平。

在多个源存在的情况下，源相关限制不能提供足够的防护。然而，ICRP 假设在这时候一般有一个主导地位的源，选择适当的剂量约束和参考水平来确保足够的辐射防护水平。因此，ICRP 认为在任何情况下，在剂量约束和参考水平以下的源相关限制原则仍是一个非常有效的辐射防护工具。

在计划照射的特定情况下，要求分别对职业受照和公众受照的总剂量加以限制。ICRP 将这种个人相关的限制称为剂量限值，并将相关的剂量评价为"个人相关"。然而，要对所有的源来估算出个人总的受照几乎是不可能的。因此，要与剂量限值比较，就必须采用近似的剂量，特别是公众照射的情况。对于职业照射，由于管理上的原因，一般具有所有相关源的识别和控制的剂量信息，这种近似较为精确。

从图 1-10 可以看出在计划照射情况用的个人剂量限值与所有情况单一源的剂量约束或参考水平间的概念的差异。

图 1-11 是在不同照射情况下的辐射防护最优化过程中如何应用个人剂量限值、剂量约束或参考水平的说明。

### （二）剂量约束和参考水平

剂量约束和参考水平与辐射防护最优化一起用来限制个人的受照剂量。通常需要定义剂量约束和参考水平的个人剂量水平。从术语使用的连续性考虑，对计划照射的情况（不包括患者的医疗照射），ICRP 使用了早先定义的"剂量约束"。对应急和现存照射的情况，ICRP 建议使用"参考水平"描述其剂量水平。计划照射与其他照射（应急和现存）所用术语

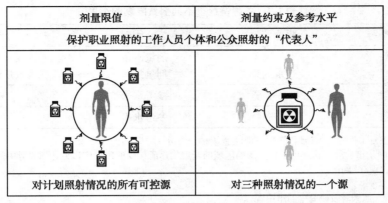

图 1-10　防护职业人员和公众成员时的个人剂量限值与剂量约束或参考
水平比较说明图

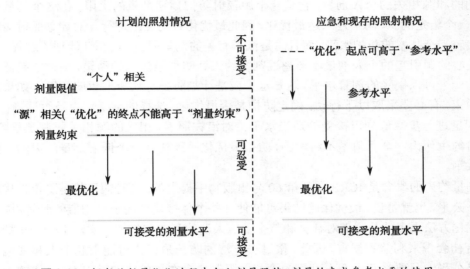

图 1-11　辐射防护最优化过程中个人剂量限值、剂量约束或参考水平的使用

的差异是具有不同的内涵。计划照射情况下，在计划阶段就可以对个人剂量加以限制，为确保剂量约束不被超过，个人剂量是可以预先估计的；但对其他照射情况，受照的情况既复杂，范围又宽，因此，在最优化过程中，所应用的最初的个人剂量水平可能会高于参考水平（图 1-11）。

　　在医疗照射中，已使用参考水平（也称指导水平）来标明在正常条件下，操作所致的患者剂量和特定成像程序中使用放射性活度的水平是高还是低。

　　剂量约束和参考水平值的选择主要决定于所考虑的受照情况。必需充分认识到，个人剂量限值和危险约束及参考水平都不是"安全"与"危险"的分界线，也不反映个人健康危险状况的改变。

　　表 1-7 中列出了 ICRP 辐射防护体系中不同照射情况和各种照射类型的不同剂量限制（个人剂量限值、剂量约束及参考水平）类型。在计划照射的情况，为了考虑潜在照射，还有危险约束。

表 1-7 各种情况下不同剂量限制的选用

| 照射类型 | 职业照射 | 公众照射 | 医疗照射 |
|---|---|---|---|
| 计划照射 | 剂量限值<br>剂量约束 | 剂量限值<br>剂量约束 | 诊断参考水平[c]<br>（剂量约束[d]） |
| 应急照射 | 参考水平[a] | 参考水平 | — |
| 现存照射 | —[b] | 参考水平 | — |

a. 长时间的恢复工作应作为计划照射中的职业照射的一部分；

b. 由于长时间从事补救工作或由于在受影响区域的延续工作所接受的照射应作为计划照射中的职业照射的一部分，即使辐射源是"现存"的；

c. 患者；

d. 仅为安抚者、照顾者及研究中的志愿者。

**1. 剂量约束**　剂量约束是在计划照射情况下（医疗照射的患者除外）由单一源引起的可预期的和源相关的个人剂量；它是一个源辐射防护预期剂量的上限；在这个剂量水平以上，对一个给定的源，防护还未达最优化，因此最优化行动还应进行。对计划照射情况剂量约束代表一个基本的防护水平，而且总是低于有关的剂量限值；在制订计划的过程中，应确保所关心的源引起的个人剂量不要超过剂量约束。防护最优化的结果，是建立起低于剂量约束的一个可以接受的剂量水平，这一水平应是计划防护行动所期望的结果。如果超过了剂量约束，有必要采取以下行动：确定防护是否最优化；选择的剂量约束是否适当；是否需要将剂量进一步减低到可接受的适当水平。对潜在照射，相应的源相关限制是危险约束。把剂量约束作为一个靶值是不科学的，防护最优化必须建立一个低于剂量约束的可接受的剂量水平。

剂量约束的概念是 ICRP 在其第 60 号出版物中提出的，当时的目的是防止最优化过程中的不公平，也就是说，最优化的结果可能使一些个体接受到高于平均值的照射，因而很多的最优化方法更多的是强调对社会和整个受照人群的利益和损害。实际上一些防护措施并不会给社会带来利益和损害，因此，按过去方法的防护最优化可能引起个人和其他人员之间的不公平。只要将基于个人剂量的源相关限制包含在最优化的过程中，这样的不公平就会受到限制。

对于职业照射，剂量约束是一个个人剂量值，用它来限制在最优化过程中，希望引起的剂量应在剂量约束以下。对于公众照射，剂量约束是公众成员从计划运行的特定的控制源接受到的年剂量上限。

在应用剂量约束这一概念时，值得注意的问题是：

（1）剂量约束不是限值，也不是管理上的约束值和指令性管理限值，而是判断是否达到良好实践要求的最低标志。剂量限值是一个人相关的量，而剂量约束是一个源相关的量。不满足限值的要求通常认为是违法的，但不应按这一思路理解剂量约束值。

（2）在设计和计划阶段，应对不同方案进行个人剂量评价，并与相应的剂量约束值比较，如果预计个人剂量低于剂量约束值，则该方案可进一步考虑，反之，通常应该排除。

（3）制定剂量约束值的过程不是一个简单的过程，更应避免随意性，应对个人剂量进行仔细的评价，特别是要对实施特殊任务和操作时可达到的个人剂量水平进行评价。要鉴别接受较高剂量的工作人员组，在此基础上提出剂量约束值。一般说来，审管者应鼓励工业部门研究提出剂量约束值,然后由审管者仔细审查,这比由审管者直接提出的要好。

在 ICRP-103 中剂量约束主要用于计划照射(患者的医疗照射除外)情况下,对某辐射源引起的个人剂量的一种限制:它是预期的、源相关的;也是最优化时作为预期剂量上限的。通常情况下,防护的最优化是确定一个约束值以下的可接受的剂量水平,超过剂量约束时需采取行动。

表 1-8 中列出了 ICRP 不同时期对剂量约束值的选取范围。

表1-8　ICRP 不同时期对实践活动或计划照射情况剂量约束值的选取范围

| 照射的类别 | 1990 年建议书及后续出版物 | 2007 年建议书 |
|---|---|---|
| 职业照射 | ≤20mSv/a | ≤20mSv/a |
| 公众照射 | | 在≤1mSv/a 选择 |
| 一般 | — | 视情形 |
| 放射性废物处置 | ≤0.3mSv/a | ≤0.3mSv/a |
| 长寿命放射性废物处置 | ≤0.3mSv/a | ≤0.3mSv/a |
| 持续照射 | <~1 和~0.3mSv/a | <~1 和~0.3mSv/a |
| 有长寿命核素的持续照射成分 | ≤0.1mSv/a | ≤0.1mSv/a |
| 医学照射 | | |
| 医学研究志愿者对社会的利益: | | |
| 较小的 | <0.1mSv | <0.1mSv |
| 中间的 | 0.1~1mSv | 0.1~1mSv |
| 较大的 | 1~10mSv | 1~10mSv |
| 重大的 | >10mSv | >10mSv |
| 安抚或照顾者 | 每一安抚或照顾期,5mSv | 每一安抚或照顾期,5mSv |

**2. 参考水平**　在应急和现存可控照射情况下,参考水平代表剂量或危险水平,不宜使拟允许发生的照射高于此值,因此,应当计划并最优化防护行动。一个参考水平的选择,主要决定于考虑照射情况下的主流环境。当一个应急照射情况发生,或现存照射情况被查出,防护行动也已有效,工作人员和公众成员接受的剂量应能测量或估计。通过参考水平能够对以往的防护策略进行回顾性地判断。从执行一个计划防护策略得到的剂量分布中是否包括参考水平以上的值,可判断策略成功与否。若可能,应尽力将接受的高于参考水平的剂量降到参考水平以下。

在剂量高于 100mSv 时,确定性效应和有意义的肿瘤风险都将增加,因而,ICRP 对紧急的或一年的最大参考水平值取为 100mSv。在极端情况下,例如照射不可能避免、需要拯救生命或阻止一场严重的灾难救援,紧急的或一年的受照可能会超过 100mSv 是不可避免的合理受照,其他个体或社会的利益无法补偿这样高的剂量。

ICRP-103 举例说明了在所有受控照射情况下占主导作用的单一辐射源对工作人员和公众的剂量约束和参考水平,并推荐了一个源相关剂量约束和参考水平的框架(表1-9)。在这个框架中将剂量约束和参考水平分为三段。

第一段,小于和等于 1mSv,主要应用的照射情况是:通常是计划的,接受照射的个人没有直接的利益,但照射情况对社会有利。公众成员从计划实践操作中受到的照射是这类

表 1-9　一个源相关剂量约束和参考水平的框架

| 剂量约束和参考水平（mSv） | 照射情况特征 | 放射防护要求 | 举例 |
|---|---|---|---|
| 20~100 | 受照射个人受到非受控源的照射，或降低剂量的行动常常是极其复杂的<br>通常通过对照射途径采取行动来控制照射 | 需要考虑减小剂量。当剂量接近 100mSv 时需要尽力减小剂量。受照射个人需要得到辐射危险和减小剂量行动方面的信息。需要进行个人剂量评价 | 在事故应急处置中，按引起的预计最大剩余剂量设定参考水平 |
| 1~20 | 受照射个人通常从照射情况受益，但未必来自照射本身<br>可以对源或选择照射途径采取行动控制照射 | 如果可能的话，受照射个人应该可以得到基本信息以便降低他们所受到的剂量<br>对于计划情况，需要进行个人照射评价与培训 | 对计划照射情况下的职业照射设定约束值<br>为医疗照射中的安抚者设定约束值<br>对室内氡最高计划剩余剂量设定参考水平 |
| ≤1 | 受到某个源照射的个人很少或不受益，但对整个社会是有益的<br>常通过对源直接采取行动来控制照射。可以预先进行计划 | 应该可以得到照射水平的基本信息<br>关于照射水平，应当对照射途径进行定期检查 | 对计划情况下的公众照射设定约束值 |

照射的主要例子。这时候剂量约束和参考水平按下列情况处理：一般信息和环境监测或评价，个人可能接受到相关的信息。其剂量仅在天然本底剂量上有一个微小的增加，而且至少比最大参考水平低两个数量级。

第二段，大于 1mSv 而低于 20mSv，主要应用的照射情况是：个人可能从一种照射情况接受到直接的利益。在这段中剂量约束和参考水平按下列信息建立：有个人监护或剂量监测或估算，而且个人通过信息和培训而获得利益。对计划照射情况的职业照射约束的设置就是一个例子。这段中还包括异常高本底辐射，或事故恢复阶段的辐射照射。

第三段，大于 20mSv 而小于 100mSv，主要应用照射情况是：异常和极端的情况，此时要降低照射的代价巨大。有时，在"场外"照射的参考水平设置在 50mSv 以下；在这种照射情况下获取高的利益约束值也应在这一范围内设置。这段中，对放射事故采取降低照射的行动是主要的例子。这时候应明确受照剂量达到 100mSv 时应采取的防护行动。此外，在这种情况下，要求的行动可能会超出相关组织或器官的确定性效应的阈值剂量。

应用最优化原则的必要步骤是选择适当的剂量约束和参考水平。首先用照射的性质、对个体和社会的利益、其他社会标准，以及降低和阻止照射的可能性来表征相关的照射情况。再将这些特性与表 1-9 中的适当段中的描述进行比较，从而有助于剂量约束和参考水平的选择。

在表 1-10 中列出了应急照射时 ICRP 不同时期的干预水平和参考水平。

在表 1-11 中列出了现存照射时 ICRP 不同时期的干预水平和参考水平。

表 1-10　ICRP 不同时期对应急照射情况的干预水平和参考水平

| 照射的类别 | 1990 年建议书及后续出版物（干预水平） | 2007 年建议书（参考水平） |
|---|---|---|
| 应急照射情况 | 干预水平 | 参考水平 |
| 职业照射 | | |
| 　1. 抢救生命（知情的志愿者） | 无剂量限制 | 无剂量限制，如果对其他人的利益超过了抢救者的危险 |
| 　2. 其他紧急抢救作业 | ~500mSv；~5Sv（皮肤） | 1000mSv 或 500mSv |
| 　3. 其他抢救作业 | … | ≤100mSv |
| 公众照射 | | |
| 　食品 | 10mSv/a | |
| 　稳定碘的分发 | 50~500mSv（甲状腺） | |
| 　隐蔽 | 2 天内 5~50mSv | |
| 　临时撤离 | 1 周内 50~500mSv | |
| 　永久迁居 | 第 1 年 100mSv 或 1000mSv | |
| 　总体防护策略中的所有防范措施 | … | 视情况，在计划过程中典型值在 20~100mSv/a |

　　值得说明的是无论剂量约束、危险约束还是参考水平都不代表"危险"与"安全"的界限，不表示超出一步就会危及人的健康。

表 1-11　现存照射时 ICRP 不同时期的干预水平和参考水平

| 照射的类别 | 1990 年建议书及后续出版物 | 2007 年建议书 |
|---|---|---|
| 现存照射情况 | 行动水平 | 参考水平 |
| 氡 | | |
| 　住宅 | 3~10mSv/a（200~600Bq m$^{-3}$） | <10mSv/a（<600Bq m$^{-3}$） |
| 　工作场所 | 3~10mSv/a（500~1500Bq m$^{-3}$） | <10mSv/a（<1500Bq m$^{-3}$） |
| NORM，天然背景辐射，人类住处有放射性残留物 | 通用干预水平 | 参考水平 |
| 　不可能正当 | <~10mSv/a | 三种情况将视情形，在 1~20mSv/a 之间选择参考水平值 |
| 　可能正当 | >~10mSv/a | |
| 　正当 | 接近 100mSv/a | |

注：NORM——天然存在的放射性物质

　　**3. 个人相关的剂量限值**　个人相关的剂量限值是受控实践使个人所受到的有效剂量或当量剂量不得超过的值。个人剂量限值是辐射防护三原则之一。即对所有相关计划照射情况或实践联合产生的照射，所选定的个人受照剂量限制值。规定个人剂量限值旨在防止发生确定性效应，并将随机性效应限制在可以接受的水平。个人剂量限值不适用于医疗照射。表 1-12 中列出了 ICRP 60 与 ICRP 103 对个人剂量限值的相关要求。

表1-12 ICRP-60 与 ICRP-103 的个人剂量限值的要求

| 照射的类别 | 1990 年建议书及其后续出版物<br>（实践活动） | 2007 年建议书<br>（计划照射情况） |
|---|---|---|
| 职业照射 | 规定 5 年期内年均 20mSv，其中任何一年不超过 50mSv | 规定 5 年期内年均 20mSv，其中任何一年不超过 50mSv |
| 晶状体 | 150mSv/a | 150mSv/a（规定 5 年期内年均 20mSv，其中任何一年不超过 50mSv） |
| 皮肤 | 500mSv/a | 500mSv/a |
| 手和脚 | 500mSv/a | 500mSv/a |
| 孕妇 | 腹部表面处 2mSv/a 或摄入核素 1mSv/a | 胚胎或胎儿 1mSv/a |
| 公众照射 | 1mSv/a | 1mSv/a |
| 晶状体 | 15mSv/a | 15mSv/a |
| 皮肤 | 50mSv/a | 50mSv/a |

注：括号内的值是 IAEA SAFETY STANDARDS SERIES No. GSR Part 3 的建议

# 参 考 文 献

1. IAEA. Safty Standards Series No. GSR Part 3（Interim），Radiation Protection and Safety of Radiation Sources：International Basic Safety Standards，2011

2. IAEA. Safety Standards No.GSG-2 -2011 Criteria for Use in Preparedness and Response for a Nuclear or Radiological Emergency

3. Attix FH，Roesch C，Radiation Dosimetry. Volume 1. New York and London：Academic Press，1968

4. IAEA（国际原子能机构）. 放射源的分类. 国际原子能机构安全导则第 RS-G-1.9 号，国际原子能机构. 维也纳，2006

5. ICRP. Publication 103，The 2007 Recommendations of the International Commission on Radiological Protection，Ann. ICRP 37（2-4），2007

6. ICRP. Publication 60，1990 Recommendations the International Radiological of Commission Protection，Ann. ICRP 21（1-3），1990

# 第二章 >>>

## 放射生物学基础

## 第一节　电离辐射生物效应及其影响的主要因素

### 一、辐射生物效应

电离辐射作用于机体后,其能量传递给机体的分子、细胞、组织和器官所造成的形态、结构和功能的变化,称为辐射生物效应。按其作用机制又可分为随机性效应和确定性效应。

#### (一)随机性效应

随机性效应是指辐射诱发恶性肿瘤疾病和遗传效应的几率随照射剂量的增加而增大,而严重程度与照射剂量无关,不存在阈剂量的效应。随机性效应包括由于体细胞突变而在受照个体内形成的癌症和由于生殖细胞突变而在后代身上发生的遗传疾病。

**1. 致癌效应的线性无阈剂量响应关系**　辐射防护关心小剂量照射的生物效应,特别是致癌效应。辐射致癌危险评估中,把所有恶性肿瘤分为两类:白血病和实体癌,后者是指除白血病外的其余全部肿瘤。

关于小剂量低剂量率照射,UNSCEAR 曾作过多次论述,UNSCEAR 1993 年报告将低于 0.1mGy/min 的剂量率(不管总剂量是多大,只对于约 1 小时的平均值)视为低剂量率,小于 0.2Gy 的急性剂量(不管剂量率多大)视为小剂量。UNSCEAR 2000 年报告专门论述了小剂量和低剂量率的定义:根据细胞培养的辐射生物效应实验结果,低于 0.02Gy 的急性剂量为小剂量;根据人类流行病学研究结果,小剂量应在 0.2Gy 以下(不管剂量率),小于 0.1mGy/min 剂量率为低剂量率。美国电离辐射生物效应委员会(BEIR)的报告《低水平电离辐射的健康效应危险》(BEIR Ⅶ-Phase 2,2006)将小于 0.1Sv 低 LET 的辐射剂量定义为小剂量。

受到低 LET 或高 LET 辐射照射后,不同动物模型的许多肿瘤类型的剂量响应关系可以用线性或线性平方函数来表示。

**2. 辐射致癌的剂量 - 效应关系**　经过大量实验研究和人群流行病学调查证实,辐射诱发不同肿瘤与射线性质、受照剂量、照射条件和照射对象的特点不同,可有不同类型的剂量 - 效应曲线,它反映了辐射作用于机体不同组织器官的复杂过程。典型的曲线是随剂量增加,首先为上升型曲线,达到顶峰后呈下降的图形(图 2-1)。即在较低剂量阶段,肿瘤的诱发占优势,随着剂量的增加,杀死细胞的几率比肿瘤转化的几率大得多,所以大剂量时癌变细胞的灭活占优势,顶峰时的剂量是两者持平的剂量。UNSCEAR(1993)将中等以上辐射剂量的致癌效应分成以下四种模型(图2-2)。

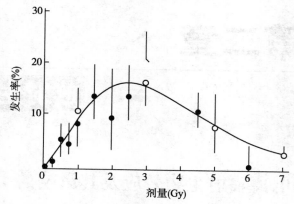

图2-1 CBA/H雄性小鼠受X射线照射后诱发骨髓性白血病发病率
●—数据取自文献(Mole RH. 1984);○—数据取自文献(Di Majo VM, et al. 1986)

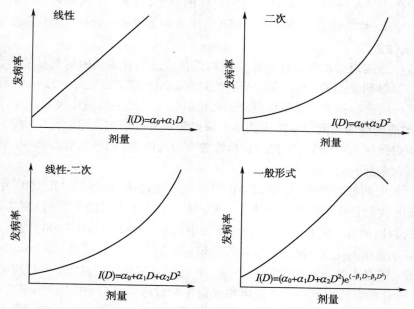

图2-2 辐射诱发肿瘤的剂量-效应曲线模型(UNSCEAR,1986)

(1)线性模型:线性模型(linear model)认为辐射致癌的几率随辐射剂量加大呈直线增加,无阈值,即任一微小剂量的增加都有致癌的危险,拟合成数学函数为:

$$I(D) = \alpha_0 + \alpha_1 D \qquad (2\text{-}1)$$

式中:$I(D)$为效应发生率,$D$为吸收剂量,$\alpha_0$为自然发生数,$\alpha_1$为常数。$I(D)$正比于$D$,可以外推,剂量和剂量率不影响单位剂量诱发肿瘤的几率。高LET辐射和低LET辐射大剂量(>1Gy)范围支持线性无阈模型。但是,在0.20Gy以下尚没有找到直接证据,用高剂量外推低LET在1Gy范围内的效应,可能过高地估计了辐射致癌危险。

（2）平方模型：平方模型（quadratic model）认为辐射致癌几率随剂量的平方而增加，数学表达式为：

$$I(D) = \alpha_0 + \alpha_2 D^2 \qquad (2-2)$$

式中：$\alpha_2$ 为常数，余同前。

（3）线性 - 平方模型：用两项之和（一项是与剂量成正比，线性项；另一项与剂量平方成正比，平方项）描述效应危险（即疾病、死亡或异常）的统计模式。

低 LET 辐射、低剂量率照射适用线性 - 平方模型（linear-quadratic model），数学表达式为：

$$I(D) = \alpha_0 + \alpha_1 D + \alpha_2 D^2 \qquad (2-3)$$

这种关系式的含义是在低剂量和低剂量率时以 $\alpha_1 D$ 项为主导，而在高剂量（>1.0Gy）和高剂量率（>1.0Gy/min）时以 $\alpha_2 D^2$ 项占主导。

（4）一般通用模式：适用于低 LET、低剂量率辐射，其数学表达式为：

$$I(D) = (\alpha_0 + \alpha_1 D + \alpha_2 D^2) e^{(-\beta_1 D - \beta_2 D^2)} \qquad (2-4)$$

式中：$\beta_1$ 和 $\beta_2$ 为指定系数，表示其效应为负的。提示低剂量时 $\alpha_1 D$ 起主导作用，效应与剂量呈线性关系；高剂量时 $\alpha_2 D^2$ 起主导作用，曲线转陡上升；再大剂量时 $e^{(-\beta_1 D - \beta_2 D^2)}$ 起主导作用，效应反而降低，使整个曲线呈 S 型。

上述剂量 - 效应关系多种模型，很可能说明了辐射致癌机制的多样性。对于高 LET 辐射适宜直线模型，而低 LET 辐射诱发各种癌不一定有统一的剂量 - 效应模型。目前关于低剂量致癌效应的估算曲线形状还有争议。ICRP 充分注意到在低剂量范围可能高估了致癌的危害性，但从偏安全角度考虑，至今仍采用线性无阈假说作为制定辐射防护卫生标准的依据。但是向线性无阈假说提出质疑的是低剂量辐射的兴奋效应（hormesis）现象。该理论认为低剂量辐射所致机体防御、适应功能增强。表现为效应偏离线性规律而使损伤减少，所以低剂量辐射效应比高剂量辐射剂量 - 效应模型外推所估计的效应低。此外，长崎原爆幸存者白血病发生，似乎有 0.5Gy 的耐受剂量，摄入 β 核素所致肝肿瘤、肾肿瘤和皮肤癌，$^{90}$Sr 或镭的长寿命核素引起的骨肉瘤也存在有实际阈值。可见这一问题仍需进一步研究。

原爆幸存者的流行病学调查数据说明，所有癌症的数据都能用线性剂量响应关系很好地描述。在低于 3Sv 的剂量范围内，将所有实体癌数据放在一起，线性剂量响应关系是最佳拟合。白血病死亡率的剂量响应关系用线性平方函数予以最佳拟合。在剂量低于几 Gy 时，因医学原因受照患者的数据一般与线性剂量响应关系相一致。

根据不断发展的科学知识，美国国家辐射防护与测量委员会（NCRP）、UNSCEAR 等学术机构对低水平辐射的剂量响应关系进行了再评估后认为，对于低水平辐射的致癌效应，尽管不能排除其他剂量响应关系，但看来没有比线性无阈模型更可取的另一个剂量响应模型。在分析了大量的流行病学数据和动物实验数据之后，2005 年 BEIR 报告得出的结论是：目前的科学证据与下列的假说是一致的，即在电离辐射照射和辐射诱发人类实体瘤之间存在线性剂量响应关系。BEIR 进一步判断，未必存在诱发癌症的阈值，但是在小剂量情况下癌症诱发的几率是低的。ICRP 在其第 103 号出版物的建议书（2007）中指出，委员会推荐的辐射防护的实际体系将继续建立在"线性无阈（LNT）"假设之上。

3. ICRP 第 60 号、103 号出版物推荐的辐射致癌危险度及组织权重因子 $w_T$ $w_T$ 是在 ICRP 第 26 号出版物（1977）中提出来的，它表示组织 T 的辐射随机性效应的危险度与全身受到均匀照射时的总危险度的比值。表 2-1 分别列出了 ICRP 第 60 号和 103 号出版物推荐的辐射致癌危险度及 $w_T$。

表 2-1　ICRP 出版物推荐的标称危险系数及组织权重因数 $w_T$

| 组织或器官 | 标称危险系数（$10^{-4}Sv^{-1}$） | | 组织权重因数 $w_T$ | |
|---|---|---|---|---|
| | 1990，第 60 号 | 2007，第 103 号 | 1990，第 60 号 | 2007，第 103 号 |
| 性腺 | 100 | 20 | 0.20 | 0.08 |
| 红骨髓 | 50 | 42 | 0.12 | 0.12 |
| 结肠 | 85 | 65 | 0.12 | 0.12 |
| 肺 | 85 | 114 | 0.12 | 0.12 |
| 胃 | 110 | 79 | 0.12 | 0.12 |
| 乳腺 | 20 | 112 | 0.05 | 0.12 |
| 其余组织或器官 # | 50 | 144 | 0.05 | 0.12 |
| 膀胱 | 30 | 43 | 0.05 | 0.04 |
| 肝 | 15 | 30 | 0.05 | 0.04 |
| 食管 | 30 | 15 | 0.05 | 0.04 |
| 甲状腺 | 8 | 33 | 0.05 | 0.04 |
| 皮肤 | 2 | 1000 | 0.01 | 0.01 |
| 骨表面 | 5 | 7 | 0.01 | 0.01 |
| 脑 | | | | 0.01 |
| 唾液腺 | | | | 0.01 |
| 卵巢 | 10 | 11 | | |
| 合计 | 600 | 1715 | 1 | 1 |

表注 # 其余器官在 1990 年第 60 号出版物中是指已给出 $w_T$ 的器官以外的 10 个器官和组织：肾上腺、脑、小肠、上段大肠、肾、肌肉、胰腺、脾、胸腺和子宫。在 2007 年第 103 号出版物的其余组织（共 14 个，每种性别 13 个）：肾上腺、胸腔外区（ET）、胆囊、心脏、肾、淋巴结、肌肉、口腔黏膜、胰腺、前列腺（♂）、小肠、脾、胸腺、子宫/子宫颈（♀）

ICRP 在其 2007 年建议书中给出的用危害调整的癌症标称危险系数，对整个人群和成年工作人员分别为 $5.5 \times 10^{-2}Sv^{-1}$ 和 $4.1 \times 10^{-2}Sv^{-1}$；用危害调整的遗传效应标称危险系数，对整个人群和成年工作人员分别为 $0.2 \times 10^{-2}Sv^{-1}$ 和 $0.1 \times 10^{-2}Sv^{-1}$；总危害对整个人群和成年工作人员分别为 $5.7 \times 10^{-2}Sv^{-1}$ 和 $4.2 \times 10^{-2}Sv^{-1}$。与 ICRP 1990 年建议书相比，各有关组织对总危害的相对贡献即组织权重因子 $w_T$ 也有所变化，变化较大的是性腺、乳腺和其余组织，性腺的 $W_T$ 由 0.2 降至 0.08，乳腺和其余组织的 $W_T$ 由 0.05 升至 0.12，其余组织共有 14 个（每种性别 13 个），它们是肾上腺、胸腔外区、胆囊、心壁、肾、淋巴结、肌肉、口腔黏液膜、胰腺、前列腺（♂）、小肠、脾、胸腺和子宫/子宫颈（♀），其余组织的 $W_T$（0.12）将平均分配给每个组织，这种平均分配的原则便于处理今后其余组织数目的改变。

**4. 电离辐射遗传效应**　人类辐射遗传学的研究已有数十年的历史，但是迄今对许多问题的认识尚不清楚，也没有发现关于辐射遗传效应肯定的人类数据，但由动物实验可以见到这种效应。电离辐射遗传效应（radiation-induced hereditary or genetic effects）是指电离辐射对受照者后代产生的辐射随机性效应。它是通过损伤亲代的生殖细胞（精子与卵子）的遗传物质（DNA）造成的，使其遗传性状在子代中表现出来，通常具有终生性特征，属于随机性效应。

目前对辐射遗传效应的研究是通过两个途径获得的，一是辐射流行病学调查，主要是日本长崎、广岛原爆幸存者后代。另一方面则是动物实验研究，特别是对小鼠的研究。

ICRP 第 103 号出版物中遗传危险度的推算与 2001 年联合国辐射效应科学委员会的报告相同，用人类的数据推算自然突变频率，用小鼠的数据推算诱发突变频率，由两者计算的倍增剂量大致为 1Gy。以往推算遗传危险度时，是从人群中诱发和选择两方面直至达到平衡的世代来考虑，而现在推算时只考虑到受辐射暴露后的第二代，给出的遗传危险估计值（第二代）为 $0.2 \times 10^{-2}Sv^{-1}$，比 ICRP 第 60 号出版物给出的值（$1.3 \times 10^{-2}Gy^{-1}$）小很多。

**5. 辐射防护生物学假设面临的挑战** 建立在线性无阈假设上的现行辐射防护体系对工作人员和公众成员所受剂量的最小化具有很大的贡献。然而，因为线性无阈意味着不管剂量多么小辐射总是有害的，所以已经引起人们的"辐射恐惧"，并因过度审管而造成资源的浪费。该假设现在已影响人类对辐射和核能的利用。

线性无阈的优点在于由于假定辐射剂量的相加性，线性无阈的假设简化了辐射防护中照射剂量的控制和记录，并且鼓励人们减少照射。但其缺点则是"任何剂量水平上的辐射都是有害的"这一假说已经被公众舆论、大众媒体、审管机构以及许多科学家看成是已经证实的科学事实，引起了人们的"辐射恐惧"。切尔诺贝利事故后，前苏联成立了一个由新选择的非专业的辐射防护"专家"组成的特别委员会，出于政治需要，将避迁标准从终生 350mSv（5mSv/a）降到终生 70mSv（1mSv/a）。结果几百万人被错定为事故的主要受害者，引起全世界的关注。实际上，人们早已知道，世界上有许多人从天然本底辐射接受的终身剂量超过350mSv，没有辐射危害的现象。

低剂量辐射健康效应的一些发现也对辐射致癌线性无阈假设和辐射危险评估提出了挑战。有不少低剂量辐射健康效应资料与线性无阈假设是相矛盾的，包括生物学上有意义的"刺激效应"，越来越多的证据表明存在辐射危险的阈效应。

遗传效应方面：广岛 - 长崎原子弹辐射遗传效应 40 年随访调查表明，父母受到 0.4～0.6Gy 辐射照射后，在所研究的遗传效应指标上未见有统计意义的效应。

致癌效应方面：经济合作发展组织 / 核能署（OECD/NEA）专家组的报告指出，在广岛 - 长崎原爆幸存者寿命研究项目（LSS）中，200mSv 是能够观察到放射危险的有统计意义的最小剂量；在印度、巴西和伊朗，有超过 10mSv/a 的高本底辐射地区，但在这些地区的居民中没有见到天然辐射引起有害健康效应的证据；日本核工业工作人员第二次死亡率分析得出的结论是，没有任何确切的证据表明职业性低水平照射是否增加癌症死亡率；对英国放射师 100 年的观察表明，与英国其他男性医师相比，在 1920 年以后注册的英国放射师中癌症死亡率没有显现出有统计意义的增加。他们的死亡率明显低于所有男性医学从业者。

通常认为，辐射产生的有害效应仅发生在受照细胞中，电离辐射的能量沉积在该细胞的核中，引起 DNA 靶损伤，产生生物效应。近年来放射生物学领域的一些新的研究进展提出了许多值得思考的问题，如辐射除可产生靶效应，还可产生许多非靶效应或非 DNA 靶效应，通过增加受作用细胞的数目可能放大了辐射生物效应，这些效应包括辐射诱发的基因组不稳定性、旁效应、适应性反应等。

综上所述，当前，辐射防护标准在很大程度上是以采用符合线性无阈模型的数据为依据的，故有必要全面采用能供评估的科学数据。ICRP 2007 年建议书中对于受极低剂量 /

剂量率暴露的大人群来说，认为不能单纯地用集体剂量或累计剂量进行危险计算，这说明 ICRP 本身已认识到线性无阈模型的不确定性。

**（二）确定性效应（有害的组织反应）**

具有阈剂量特征的细胞群的损伤，反应的严重程度随剂量的进一步增加而增加，也可以称为组织反应。在某些情况下，用包括生物反应调节剂在内的受照后干预程序，确定性效应是可以改变的。

机体多数器官和组织的功能并不因损失少量甚或大量的细胞而受到影响，这是因为机体有强大的代偿功能。在电离辐射作用后，若某一组织中损失的细胞数足够多，而且这些细胞又相当重要，将会造成可能观察到的损伤，主要表现为组织或器官功能不同程度的丧失。当照射剂量很小时，产生这种损害的几率为零；若剂量高于某一水平（阈值）时，几率很快到了 100%。在超过阈值以后，损伤的严重程度，包括组织恢复能力的损害随剂量的增加而加重。辐射的这种效应称为确定性效应（有害的组织反应），因为只要照射剂量达到阈值，这种效应就一定会发生。一般来说，超过阈值剂量越大，确定性效应的发生率越高，且严重程度越重。

确定性效应是器官、组织中细胞集体损伤的结果，由于大剂量照射造成组织、器官中大量或大部分细胞死亡，从而导致器官、组织功能障碍，出现临床可见的病理改变。除功能细胞损失外，因为辐射照射，造成血管受损导致供血不足，或者发生纤维组织取代功能细胞，也会间接引起器官、组织的功能障碍。

确定性效应的发生存在剂量阈值，效应的严重程度随剂量超过阈值的幅度增大而加剧。如剂量很大，以致人体一个、多个器官或组织的细胞严重耗竭，最终将导致死亡。然而，受到低 LET 辐射 2～3Gy 以下的单次急性照射，或者几年内受到剂量率不足 0.5Gy/a 的持续照射，出现严重有害效应（死亡）的可能性不会很大。组织剂量超过阈值后，确定性效应的出现时间取决于组织的细胞动力学特征。细胞更新迅速的组织（如骨髓），受照后几天或几周，就会出现效应（早期损伤效应）。细胞增殖很少或者几无增殖的组织（如肝），效应的出现则会迟至几个月、几年，有的甚至 10 年以上（晚期损伤效应）。一般而言，没有哪种组织完全不受辐射影响的，但不同组织对辐射敏感性不同。通常，骨髓、卵巢、睾丸、眼晶状体最敏感。即使同种组织，辐射敏感性也因人而异。受照群体中，某些敏感个体受到较低剂量就会出现某种临床可见的病理改变，而另一些要到剂量较大时才会出现。随着组织剂量的增大，受照群体中，确定性效应的发生几率，在算术坐标纸上呈 S 形的变化趋势。组织剂量很大时，受照的每一个体都将出现效应，即几率达 100%。

确定性效应的阈剂量，随人为规定的受照群体中出现某一临床可见病理改变的百分率而变。同时，组织类型不同，阈剂量也不同。关于低 LET 辐射的高剂量率、大剂量常规分割照射（每周 5 次、每次 2Gy），已有大批放射肿瘤治疗的临床经验。儿童组织生长活跃，辐射诱发的组织、器官的损伤常比成人严重。可被觉察的效应包括：生长发育不全、器官功能障碍、认知功能低下等。很明显，确定性效应是完全可以防止的。任何特定的确定性效应受多种因素的影响，其中主要是严重程度、发生此效应的年龄和受照人员的生理状态起作用。

ICRP 2007 年建议书中将确定性效应也称为有害的组织反应。ICRP 在评价了关于组织反应的大量资料以后作出如下判断，为了辐射防护目的，在吸收剂量不超过 100mGy 的范围内（低 LET 或高 LET），它不会超过足以使临床相关功能损伤的剂量阈值，组织不会在临床上表现出功能损伤。该判断既适用于单次急性照射，又适用于那些长期受小剂量照射（如每年反复照射）的情况。

## 二、影响电离辐射生物效应的主要因素

电离辐射作用于机体产生生物效应，涉及电离辐射对机体的作用与机体对其反应。影响辐射生物效应发生的诸多因素，基本上可归纳为两个方面，一是与辐射有关的因素，二是与机体有关的因素。

### （一）与辐射有关的因素

1. **辐射种类** 从辐射的物理特征看，电离密度和穿透能力是影响其生物效应的重要因素，这两者成反比关系。α射线的电离密度大而穿透能力弱，因此，外照射时对机体损伤作用小，内照射时对机体损伤作用大。β射线的电离能力较α射线小，但穿透力较α射线大，外照射时可引起皮肤表层损伤，内照射时也引起明显的生物效应。高能X射线和γ射线的电离密度比β射线还小，但穿透力很强，能到达机体的深层组织，外照射造成严重损伤；快中子和各种高能重粒子都具有很强的组织穿透力，并在射程末端电离密度增高，造成较大的细胞杀伤作用。

2. **剂量与剂量率** 辐射防护工作中，通常遇到的是小剂量和低剂量率情况，此时随机性效应的发生率不论高 LET 还是低 LET 辐射，剂量与效应的关系均以线性为主。小剂量多次照射比一次性高剂量率照射造成的辐射损伤要小得多，在进行动物实验照射剂量设计时，应尽可能在低剂量率水平下分次照射。

3. **照射方式** 可分为外照射、内照射和混合照射。外照射是指放射源在体外，其射线作用于机体的不同部位或全身。内照射是指放射源进入体内发出射线，作用于机体的不同部位。若兼有内、外照射则称为混合照射，有内、外照射的效应。

4. **照射部位** 机体不同部位对辐射的敏感性从高到低依次排序如下：腹部、盆腔、头部、胸部、四肢。

5. **照射面积** 当照射的其他条件相同时，受照射的面积愈大，生物效应愈显著。因此，实际工作中应尽量避免大剂量全身照射。

### （二）与机体有关的因素

自然界的各种生物对象在受到电离辐射作用后都表现出一定的损伤。但在同一剂量下引起损伤的程度有很大的不同，当辐射的各种物理因素和照射条件完全相同时，所引起的生物效应却有很大差别，这就是辐射敏感性的差异。不同种系、不同个体、不同组织和细胞、不同生物大分子，对射线作用的敏感性可有很大差异。下面从种系发生、个体发育、组织细胞和分子水平四个方面来阐述机体的放射敏感性。

1. **种系的辐射敏感性** 不同种系的生物对电离辐射的敏感性有很大的差异，其总的趋势是：随着种系演化越高，机体组织结构越复杂，则放射敏感性越高。在同一类动物中，不同品系之间放射敏感性有时亦有明显的差异。一般对其他有害因子抵抗力较强的品系，其放射抵抗力亦较高。例如 $C_{57}$ 系和 $CF_1$ 系小鼠的放射抵抗力有明显的差别，6Gy X 射线照射后，两品系小鼠的死亡率分别为 79% 和 92%。已知 $C_{57}$ 系小鼠对麻醉剂、士的宁和移植的癌细胞等都具有较强的抵抗力，而 $CF_1$ 系小鼠则相反。

2. **个体发育的辐射敏感性** 哺乳动物的放射敏感性因个体发育所处的阶段不同而有

很大差别。一般规律是放射敏感性随着个体发育过程而逐渐降低,与此同时放射敏感性的特点亦有变化。关于胚胎发育不同阶段个体对电离辐射的敏感性变化见表2-2。

表2-2　子宫内不同时期受照后可能发生的畸形

| 受照射时间 /d | 缺陷 |
|---|---|
| 0～28 | 大多数被吸收或流产 |
| 28～77 | 多数器官的严重畸形 |
| 77～112 | 主要是小头症,智力异常和生长延迟;骨骼、生殖器官和眼畸形很少 |
| 112～140 | 小头症、智力低下和眼畸形的病例很少 |
| >210 | 不大可能引起严重的解剖学缺陷,可能有功能障碍 |

(刘树铮,2006)

**3. 不同器官、组织和细胞的辐射敏感性**　在全身照射条件下,所有组织均会受到辐射的影响,但不同组织和细胞对辐射的反应却有很大的差别。成年动物的各种细胞的放射敏感性与其功能状态有密切的关系。人体各种组织的放射敏感性的顺序排列如下:

(1)高度敏感的组织:淋巴组织(淋巴细胞和幼稚淋巴细胞)、胸腺(胸腺细胞)、骨髓(幼稚红、粒和巨核细胞)、胃肠上皮(特别是小肠隐窝上皮细胞)、性腺(睾丸和卵巢的生殖细胞)和胚胎组织。

(2)中度敏感组织:感觉器官(角膜、晶状体、结膜)、内皮细胞(主要是血管、血窦和淋巴管内皮细胞)、皮肤上皮(包括毛囊上皮细胞)、唾液腺以及肾、肝、肺组织的上皮细胞。

(3)轻度敏感组织:中枢神经系统、内分泌腺(包括性腺内分泌细胞)和心脏。

(4)不敏感组织:肌肉组织、软骨和骨组织及结缔组织。

上述放射敏感性分类并不是绝对的,由于组织所处的功能状态不同或所用放射敏感性的指标不同,其排列顺序亦可变动。例如,在正常情况下,分裂很少的肝细胞比不断分裂的小肠黏膜上皮细胞放射敏感性低,两者同样照射10Gy时,前者仍保持其形态上的完整性,而后者却出现明显的破坏。但若预先进行部分肝切除术以刺激肝细胞分裂,则引起两者同样效应的照射剂量十分相近。因此,有人强调指出,细胞的电离辐射敏感主要是细胞分裂过程,而不是组织中的不同细胞类型。

上述各组织的放射敏感性均以形态学损伤为衡量标准来进行比较的,若以功能反应作为衡量标准,则可能得出显然不同的结论。例如,成年机体中枢神经需要较大剂量才能引起形态学损伤,但极小的辐射剂量就引起显著的功能改变。

应当指出,上述辐射敏感性顺序排列规律虽然基本上适用于大多数情况,但也有明显的例外,主要是卵母细胞和淋巴细胞。这两种细胞并不迅速分裂,但两者都对辐射敏感。

**4. 亚细胞和分子水平的辐射敏感性**　同一细胞的不同亚细胞结构的放射敏感性有很大差异,细胞核的放射敏感性显著高于胞浆。用$^{210}$Po的α射线微束照射组织培养中细胞的不同部分,证明细胞核区的放射敏感性较胞浆高100倍以上,因为胞浆受250Gy照射并不影响细胞的增殖,而胞核的平均致死剂量却不到1.5Gy。

细胞内DNA损伤和细胞放射反应(包括致死效应)之间的相互关系是分子放射生物学的基本问题之一。DNA分子的损伤在细胞放射效应发生上占有关键地位。DNA分子的损伤被认为是细胞致死的主要因素。在采用DNA、RNA和蛋白质的前体物质$^3$H-TdR、尿嘧啶核苷和氨基酸（如组氨酸、赖氨酸等）的 $^3H$ 标记物进行实验，以确定它们发生放射损伤的敏感度比值，发现细胞内各不同"靶"分子相对放射敏感性顺序如下：DNA ＞ mRNA ＞ rRNA 和 tRNA ＞ 蛋白质。

### （三）个体因素

**1. 年龄影响** 年龄是影响自发癌的重要因素，辐射致癌常常在易发年龄段受照可增加辐射致癌危险。例如，日本原爆幸存者中 10 岁以下受照，在早期白血病危险系数最高；20 岁左右的女性乳癌危险系数最高；肺癌危险系数随受照时年龄增加而增加。

在放射治疗时，小于 30 岁女性胸部接受照射容易发生乳腺癌，大于 45 岁者乳腺癌发病几率变小。青少年接受放疗后期发生骨肉瘤的几率高。大于 5 岁的头颈部肿瘤患者接受放疗的后期发生甲状腺癌和神经系统肿瘤可能性大。

**2. 性别因素** 辐射诱发人类乳腺癌绝大多数见于女性中；而甲状腺癌女性高于男性 3 倍。有人认为白血病男性略高于女性。其他类肿瘤在性别上差别不大。

**3. 环境及生活因素** 辐射致癌还受遗传因素和环境因素的影响，如犹太人儿童的甲状腺癌发生率比其他少数民族高，吸烟可使铀矿工肺癌的发生率增高。此外，饮酒、饮食、职业照射、环境污染等因素均增加辐射致癌的危险性。

# 第二节 生物剂量学方法

## 一、概述

在辐射生物学领域中，生物剂量学（biological dosimetry）所研究的主要内容是：利用电离辐射照射者所产生的一些生物学变化，以准确地确定其已接受的辐射剂量的理论和方法。如果仅指某种具体的技术方法而言，则称之为生物剂量测定方法。将某种生物剂量测定体系称之为生物剂量计（biological dosimeter）。

在事故情况下，进行剂量测定首要的目的是对受照者作出剂量诊断，作为确定临床治疗方案的依据，也为远期健康影响评价提供参考。对职业性慢性受照者的剂量估计，可以为辐射的早期和远后效应之间关系的分析，以及对受照者的工作安置提供生物学依据。

生物剂量计的选用应具备的以下基本条件：①对电离辐射有特异性或至少在正常人自发本底值很低；②具有较高的灵敏度，且与照射剂量相关性很好；③整体和离体效应一致；④对各类射线均具有较好的响应；⑤对大剂量急性照射和对小剂量累积照射均有较好的剂量 - 效应关系；⑥不受环境诱变剂的干扰；⑦个体间变异小；⑧方法简便，取材方便，不增加受检者痛苦；⑨能尽快给出结果；⑩有可能借助于仪器实现自动化。

要求全部满足上述条件对某个生物剂量学指标来说是很难的，迄今还没有一种通用的、理想的生物剂量测定方法。目前已经得到应用或正在研究中的生物剂量估算的方法有很多，其中包括根据临床指标判断，还有细胞遗传学指标和体细胞基因突变检测等。属于细胞遗传学范畴的有染色体畸变、淋巴细胞微核、早熟凝集染色体和荧光原位杂交等，属于体细胞基因突变的有 T 细胞受体、GPA、HPRT、HLA-A、小卫星 DNA 位点突变等。目前正在研究的有线粒体 DNA 缺失、γH2AX、核基因表达（ATM、GADD45 等）、细胞凝胶电泳的彗星分析等，另外国外有些实验室已采用基因芯片检测受照后基因的变化。

## 二、生物剂量学指标和评价

### （一）临床指标

临床症状和体征、血液、免疫、生殖、体液生化等指标主要用于事故情况下伤员的早期分类和医疗方案制订和疗效观察。特点是简便、快速，但灵敏度不高，特异性不强。

### （二）细胞遗传学指标

主要包括外周血淋巴细胞染色体畸变（双 + 环）分析、微核测定和早熟凝集染色体等。上述方法剂量 - 效应关系好，较灵敏和特异，是事故早期常用的生物剂量计。稳定性染色体畸变分析（G 显带、FISH 技术）已用于事故照射和职业受照人群的剂量重建研究。

**1. 体细胞基因突变检测** 主要包括血型糖蛋白 A 基因、次黄嘌呤磷酸核糖转移酶基因、T 细胞受体、人类白细胞抗原 -A 基因、电子自旋共振等。

2. 各种生物剂量学指标的照后适用期和半减期见表 2-3。

表 2-3 生物剂量学指标的照后适用期（I）和半减期（T）

| 照射后时间 | HPRT | GPA | TCR | 微核 | 染色体畸变 | | ESR |
| --- | --- | --- | --- | --- | --- | --- | --- |
| | | | | | 非稳定 | 稳定 | |
| 数天 | | | | I | I | I | I |
| 数周 | I | | I | I | I | | I |
| 数月 | I | I | I | I | I | | I |
| 1 年 | I | I | I | | | I | I |
| >5 年 | I | | | | | I | I |
| T | 1～2 年 | 终生 | 2 年 | 1 年 | 1 年 | 终生 | 终生 |

注：HPRT——次黄嘌呤磷酸核糖转移酶基因突变，GPA——血型糖蛋白，TCR——T 细胞受体突变，ESR——电子自旋共振技术

总之，目前估算生物剂量的指标较多，对核辐射事故急性照射估算剂量的首选指标是染色体畸变分析。

## 三、染色体畸变分析估算生物剂量方法

1962 年 Bender 用离体照射人外周血淋巴细胞的方法，首先肯定人体细胞染色体畸变量和受照剂量成正比关系。该体系在适当的剂量范围内，有良好的线性剂量 - 效应关系，离体和整体照射的剂量效应曲线之间在统计学上无显著性差异。染色体畸变是反映电离辐射损伤的敏感指标之一，而且借助离体照射人外周血淋巴细胞所建立染色体畸变的剂量 - 效应曲线，可估算事故受照人员的受照剂量。在 1966 年美国 Hanford 的"Recuplex"事故中，Bender 和 Gooch 首次应用外周血淋巴细胞染色体畸变分析法，对三名受中子、γ 射线混合照射的人员进行生物剂量测定，结果和物理方法测定的剂量基本一致，从而引起学者们的广泛兴趣和重视。

IAEA 于 1986 年、2001 年和 2011 年相继出版了技术报告丛书 260 号、405 号和 2011 EPR-Biodosimetry（应急准备与响应 - 生物剂量计），题目分别是《生物剂量测定——用于估算剂量的染色体畸变分析》、《细胞遗传学用于估算受照剂量的手册》和《细胞遗传学剂量计：应

用于辐射事故的应急响应与准备》。可见外周血染色体畸变分析是目前国际上公认的可靠而灵敏的生物剂量计。它作为一种生物剂量计已有 50 多年的历史,在国内外重大的辐射源丢失事故中,染色体畸变分析在剂量估算中起了相当重要的作用,所给出的剂量与临床表现相符,为临床诊治提供了依据。同时,与物理方法估算的剂量也比较一致。关于染色体畸变分析在急性照射中的应用已有不少报道,生物剂量和物理剂量可互相补充和验证。在比较复杂的情况下,如切尔诺贝利事故、巴西事故等,用物理学方法难以准确估算剂量时,更显示其优越性。至于国内 1992 年的山西忻州事件的情况更加特殊,在不了解受照史的情况下,通过染色体畸变分析,确诊为急性放射损伤,并发现了辐射事故。迄今,染色体畸变分析已在事故照射的生物剂量测定中得到广泛应用,并已被国际上公认是一种可靠的灵敏的生物剂量计。

**(一)急性照射的剂量 – 效应关系**

**1. 剂量 - 效应曲线的模式** 采用适当的模式进行剂量 - 效应曲线关系分析,对于合理地描述生物效应的特点,揭示其发生机制有重要意义。关于急性照射条件下,辐射诱导染色体畸变剂量效应关系的研究,1973 年世界卫生组织(WHO)推荐了下列 4 种数学模式进行拟合:

(1)线性方程(或线性模式 linear model):$Y=a+bD$ (2-5)

(2)平方方程(或二次方程模式 quadratic model):$Y=a+cD^2$ (2-6)

(3)线性平方方程(或二次多项式模式 second degree model):$Y=a+bD+cD^2$ (2-7)

(4)指数方程(或幂函数 power law):$Y=a+kD^n$ (2-8)

上述四个方程中:$Y$ 为畸变细胞或畸变率(%);$D$ 为剂量(Gy);$a$ 为自发畸变率;$b$、$c$ 分别为辐射一次或二次击中所致畸变的拟合回归系数;$k$ 为常数;$n$ 为剂量指数。可通过解方程或用微机计算拟合系数,同时应检验拟合系数的显著性和曲线的拟合度。

**2. 拟合模式的选择** 染色体畸变率和剂量之间的关系与射线的品质有关。

低 LET 辐射:按照经典假说,用 X、γ 射线作急性照射引起的染色体畸变是由一次击中和二次击中造成。研究表明一次击中形成的畸变(无着丝粒断片)量是剂量的线性函数,即一次击中畸变量随剂量的增高而增加,不受剂量率和分次照射的影响,剂量 - 效应关系用线性方程;$Y=a+bD$ 可以适当描述。因二次击中畸变要有两个断裂,而且这两个断裂要相互作用才能形成,它们的剂量效应关系可用二次方程:$Y=a+cD^2$ 或指数方程 $Y=a+kD^n$ 进行描述。Sasaki(1971)和刘树铮实验室(1979)曾以各种类型的射线离体照射全血,并把实验资料拟合指数方程,结果见图 2-3 及图 2-4。

虽然有许多实验资料也适合于幂函数 $Y=a+kD^n$,但它没有反映染色体畸变的本质和形成机制。国内外大量研究表明,人外周血淋巴细胞经低 LET 辐射处理后,大多数研究者所得到的资料表明,用二次多项式比用指数模式拟合的优度为好。低 LET 辐射诱导的双着丝粒体与受照剂量呈线性平方式关系,即 $Y=a+bD+cD^2$。该模式的含义,一个双着丝粒体畸变需两次断裂,两次断裂分别位于两个染色体上,$bD$ 项表示这部分二次击中畸变由一个电离径迹通过,使两个染色体各产生一个断裂,随后重排形成一个双着丝粒体,它与剂量成线性关系;而 $cD^2$ 项表示两个电离径迹使两个染色体各产生一个断裂,然后重排形成双着丝粒体。由此可见,形成一个双着丝粒体的两个断裂可由单个电离粒子径迹所致损伤形成,它与剂量率无关(即线性成分);也可由两个独立的径迹所致损伤相互作用而成,其值取决于

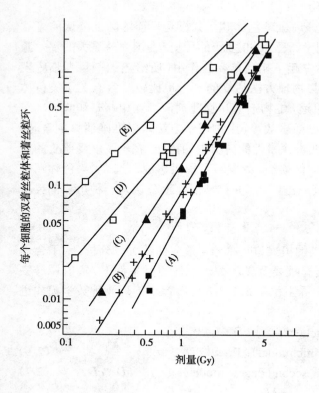

**图 2-3** 不同辐射诱发双着丝粒和环的剂量 - 效应关系

(A) ●————平均光子能量为 1.9MeV 和 1.5MeV 的直线加速器 X 射线;

(B) +————200kVpX 射线;

(C) ▲————$^{60}$Co-γ 射线;

(D) ○————14MeV 快中子[$^3$H(d, n)];

(E) □————2.03MeV 快中子[$^{10}$Be(d, n)$^9$B]

(Sasaki, 1971)

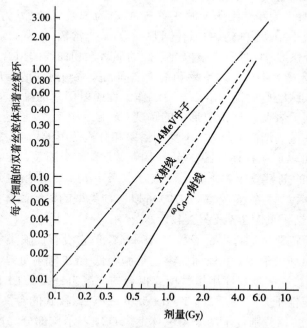

**图 2-4** 双着丝粒体和环的剂量 - 效应关系

以 X 射线、$^{60}$Co-γ 射线和 14MeV 中子照射全血,培养 50~54 小时,实验资料配幂函数 $Y = kD$; $Y_{\gamma 射线} = 1.64 \times 10^{-5}D^{1.79\pm0.11}$; $Y_{X 射线} = 6.50 \times 10^{-5}D^{1.51\pm0.05}$; $Y_{中子} = 6.07 \times 10^{-4}D^{1.31\pm0.12}$

(刘树铮, 1979)

两个径迹作用之间相隔的时间,因此$cD^2$项取决于剂量率(即平方成分)。

高 LET 辐射:α 粒子、裂变中子或低能质子等的特征是在组织中很快地释放能量。它们的单个电离径迹的能量可沉积在两个染色体上,引起两个断裂,重组形成双着丝粒体。这样,高 LET 辐射诱导的染色体畸变,不但一次击中畸变与剂量之间呈线性关系,二次击中畸变的剂量效应也可以拟合线性方程式,即 $Y = a + bD$(图 2-5)。对具有线性剂量效应关系的高 LET 辐射,不存在剂量率效应。Scott 等用 0.7MeV 快中子分别作急性和慢性照射,剂量率分别为 0.034Gy/h 和 0.5Gy/min(两者相差约 1000 倍),结果两者在畸变量之间没有明显差异。迄今国内外大量研究表明,高 LET 辐射诱导的二次击中畸变剂量效应关系,采用二次多项式比线性方程的拟合优度为好,即 $Y = a + bD + cD^2$。一般情况下,高 LET 辐射的 b值要比低 LET 辐射的 b 值高几十倍。线性项(bD)只在低吸收剂量下起主导作用,而平方项(cD²)则在高吸收剂量下起主要作用。

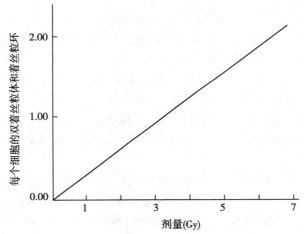

**图 2-5　双着丝粒体和环的剂量 - 效应关系**
以 14MeV 中子照射全血,培养 50～54 小时,实验资料配以直线
模式: $Y = a + bD$, $Y_{中子} = (3.12 \pm 1.06) \times 10^{-3}D$

(刘树铮,2006)

3. **曲线拟合方法**　按畸变的识别标准及分析的细胞数,将各剂量点的各类畸变分别计数,求出畸变细胞和每 100 个细胞或每个细胞的畸变率以及它们的误差,畸变细胞率是指见到的畸变细胞占分析细胞数的份额。畸变细胞中不论含有 1 个或多个畸变,均按 1 个畸变细胞计。畸变细胞率的标准误(S1)计算公式如下:

$$s_p = \sqrt{\frac{p(1-p)}{n}} \tag{2-9}$$

式中:p 为畸变细胞率,以分数表示,n 为分析细胞数。

畸变率(dic、rc、ace)以每 100 个细胞或每个细胞有多少个畸变显示,其标准误计算公式如下:

$$s_p = \frac{\sqrt{x}}{n} \tag{2-10}$$

式中：n 为分析细胞数，x 为畸变数。

根据畸变类型和射线品质选择合适的数学模式，将各剂量点的畸变率数据输入电脑，通过统计软件拟合回归方程。

**4. 建立剂量效应曲线的原则**　当用染色体畸变作为生物剂量计时，首先在离体条件下，用不同剂量照射健康人外周血，根据畸变率和照射剂量的关系，建立不同辐射类型、不同剂量、不同剂量率（低 LET）的剂量效应曲线，即刻度曲线。

（1）照射条件：应尽量仿照活体照射的情况。选用 2～3 名，不吸烟的正常健康个体，年龄在 18～45 岁，男女均可，非放射性工作者，半年内无射线和化学毒物接触史，近 1 个月内无病毒感染。根据 IAEA 技术报告 No.260 中的建议和多数实验室的工作情况，在 0.1～5Gy 剂量范围内，选择 8～10 个照射剂量点。取上述人员血样，(37±0.5)℃ 条件下进行均匀的离体照射。考虑到染色体断裂重接的时间为 90～120 分钟，故血液照射后在 37℃ 条件下放置 2 小时再进行培养。

（2）培养方法、细胞计数和分析技术：为避免非稳定性畸变丢失所致的误差，采用荧光加吉姆萨（fluorescent plus Giemsa，FPG）技术或培养开始加秋水仙素的方法，可确保分析细胞均为受照后的第一次分裂中期细胞。

在建立剂量效应曲线时，每剂量点计数细胞数应尽可能满足统计学要求。染色体畸变率符合泊松分布，而染色体畸变细胞率符合二项式分布，估算剂量时，除给出平均值外，同时应给出 95% 可信限剂量范围。在计算 95% 可信限时，可忽略标准曲线中由于不确定的畸变率的标准误，而只计算观察细胞畸变率的标准误。95% 可信限剂量范围可由下列公式计算：

95% 可信限范围＝畸变 / 细胞 ± Sp（观察细胞畸变率的标准误）× 1.96

95% 可信限范围的可信程度与分析的细胞数有关。IAEA（1986）把增加分析细胞数对急性 γ 射线照射估算剂量的 95% 可信范围的影响归纳成表。表 2-4 中列出四种分析细胞数多少对估算剂量 95% 可信限范围的影响。可见分析细胞数越多，估计出剂量 95% 可信限范围越窄，越可靠。

表 2-4　分析细胞数对剂量估算值（Gy）95% 可信限范围的影响

| 估算剂量 Gy | 分析 200 个细胞 | | 分析 500 个细胞 | | 分析 1000 个细胞 | |
|---|---|---|---|---|---|---|
| | 下限 | 上限 | 下限 | 上限 | 下限 | 上限 |
| 0.10 | — | — | <0.05 | 0.34 | <0.05 | 0.25 |
| 0.25 | 0.03 | 0.61 | 0.10 | 0.50 | 0.12 | 0.40 |
| 0.50 | 0.19 | 0.87 | 0.30 | 0.71 | 0.36 | 0.64 |
| 1.0 | 0.69 | 1.35 | 0.81 | 1.21 | 0.85 | 1.13 |

（IAEA, 1986）

若已知畸变细胞率和允许误差，就可以根据二项式分布 95% 可信限公式求出应计数的细胞数。生物学实验一般允许误差采用 15%，这需要计数相当大的细胞数。目前，在染色体畸变的剂量 - 效应关系中采用 20% 的允许误差，其公式为：

$$\Delta p = 1.96 \times \sqrt{\frac{p(1-p)}{n}} \qquad (2\text{-}11)$$

令

$$1.96 \times \sqrt{\frac{p(1-p)}{n}} = p \times 20\% \qquad (2\text{-}12)$$

则

$$n = (1-p) \times 96.04/p \qquad (2\text{-}13)$$

式中：n 为应分析的细胞数，p 为畸变细胞率，可在计数分析到一定数量的畸变细胞后求出应分析的细胞数。在建立染色体畸变剂量效应曲线时，分析细胞数应符合统计学要求。染色体畸变的自发畸变率相当低，在对照组剂量点难以满足统计学要求时，至少应分析 10 000 个中期细胞。对不同剂量受照者畸变分析结果表明，在大剂量急性照射时，由于畸变率高，需要计数的细胞数少，分析 100～200 个细胞可满足统计学要求。一般情况下，计数 200～500 个中期分裂细胞，可满足有医学意义照射水平的剂量估算。而在较小剂量照射时，往往需要计数大量的细胞数才能达到统计学上的要求。英国国家放射防护局（NRPB）实验室规定，通常情况下，每份标本要分析 500 个细胞，当剂量大时，分析 200 个细胞。

（3）畸变分析采取盲法阅片：只分析受照后第一次分裂的中期细胞，确立统一的分析细胞标准，选择分散良好，含有（46±1）个染色体的中期细胞；畸变的确定应征得两个分析者的确认；并采用图式结合的统一命名的数字、字母和符号详细记录畸变，以备审核和照相。

（4）生物剂量估算的原则：生物剂量测定采用分析非稳定性染色体畸变（Cu），其中尤以"双 + 环"的频率估算剂量较为准确。但 Cu 畸变会随照后时间的推移而逐渐减少。因此，只有在畸变未明显下降前取样，才能给出较准确的估算剂量。金璀珍等对 7 例不同剂量受照者动态观察发现，照后 1～2 个月"双 + 环"的变化不大，3 个月后明显下降，并建议取血时间最好在事故后 48 小时内，最迟不宜超过 6～8 周。原则上应尽早取血培养，最迟不超过 2 个月。外周血中 Cu 畸变在体内存在时间与许多因素有关，如淋巴细胞寿命、剂量水平、剂量分布、照射持续时间和个体差异等，都有待于进一步研究。

染色体畸变估算剂量范围，一般认为是 0.1～5Gy。其最低值，对 X 射线约为 0.05Gy，γ 射线为 0.1Gy，而裂变中子可测到 0.01Gy。但在此种情况下，必须分析大量的细胞才能得到较为可靠的结果。

非稳定性染色体畸变（Cu）分析进行生物剂量测定主要用于分布比较均匀的急性全身外照射，目前还不能用于混合照射、分次照射、长期小剂量照射和内照射的生物剂量估算。但是在辐射事故中，多数为不均匀照射或局部照射，因此，对不均匀照射或局部照射的剂量估算的研究已受到人们的极大关注。

**（二）局部或不均匀照射的剂量 – 效应关系**

染色体畸变分布与畸变类型、射线品质以及照射的均匀程度等因素有关。当照射仅局限于身体某个部位时，由于受照部位的淋巴细胞在血液中迅速地与未受照射的淋巴细胞混合，畸变率就会改变。用一次急性均匀照射建立的量效关系来描述局部照射染色体畸变的量效关系有较大的误差。为了解局部照射情况下染色体畸变与受照剂量的关系，Lloyd 等在离体条件下，将照射的血和未受照射的血等量混合，培养制片，发现双着丝粒体在混合培养时要比非混合培养时低，前者不及后者的 1/2。Sasaki 研究活体照射情况下的局部照射对畸变率的影响，发现肿瘤患者局部照射后取血培养观察到的畸变比相同剂量离体照射同一患者的血时为低。因此，无论是活体照射还是离体照射，在一般照射条件下所建立的剂量 - 效应关系不能完全适用于局部照射。低 LET 辐射急性均匀照射条件下，双着丝粒在细胞间呈泊松（Poisson）分布，而在局部照射或不均匀照射条件下，畸变分布则偏离泊松统计，呈过度分散分布（over-dispersion），因而研究畸变分布的性质可以指出是否为均匀照射，偏离的程度反映了不均匀照射的程度。用泊松分布 $u$ 检验，可以判断是否均匀照射。

从畸变分布的性质出发，国际原子能机构（IAEA）介绍了不纯泊松法和 Qdr 法两种用于局部照射剂量估算。近年来针对这两种方法用于不均匀性或局部照射的剂量 - 效应关系研究的可行性，一些文献从离体模拟实验的角度作了肯定。但不均匀性或局部照射的剂量估算还未解决，活体验证的报道则更少，尚需更多的研究才能作出结论。

### （三）延时性照射或分隔照射

延时性（指低 LET 的低剂量率）照射或分次照射比急性照射产生的畸变率可能要低。Scott 等以 3Gy 的 $^{60}$Co-$\gamma$ 射线在 24 小时内均匀照射人淋巴细胞，发现双着丝粒体的数量只有相同剂量的急性照射时的一半。对于高 LET 辐射，由于一次击中和二次击中畸变的剂量效应曲线近于线性关系，延时照射或分次照射不会影响畸变率；但是，对于低 LET 辐射，一次击中畸变量不变，二次击中畸变的线性平方关系中的平方项则要减少。该项代表了来源于双径迹次级损伤相互作用而得到的畸变。一些研究表明，次级损伤随照射时间的增加而呈指数性下降。因而在分次照射或低剂量率照射条件下，由于各径迹造成的次级损伤有一定的时间修复，一些次级损伤不再能形成畸变。Catchieside 和 Lea 建议用 G 函数 [$G(x)$，$x = t/t_0$，$t$ 为照射延续时间，$t_0$ 为染色体断裂平均重接时间，通常采用 2 小时] 来修正平方项的系数。二次多项式变为下式 $Y = a + bD + cG(x)D^2$。$Y$、$D$、$a$、$b$ 和 $c$ 的数值同急性照射。延时照射，情况较为复杂，有些实验验证，在 3 小时内观察值和预期相吻合，另一些实验，效果不理想。尚待深入研究。

### （四）国内外放射事故生物剂量估算概况

染色体畸变分析作为剂量估算的生物学指标，至今已有 30 余年的历史，国内外学者用 X 射线、$\gamma$ 射线、中子和质子等不同辐射类型照射离体人血，建立了不同剂量范围和不同剂量率（低 LET 辐射）多条剂量效应曲线，并在国内外多起较大事故中应用，如美国橡树岭 Y-12 工厂的临界事故（1958）、美国华盛顿汉福特核转移事故（1962）、前苏联切尔诺贝利核电站事故（1986）、巴西 Goiania$^{137}$Cs 事故（1987）、圣萨尔瓦多 $^{60}$Co 事故（1989）、上海 6•25 $^{60}$Co 事故（1990）、山西忻州 $^{60}$Co 事故（1992）、河南新乡 $^{60}$Co 事故（1999）、日本茨城县东海村核燃料加工厂事故（1999）和四川成都 $^{60}$Co 事故（2000）、北京燕山事故（2001）、河南安阳事故（2002）和哈尔滨事故（2003）、山东事故（2004）、哈尔滨事故（2005）和山西事故（2008）等，都采用染色体畸变（双 + 环）分析，估算了受照剂量，为临床诊断和预后判断提供了重要的剂量资料。表 2-5 给出了 5 起国外事故用染色体畸变分析估算剂量的概况。

20 多年来国内发生多起放射事故，我国从 1970 年以来相继开展此项工作，并于 1980 年首次对上海核子所 1 例受 $^{60}$Co 源照射的病例，用染色体畸变估算受照剂量，得到和物理剂量、临床诊断相当一致的结果。现将近二十年来国内用染色体畸变分析估算剂量概况列表 2-6。表中病例主要是对已知受照者进行剂量估算，只有山西忻州 $^{60}$Co 事故（1992）是对可疑受照者判断是否受到照射，通过染色体畸变分析确定受照后，给出受照剂量，据此找到了放射源。具体情况是：

患者"芳"，女，24 岁，山西忻州市人，1992 年 2 月 4 日发病，同时得知其家中已有三位亲人（"芳"的丈夫、公爹和丈夫的二哥）于 12 月 3 日至 10 日相继死亡，"芳"由其父（"寅"）

表2-5 近二十年来国外用染色体畸变分析估算剂量概况

| 事故基本情况 | "双+环"剂量 | | 物理剂量 |
|---|---|---|---|
| | 例数 | （Gy） | （Gy） |
| (1)1984年，墨西哥，6010块 $^{60}$Co源散落，300～500人受照 | 10 | 0.09～1.91 | —— |
| (2)1986年，切尔诺贝利，核电站事故，203人诊断为急性放射病，大部分为放烧复合伤 | 154 | 具体数字未列出 | —— |
| (3)1987年，巴西，$^{137}$Cs放射源，放射性物质散落，244人受照，4人死亡 | 97 | 大于1Gy者21例，有8例超过4Gy，1例为7Gy | —— |
| (4)1989年，萨尔瓦多，$^{60}$Co源事故，3人受照 | 3 | A:8.3(7.6～9.0)<br>B:4.4(4.0～4.8)<br>C:3.2(2.8～3.6) | 3～10Gy A和B足部超过200Gy |
| (5)1999年，日本茨城县东海村，核事故，2人死亡 | 3 | O:12.0Gy(PCC-R为20Gy以上)<br>S:7.0Gy(PCC-R为7.8Gy)<br>Y:2.9Gy(PCC-R为2.6Gy) | —— |

表2-6 近二十年来国内用染色体畸变分析估算剂量概况

| 事故基本情况 | "双+环"剂量 | | 物理剂量 |
|---|---|---|---|
| | 例数 | （Gy） | （Gy） |
| (1)1980年，上海，$^{60}$Co，1人受照 | 1 | 5.18(4.92～5.43) | 5.22 |
| (2)1986年，北京，$^{60}$Co，2人受照 | 2 | A:0.70(0.39～0.91)<br>B:0.67(0.34～0.99) | 0.60<br>0.77 |
| (3)1986年，河南开封，$^{60}$Co，2人受照 | 2 | A:2.50(2.24～2.75)<br>B:2.17(1.77～2.51) | 3.30<br>2.40 |
| (4)1987年，河南郑州，$^{60}$Co，1人受照 | 1 | 1.46(1.23～1.66) | 1.42 |
| (5)1990年，上海，$^{60}$Co，7人受照，其中2人死亡 | 5 | A:5.10(4.70～5.50)<br>B:3.50(3.00～3.80)<br>C:2.50(2.10～2.90)<br>D:2.90(2.50～3.20)<br>E:1.90(1.60～2.10) | 5.20<br>4.10<br>2.50<br>2.40<br>2.00 |
| (6)1992年，湖北武汉，$^{60}$Co，4人受照 | 4 | A:3.60(3.38～3.81)<br>B:1.68(1.49～1.86)<br>C:0.93(0.75～1.08)<br>D:0.47(0.20～0.58) | 3.50<br>1.30<br>0.40<br>0.40 |
| (7)1992年，山西忻州，$^{60}$Co，超过0.5Gy者7人，其中死亡3人 | 34 | A:2.30(2.07～2.50)<br>B:0.87(0.64～1.06)<br>C:0.63(0.43～0.80)<br>D:0.55(0.24～0.77) | ——<br>——<br>——<br>—— |
| (8)1996年，吉林省吉林市，$^{192}$Ir，12人受照，其中1人受到大剂量不均匀照射 | 12 | A:3.09(2.88～3.28) | 2.9±0.3 |
| (9)1998年，黑龙江哈尔滨，$^{60}$Co，1人受照 | 1 | A:4.99(4.68～5.29) | —— |

续表

| 事故基本情况 | "双＋环"剂量 | | | 物理剂量 |
| --- | --- | --- | --- | --- |
| | 例数 | （Gy） | | （Gy） |
| （10）1999年，河南新乡，⁶⁰Co，7人受照 | 3 | A：5.61（5.29～5.90） | | 4.52 |
| | | B：2.68（2.46～2.89） | | 2.55 |
| | | C：2.48（2.26～2.68） | | 3.20 |
| （11）2000年，四川成都，⁶⁰Co，3人受照 | 3 | A：2.30（2.03～2.55） | | — |
| | | B：2.33（2.06～2.58） | | — |
| | | C：1.79（1.51～2.03） | | — |
| （12）2001年，辽宁大连，¹⁹²Ir，3人受照 | 3 | A：1.94（1.73～2.13） | | |
| | | B：0.74（0.50～0.92） | | |
| | | C：0.08（0～0.20） | | |
| （13）2001年，北京燕山，¹⁹²Ir，23人受检 | 1 | 0.87（0.64～1.06） | | |
| （14）2002年，河南安阳，⁶⁰Co，1人受照 | 1 | 1.54（1.32～1.75） | | |
| （15）2002年，吉林省吉林市，⁶⁰Co，5人受检 | 2 | A：0.15（0～0.29） | | |
| （16）2003年，黑龙江哈尔滨，⁶⁰Co，29人受检，超过0.1Gy 7例 | 29 | A：0.34（0～0.56） | | |
| | | B：0.34（0～0.56） | | |
| | | C：0.43（0～0.66） | | |
| | | D：0.38（0～0.55） | | |
| | | E：0.32（0.10～0.48） | | |
| | | F：0.20（0～0.43） | | |
| | | G：0.20（0～0.43） | | |
| （17）2004年，河北唐山，硒事故，2人受照 | 2 | A：0.44（0.24～0.60） | | |
| | | B：0.45（0.12～0.66） | | |
| （18）2004年，山东济宁，⁶⁰Co，2人受照 | 2 | A：8.68～9.96（8.15～10.56） | | |
| | | B：--- | | |
| （19）2005年，黑龙江哈尔滨，¹⁹²Ir，15人受照，超过0.1Gy 6例 | 6 | A：1.65（1.31～1.94） | | |
| | | B：1.48（1.17～1.74） | | |
| | | C：0.83（0.49～1.07） | | |
| | | D：1.29（1.05～1.51） | | |
| | | E：0.35（0.21～0.56） | | |
| | | F：0.55（0.26～0.74） | | |
| （20）2008年，山西太原，⁶⁰Co，5人受照 | 5 | A：14.5（11.4～17.9） | | |
| | | B：3.5（3.1～3.8） | | |
| | | C：2.8（2.5～3.1） | | |
| | | D：2.3（1.9～2.5） | | |
| | | E：1.7（1.4～2.0） | | |

陪同来北京治病，无明确的受照史。原卫生部工业卫生实验所生物剂量室于1992年12月30日上午采血，培养外周血淋巴细胞，1993年1月1日收获，分析染色体的非稳定性畸变，证明"芳"受到较大剂量照射，"寅"受过量照射，用本实验室建立的染色体畸变（dic＋r）的剂量-效应曲线（$Y = 3.4967 \times 10^{-2}D + 6.9419 \times 10^{-2}D^2$）估计剂量，其二人生物剂量结果是：

①"芳"为 2.30（2.07～2.50）Gy，用泊松分布 *u* 检验，证明是不均匀照射；②"寅"为 0.63（0.43～0.80）Gy。同时表明"芳"家中已死亡的三名成员，也死于急性放射病。建议：①尽快找到放射源；②对可能受照的人群（指与"芳"丈夫等死者有接触史者）进行医学观察（包括血象，染色体等检查）并及时采取相应措施；③对"芳"继续治疗，对"寅"进行观察。由于各级领导的重视和有关部门的积极努力，于 1993 年 2 月 1 日找到了放射源，为一个废旧封闭钴 -60 源，其活度为 0.4TBq。

## 四、微核分析

20 世纪 60 年代 Rugh 发现在照射后小鼠的淋巴结和外周血淋巴细胞中存在核碎片，又称微核（micronucleus，Mn），试图用其作为评价辐射损伤的辅助指标，但未受重视。Heddle（1973）推荐使用这种简便而迅速的方法来衡量染色体损伤，在辐射领域内得到了广泛的研究和应用。大量研究表明，在一定剂量范围内，整体和离体条件下微核率均呈明显的剂量 - 效应关系，并经放疗患者和动物实验证明，离体和整体照射微核效应一致，表明淋巴细胞微核率可以作为估算受照剂量的生物学指标。

### （一）微核

微核是在诱变剂作用下，断裂残留的无着丝粒断片（染色体碎片）或在分裂后期落后的整条染色体，在分裂末期都不可能纳入主核。当进入下一次细胞周期的间期时，它们在细胞质内浓缩成小的核，称为微核。

微核的形态学特征是：①存在于完整的胞浆中，为主核直径的 1/16～1/3；②形态为圆形或椭圆形，边缘光滑；③与主核有同样结构，嗜色性与主核一致或略浅，Fenlgan 染色阳性或 DNA 的特异性反应；④与非核物质颗粒相反，微核不折光；⑤与主核完全分离，如相切，应见到各自的核膜。

### （二）CB 法微核分析在生物剂量测定中的应用

外周血淋巴细胞微核测试法在辐射领域内的应用已有 30 多年的历史，它比染色体分析简单而快速。微核仅出现在诱发后经过一次分裂的间期细胞中，早先采用的微核直接制片法和常规培养法由于不能分辨出未转化的、分裂一次的和分裂一次以上的淋巴细胞，影响了微核分析的正确性，使该技术的应用受到一定的限制。1985 年 Fenech 等提出胞浆分裂阻滞微核法（cytokinesis-block method，CB 法），该法采用在培养基中加入松胞素 -B（cytochalasin-B，Cyt-B），后者在不干扰细胞核分裂的同时阻滞胞浆的分裂。于是，分裂一次的所有淋巴细胞的胞浆中将出现两个细胞核，这种双核细胞称为 cytokinesis-block cell，简称 CB 细胞。CB 细胞很大，具有双核，极易鉴别（图 2-6）。如果第二次胞浆分裂被阻滞，则形成 3 核或 4 核细胞，故双核 CB 细胞是只经历一次分裂的细胞。计数 CB 细胞中的微核率，可显著提高微核检测的灵敏度和准确性。

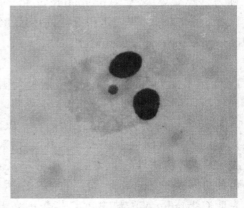

**图 2-6 CB 法微核**

辐射诱发微核的剂量 - 效应关系，辐射诱导的微核率和微核细胞率随剂量增高而增加，对于低 LET 辐射,其剂量效应关系与照射剂量范围有关,如果剂量在 0.5Gy 以内,主要为线性关系 $Y=a+bD$,剂量大于 0.5Gy,则出现平方项,适于拟合线性平方式,即 $Y=a+bD+cD^2$;对于高 LET 辐射微核的剂量效应关系研究较少,从理论上讲,主要适于线性方程。关于剂量-效应曲线的类型、照射条件、细胞计数等与建立染色体畸变剂量效应曲线原则类似。近年来,在事故受照人员的生物剂量测定中,已有多例实际应用的报道。例如山西忻州事故中,采用 CB 微核法对 34 例受照者进行生物剂量测定,并与染色体畸变分析估算的剂量进行比较,结果两种方法估算的剂量基本一致。还有略低于染色体畸变估算值的报道。

目前认为 CB 法微核估算剂量范围在 0.25～5.0Gy 之间较为准确。估算剂量时,除给出平均值外,同时应给出 95% 可信限剂量范围,方法同染色体畸变。微核分析进行生物剂量测定主要用于急性均匀或比较均匀的全身照射,对不均匀和局部照射,只能给出等效全身均匀照射剂量。而对于分次照射、内照射和长期小剂量照射等,由于影响因素复杂,目前尚不能用微核来估算剂量。关于照后淋巴细胞的消涨规律,研究表明照后微核立即升高,然后保持较恒定的水平,但持续多久尚待研究。蒋本荣等通过狗全身照射后证明微核即刻升高,以后稳定于此水平,1 个半月后急剧下降,半年后还未恢复至照前水平,故一般认为照后应尽早采样,最迟不超过 1 个月。

微核检测方法简单,分析快速,容易掌握,又有利于自动化,尤其在事故涉及的人员较多时更显示其优越性,如果已知人体受照前的微核水平,可检测到 0.05Gy 剂量。但是微核不像双着丝粒体对电离辐射那样敏感、特异,自发率较高,为 10‰～20‰(CB 法);个体差异较大,自发率与性别无关,但与年龄呈正相关关系,所以估算剂量的下限值的不确定度较高;微核的衰减速度比双着丝粒体快。

## 五、早熟凝集染色体环或断片分析

### (一)早熟凝集染色体

当一个分裂中期细胞和一个间期细胞进行细胞融合后,间期核被诱导提前进入有丝分裂期。这时,间期核中极度分散状态的染色质凝缩成染色体样的结构,这种纤细的染色体称为早熟凝集染色体(premature condensed chromosome,PCC)。故融合细胞中,光镜下可见诱导细胞的中期染色体和纤细的单股 PCC。这一诱导现象称为染色体熟前凝集(premature chromosome condensation,PCC)。

1983 年 Pantelias 等用化学制剂聚乙二醇作为融合剂,简化了细胞融合的操作步骤,使 PCC 技术受到人们的重视。特别是美国、日本 2001 年资料报道,大剂量照射后,大多数淋巴细胞阻滞在 $G_2$ 期,不能到达分裂期,难以用常规秋水仙素阻滞法获得分析的细胞数,而 PCC 技术可用于大于 10Gy 照射,使 PCC 技术得到了广泛的应用,在辐射损伤研究中引起人们的关注。但融合法诱导的 PCC 指数低。1995 年 Gotoh 用 calyculin A 诱导染色体发生凝聚后,药物诱导的 PCC 已应用数年,calyculin A 和 okadaic acid 是蛋白质磷酸酯酶抑制剂,可使许多类细胞在细胞周期的任一期诱导出 PCC 和环(图 2-7),提高了 PCC 指数。有实验表明 Calyculin A 诱导的 PCC 指数远高于常规染色体法,克服了常规染色体畸变分析中有丝分裂指数较低的不足,对部分个体如年老者、免疫力低下者及受到大剂量辐照者,此法尤为适用。

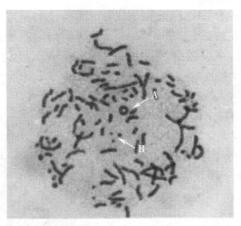

**图 2-7　药物诱导的早熟凝集染色体（PCC）**
A 为 PCC 环；B 为断片

### （二）PCC 在生物剂量测定中的应用

辐射诱发 PCC 断片剂量效应关系的研究，离体实验表明，在受照的间期（$G_0$ 或 $G_1$）淋巴细胞和分裂中期细胞融合后的融合细胞中，辐射对染色体的损伤表现为 $G_1$-PCC 断片（每个受损伤细胞中所含的多余的 PCC 数），随着照射剂量的增高，每个细胞的 $G_1$-PCC 断片也相应增多，其剂量效应曲线可拟合直线方程，即 $Y=a+bD$。朱巍等（2003）用 calyculin A 诱导的 PCC 断片的辐射剂量效应关系的研究，表明也符合线性方程。Pautolias 等用不同剂量（$0\sim3$Gy）X 射线照射小鼠及其外周血淋巴细胞建立的离体和活体剂量效应曲线，统计学分析表明两者之间没有显著性差异。

生物剂量估算的研究中，上海放射医学研究所（1991）应用他们实验室制备的 PCC- 断片剂量效应曲线，对 1 例全身受照的肿瘤患者进行生物剂量测定。患者分两次进行全身照射，间隔 6 小时，每次 1.8Gy，总剂量 3.6Gy。结果表明，用 PCC 估算的受照剂量 3.5（3.44～3.60）Gy，与临床实际照射剂量和物理剂量的估算，有很好的吻合性。1999 年日本东海村临界事故，2004 年的山东济宁事故中亦用 PCC 技术估算了受照人员的生物剂量。

采用融合法 PCC 技术可直接观察细胞间期染色体损伤，不需要刺激细胞增殖和细胞培养，减少了由于间期死亡及染色体修复等引起的误差，在获得标本 2～3 小时之后即可分析染色体损伤情况，很快就能给出受照剂量。其次，用 PCC 技术仅需血样 0.5ml，分析 100 个细胞即可显示低剂量照射情况下辐射损伤，而常规染色体畸变分析法需分析数百个甚至上千个中期分裂相。可见，PCC 技术是一种很有前景的生物剂量计。它与常规染色体方法相比有快速、灵敏、准确和简便等优点。药物诱导 PCC 技术大大提高了 PCC 指数，弥补了染色体畸变分析时大剂量受照者中期分裂细胞数少的缺点。

PCC 研究的现有资料还不多，许多问题尚待进一步探讨。

## 六、稳定性染色体畸变（易位）分析

目前，通常用 G 显带和荧光原位杂交方法进行稳定性染色体畸变分析。

### （一）荧光原位杂交

荧光原位杂交（fluorescence in situ hybridization，FISH）技术是 20 世纪 80 年代末以来发

展的一种快速分析人类染色体结构畸变,特别是相互易位的新方法。Pinkel 等(1986)首先将 FISH 技术引入辐射研究领域,开创了辐射生物剂量测定的新篇章。它是检测已固定在玻片上特有核酸序列的一种高度敏感、特异的方法。其方法是以生物素(biotin)标记的已知碱基序列的核酸作为探针,按照碱基互补的原则,与标本上细胞染色体的同源序列核酸进行特异性结合,然后用荧光标记的生物素亲和蛋白(avidin)和抗亲和蛋白的抗体进行免疫检测和放大,使探针杂交区发出荧光,形成可检测的杂交双链核酸,最后在荧光显微镜下检查探针存在与否。结合了探针的染色体呈现出特定的颜色,未结合探针的染色体就不着色,因而着色与未着色的染色体间发生了互换,这种异常的染色体在荧光显微镜下非常容易鉴别(图 2-8)。目前,在辐射生物剂量学领域的 FISH 研究中,选用的探针主要是全染色体探针、泛着丝粒探针、特异性的端粒和着丝粒探针等。不同探针的组合,加上 FISH 技术正由单色、双色 FISH 向多色 FISH(M-FISH)发展,这样就可获得更加生动的彩色染色体图像,不但能快速正确检测双着丝粒体,而且能很容易地辨认出易位、缺失和插入等稳定性染色体畸变。

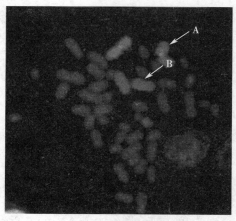

图 2-8　染色体荧光原位杂交
A 为用 1 号染色体红色探针杂交而成;B 为
4 号染色体绿色探针杂交而成

**(二)FISH 在生物剂量测定中的应用**

辐射诱发的双着丝粒体和易位与照射剂量间呈良好的量效关系。急性照射的剂量估算主要分析双着丝粒体。对于双着丝粒体的检测,在 FISH 技术中可以用泛着丝粒探针进行杂交,杂交后使细胞中的染色体着丝粒区着色,在荧光显微镜下能快速计数双着丝粒体。易位在受照者体内不影响或不严重影响细胞的生存和繁殖,在体内能长期保持相当恒定,至少变化很少。虽然外周血 T 淋巴细胞具有不同的寿命,但由于骨髓造血干细胞不断补充,使得外周血淋巴细胞的易位率保持稳定。有研究表明,易位畸变至少在 10 年内保持稳定,尤其是单纯的完全相互易位细胞在分裂时不会被淘汰,基本上不受时间长短的影响,特别适用于慢性照射和早先受照者的剂量估算。

目前有两类探针成功地应用于易位的检测中。一类是采用染色体区域的重复序列,如染色体的着丝粒区和端粒区重复序列作探针。杂交后,染色体在上述两个区域内显示出两个杂交信号。如果该染色体发生相互易位,根据互换情况,这两个信号可分开,分别位于两个不同的染色体上。另一类探针是一条或数条全染色体探针,目前在辐射研究领域中用得较多的有 1 号、2 号和 4 号全染色体探针。这类探针杂交后可以使同源的整条染色体着色,如果着色和未着色的染色体之间发生易位,则表现为染色体的一部分着色,另一部分不着色,很易鉴别。可见,用 FISH 技术可以大大提高易位的检出率。

目前,FISH 技术已在生物剂量测定中被广泛研究。剂量 - 效应曲线的研究结果一致表明,随着照射剂量的增加,涉及探针的双着丝粒体和易位明显增加。按 Lucas(1992)推荐的经验公式:$F_P = 2.05 f_P (1 - f_P) F_G$,式中 $F_P$ 为全基因组易位率或双着丝粒率;$f_P$ 为探针覆盖的基因组部分 DNA 含量;$F_G$ 为 FISH 检测的易位率或双着丝粒率。由 FISH 方法观察到的双着丝粒率和易位率换算成全基因组的双着丝粒率和易位率均符合线性平方模式，即 $Y = a + bD + cD^2$。

综上所述，用 FISH 方法可以大大提高易位的检出率，与 G 显带技术相比，节省了人力物力。由于不需要分散良好的中期分裂相作分析，增加可供分析的细胞数，提高了检测的精确度。可见它是一种快速、准确的很有前途的生物剂量测定方法，是当前辐射细胞遗传学发展中的一门前沿技术。其不足之处是对某些稳定性染色体畸变，如倒位和缺失不甚敏感；由于探针的特异性，只有某些与探针相对应的染色体畸变才能被察觉；该技术要求高，且需要高纯度试剂，价格昂贵。用于生物剂量测定还有不少问题需要进一步的深入研究，如用 FISH 方法观察到的染色体易位率换算成全基因组染色体易位率是否符合 Lucas 推荐的经验公式；以及用易位率进行回顾性剂量重建时，易位不随时间延长而降低的假设是否成立等都有待深入探讨。

## 七、体细胞基因突变分析

虽然一个细胞的基因很多，据估计哺乳动物细胞内约有 105 个基因，目前在辐射生物剂量的研究中，对绝大多数基因突变尚无有效的检测手段。即使有少数的基因突变能被检测，也因为电离辐射诱发的突变率低，加之自发突变率及其他体内外环境诱变因素的影响和体内选择机制的存在，致使体细胞突变检测的特异性不够强，灵敏度不够高，个体差异较大，能在生物剂量测定中实际应用的不多。下面仅就方法比较成熟、研究较多的 GPA 和 HPRT 基因突变介绍如下。

### （一）血型糖蛋白 A 基因位点突变分析

GPA 是分布于人类红细胞（RBC）表面的一种重要的血型糖蛋白，由一条含 131 个氨基酸残基的肽链和一条含 16 个糖基的糖键构成。在每个 RBC 表面约有 $5 \times 10^5$ 个 GPA 分子，GPA 分子有 M、N 两种形式，并以此决定了人类的 MN 血型系统，人群中共有三种血型表现 MM、MN 和 NN。编码 GPA-M、N 分子的等位基因位于 4q28～31，为共显性表达，在人群中的频率基本相当，所以人群中约一半人为 MN 杂合子个体。

血型糖蛋白 A 突变分析技术仅适于测定人群中 MN 杂合个体的基因突变频率（mutation frequency，MF）。理论上讲，MN 个体外周血 RBC 中存在四种 GPA 变异体细胞（variant cell，VC）；单体型 MΦ、NΦ 和纯合型 MM、NN。当用不同颜色荧光标记的 GPA-M 或 N 的单克隆抗体（McAb）与 RBC 结合时，由于正常 RBC（MN）与 VC 表面 GPA 分子抗原分布的种类或数量不同，而结合不同的 McAb，使其荧光颜色或强度不同，经流式细胞仪测定时，根据荧光信号的差异将 VC 记录下来。外周血 RBC 无核，缺乏自我增殖能力，GPA 分析系统所检测到的突变实际上是来自骨髓干细胞或 RBC 成熟过程中 GPA 表达前的 RBC 前体细胞。GPA 基因位点突变分析了个体生存过程中所记录的累积生物效应，因此可作为终生的生物剂量计。GPA 基因突变分析用流式细胞仪检测 $1 \times 10^6$ 个细胞只需几分钟，分析速度快，且稳定性好，重复性高，但 FCM、荧光 McAb 价格昂贵，且 GPA MF 的个体差异较大，仅能用于 MN 型个体。

### （二）次黄嘌呤鸟嘌呤磷酸核糖基转移酶基因位点突变分析

次黄嘌呤鸟嘌呤磷酸核糖基转移酶（hypoxanthine guanine phosphoribosyl transferase，HPRT）是体细胞突变研究中常用的基因。HPRT 是一种嘌呤合成酶，其结构基因位于 X 染色体（Xq27）上，其基因产物由 2～4 个蛋白亚单位组成。该酶对于维持细胞内嘌呤核苷酸的含量，特别是合成新核苷酸能力低下的细胞具有重要意义。但此酶也能代谢嘌呤类似物 6- 巯基鸟嘌呤（6-TG）和 8- 氮杂鸟嘌呤（8-AG），形成一种致死性的核苷 -5- 磷酸盐，从而杀死正常细胞。在电离辐射或其他诱变剂的作用下，某些细胞 X 染色体上 HPRT 的结构基因发生突变，不能产生 HPRT 或其功能低下，从而使突变细胞对 6-TG 或 8-AG 具有抗性作用。这些细胞在含 6-TG 的培养基中仍能正常生存和分裂，而正常细胞却因 6-TG 的毒性作用不能分裂甚至引起死亡，因此通过检测分裂细胞的数目便能确定 HPRT 基因突变频率。HPRT 基因位点突变分析可用于急性和慢性小剂量照射。其不足之处是：HPRT 基因突变的特异性不强，自发率较高，并随年龄增长，自发突变率也有所增高。

### （三）T 细胞受体基因突变

T 细胞受体（T cell receptor，TCR）是由 α 和 β，或 γ 和 δ 两条单链组成的杂合二聚体，编码 α、β、γ 和 δ 肽链的基因分别位于 14 号和 7 号染色体上。在正常 T 细胞的成熟过程中，TCR 基因发生重组，产生对不同抗原有特异结合能力的受体分子。这四个基因表达时呈等位排反现象，即 α、β 基因表达时，则 γ、δ 基因关闭；反之，γ、δ 基因表达时，α、β 基因关闭。因此，尽管 TCR 基因位于常染色体上，但却类似于女性中 X 性染色体上的基因，在功能上呈单倍性。如在活性基因上发生单个突变，即可导致 TCR 突变体表型的产生。TCR α、β 链只有在与另一蛋白 CD3 结合形成 TCR αβ/CD3 复合体后，才能转运到 T 细胞的膜表面而发挥作用。如果 α 或 β 基因中任何一个发生突变，则形成的异常复合体就不能被转运到 T 细胞表面。因此，只要通过检测 CD3 分子在细胞表面的存在情况，就可判断 TCR α 或 β 基因是否发生突变而异常表达。

通过检测 T 细胞表面 CD3 分子的存在与否可以判别 TCR 是否发生突变，求出 TCR 基因的突变频率（Mf）。TCR Mf 用于评估人体辐射损伤具有以下优点，采血少，检测耗时短，所需抗体已商品化；受试者无遗传型限制，比 GPA 分析有优势；对急性照射的近期研究，反应较灵敏，是一个较好的生物剂量计。缺点是突变细胞半寿期不算长，约为 2 年，其克隆形成能力仅为正常 CD3$^+$、CD4$^+$ 细胞的 1/8～1/5。因此推测 TCR/CD3 复合体在体内选择过程中易被淘汰而丢失，因此在中、长期辐射研究中，其剂量 - 效应曲线斜率低，对某些长期小剂量慢性受照者难以得出明确的结论；与 GPA 突变分析相似，需要价格昂贵的流式细胞仪。

### （四）HLA-A 基因突变

HLA-A（白细胞抗原 A，human leucocyte antigen-A）是人类主要组织相容性抗原，基因长约 5kb，含 7 个外显子，位于 6 号染色体 6p21.3 区。HLA-A 分布在 T 淋巴细胞表面，具有多态性，大多数人的 HLA-A 是杂合分子。HLA-A 在人群中的 50% 为由 HLA-A$_2$ 或者 HLA-A$_3$ 组成的杂合子，另有 50% 个体具有由 HLA-A$_2$ 和 A$_3$ 组成的杂合体 A$_2$A$_3$。

澳大利亚 Morley 实验室的 Janatipour 等于 1988 年发展了补体依赖的细胞毒性法，从血样中分离出 T 细胞，与抗 HLA-A$_2$ 或 HLA-A$_3$ 的单克隆抗体孵育，洗涤后的 T 淋巴细胞与补体反应并培养，带有 HLA-A 抗原的正常细胞不能存活，从而筛选出变异的 T 细胞，通过培养成克隆及第 2 次选择和确证，求出 Mf。该法测得 HLA-A$_2$ 的 Mf 约为 $3.08 \times 10^{-6}$，HLA-A$_3$ 的 Mf 约为 $4.68 \times 10^{-6}$。从原爆幸存者的检测中也可观察，随着时间的推移，HLA-A 突变细胞受到体内环境的选择而被清除，因此 HLA-A 基因突变不宜用于辐射效应的远期和终生剂量评估。对于近期辐射效应的评估，HLA-A 基因突变分析具有一定的应用前景，但还须在

剂量 - 效应关系和影响因素的干扰方面积累更多的实验资料。

### （五）单细胞凝胶电泳

单细胞凝胶电泳（single cell gel electrophoresis，SCGE）技术，又称彗星试验（comet assay），1984 年由 Ostling 和 Johnson 等首次介绍，经改进后逐渐成熟，是一种在单细胞水平上检测 DNA 损伤和修复的新技术。分析指标中有尾长，尾矩和 olive 尾矩等，尾长 tail length（TL）是沿电泳方向"彗星"尾部最远端与头部中心之间的距离；尾矩 tail moment（TM）是彗星尾部 DNA 百分含量与尾长的乘积；olive 尾矩 olive tail moment（OTM）是尾部 DNA 百分含量与头、尾部重心间距离的乘积。用此检测 DNA 单链和双链断裂、碱性位点、不完全的剪切修复和链内交联。由于 SCGE 技术具有简便、快速、灵敏、需血量少、不需要细胞处于生长状态和使用放射性核素等优点，近年来，已广泛用于放射生物学、遗传毒理学、环境生物监测、肿瘤放化疗敏感性检测等领域的研究。彗星试验已用于铀矿工的受照生物标志物的检测，对于放射工作人员彗星试验也显示 DNA 损伤水平显著增加，同样也应用于评价核电站工人的慢性受照。该技术的缺点是灵敏度太高、区分 DNA 损伤类型的特异性较差。此外，在进行 DNA 链断裂的分析时，由于在 DNA 损伤的同时伴随着重接修复，故要求照射后立即采样进行分析，照射后间隔越长，分析的结果误差越大。SCGE 作为一种辐射生物剂量测定方法研究还不够成熟，剂量效应关系的上限值不够高，不足以对核事故应急时需治疗人群的受照剂量估计，有待于进一步研究。

### （六）cDNA 微阵列分析基因表达改变

cDNA 微阵列能够同时检测上千个基因的表达情况，因此 cDNA 微阵列技术在肿瘤的诊断和治疗及预后判断、病原微生物检测等领域得到了广泛的应用。cDNA 微阵列具有检测样本量大、快速、灵敏、样本用量少、自动化程度高等优点，这就使我们能够利用 cDNA 微阵列轻易地从上万个人类基因中筛选出辐射应答基因，并研究这些基因表达改变与辐射剂量的关系。Kang 等利用 cDNA 微阵列检测了淋巴细胞在体外受到 1Gy 照射后 2400 个基因在 6 小时和 12 小时后的表达情况，结果发现：与正常对照组相比，有 44 个基因表达出现 2 倍增高，当用反转录 PCR 重复检测这 44 个辐射应答基因时，仅有 TRA IL receptor2、FHL2、Cyclin 蛋白基因和 Cyclin G 的表达变化与 cDNA 微阵列结果一致。进一步分别用 0.5Gy、4Gy、12Gy 照射后发现：这四个基因的表达在 12 小时内呈现高度的剂量依赖性，但在 12 小时后，剂量依赖性消失。Kang 等还分析了这些基因在正常人中的表达水平，发现其在正常人群表达差异不大，这保证我们能够清楚地界定这些基因正常的表达水平。这一研究成果提示这四个基因有可能用来作为辐射生物剂量计。Amundson 等在利用 cDNA 微阵列研究基因表达的辐射剂量标记的过程中发现：淋巴细胞在体外受到 0.2～2Gy 的 γ 射线照射后，DDB2、CDKN1A 和 XPC 基因的表达在照后 24 小时和 48 小时的时间点上与辐射剂量有非常好的线性关系，而在辐射后 4 小时和 72 小时检测，这种线性关系较弱。Kim 等分别用 6Gy、12Gy、15Gy 和 25Gy 照射外周血淋巴细胞发现 T 淋巴细胞 CD137（肿瘤坏死因子受体）表达升高，并呈现剂量依赖性，同时还发现该表面分子的表达还受其他因素的影响，如一些抗肿瘤药物也能引起表达升高。Courtemanche 等在研究中也发现了同样的问题，他们比较了用 1Gy 照射组和叶酸缺乏培养组的基因表达情况，结果发现叶酸缺乏也能引起基因表达的改变，尽管由于这两种因素引起的 DNA 损伤机制不同，它们的应答基因不完全相同，但这都提示我们在探索辐射生物剂量生物信号的过程中不但要考虑基因表达与辐射剂量的线性关系，还要求基因表达对辐射有很好的特异性。剂量-效应曲线要求对基因表达定量准确，而 cDNA 微阵列对 mRNA 是半定量，因此用该方法建立的剂量-效应曲线可能还有一定误差。随着实时荧光定量 PCR 技术的出现，有望建立一条更加准确的剂量-效应曲线。

### （七）用实时荧光定量PCR检测基因表达改变

实时荧光定量 PCR 是一种与 cDNA 微阵列的检测原理完全不同的技术，虽然它们的检测原始对象都是 mRNA，但是实时定量 PCR 融汇了 PCR 的高灵敏性、DNA 杂交的高特异性和光谱技术的高精确定量等优点，自动化程度高。与 cDNA 微阵列相比，它有检测样本量小的缺点（一般不超过 96 个）。因此在用该方法定量辐射损伤后基因表达改变时，通常先用 cDNA 微阵列筛选出有意义的辐射应答基因，再运用实时荧光定量 PCR 进行精确定量，实时荧光定量 PCR 现在比较多的用在临床病原微生物检测，其在辐射损伤后基因表达方面的应用还比较少。荧光定量 PCR 检测的基因表达升高量远比 cDNA 微阵检测结果高得多，这是因为荧光定量 PCR 方法在对核酸定量上比 cDNA 微阵列更精确。随着商品化的人类全基因表达定量分析试剂盒的出现，应用荧光定量 PCR 方法探索辐射剂量的生物标记变得越来越方便。

上述几项生物剂量测定方法已在生物剂量测定中已得到成功的应用，但在生物剂量测定过程中有几个方面的因素可影响剂量估算结果的不确定性。如照射方面，是均匀照射还是不均匀照射，照射的剂量和剂量率等；检测者方面，检测技术的稳定性，检测设备和条件的可靠性，数据分析处理的合理性等；受照者方面，个体内和个体间辐射敏感性差异，遗传不稳定性传递，受检时间等。这些因素直接影响生物剂量计对受照剂量估算的准确性。因此在估算剂量时应综合分析，考虑影响剂量估算的各种因素。

## 参 考 文 献

1. K.N 普拉萨德. 人体放射生物学. 北京：原子能出版社，1984
2. 毛秉智，陈家佩. 急性放射病基础与临床. 北京：军事医学科学院，2002
3. 金为翘，王洪复. 电离辐射损伤基础与临床. 北京：上海医科大学出版社，1992
4. 吴德昌. 放射医学. 北京：军事医学科学出版社，2001
5. 赵克然，杨毅军，曹道俊. 氧自由基与临床. 北京：中国医药科技出版社，2000
6. 方允中，郑荣梁. 自由基生物学的理论与应用. 北京：科学出版社，2002
7. 夏寿萱. 放射生物学. 北京：军事医学科学出版社，1998
8. 王崇道，强亦忠. 电离辐射所致自由基对机体的损伤与自由基清除剂的研究. 中华放射医学与防护杂志，2002，22（6）：461-463
9. Hall EJ. Radiobiology for the Radiologist. 5rd ed. Phiadelphia: Lippincott Williams & Wilkins, 2000
10. 龚守良. 电离辐射旁效应. 吉林大学学报（医学版），2003，29（6）：864-866
11. Liu SZ, Jin SZ, Liu XD. Radiation-induced bystander effect in immune response. Biomed Environ Sci, 2004, 17: 40-46
12. 陶祖范. 高本底辐射研究的实际和理论意义. 中华放射医学与防护杂志，1999，19（2）：74
13. Wei LX, Sugahara T, Tao ZF. High levels of natural radiation: radiation dose and health effects. Amsterdam: Elsevier, 1997: 241-248

14. 陶祖范，魏履新．小剂量电离辐射流行病学研究概况与展望．中华放射医学与防护杂志，1995，15（3）：162-168

15. 吴德昌．辐射防护的生物学基础．辐射防护，1998，18（5-6）：460-474

16. 陈如松．辐射的低剂量生物效应及分子流行病学研究现状．辐射防护通讯，2003，23（1）：13-19

17. 徐德忠．分子流行病学．北京：人民军医出版社，1998

18. Fuggazala L，Pilotti S，Pinchera A，et al. Oncogenic rearrangements of the RET proto-oncogene in papillary thyroid carcinomas from children exposed to the Chernobyl nuclear accident. Cancer research，1995，55（23）：5617-5620

19. Willeams GH，Rooney S，Thomas G，et al. RET activation in a dualand childhood papillary carcinoma. Br. J. Cancer，1996，74：585-589

20. Smida J，Salassidis K，Hieber L，et al. Distinct frequency of RET rearrangements in papillary thyroid carcinomas of children and adults from Belarus. Int. J. Cancer，1999，80：32-38

21. Jones IM，Heather G，Paula K，et al. Three somatic genetic biomarkers and covariates in radiation-exposed russian cleanup workers of the chernoby l nuclear reactor 6～13 Years after exposure. Radiation research，2002，158（4）：418-423

22. Ruth N. The promise of molecular epidemiology in defining the association between radiation and cancer. Health physics，2000，29（1）：77-84

23. Miki Y，Swensen J，Shattuck-Fidens D，et al. A strong candidate for the breast and ovarian cancer susceptibility gene BRCA I. Science，1994，266：66

24. 魏康．ICRP 第一专门委员会 1997 年年度会议概况．中华放射医学与防护杂志，1998，18（2）：144

25. Mossman KL. Radiation protection of radiosensitive population. Health physics，1997，72（4）：519-523

26. 李伟林．辐射流行病学．北京：原子能出版社，1996

27. 周永增．辐射防护的生物学基础．辐射防护通讯，2006，26（4）：1-7

28. Masahito KANEKO. 放射防护体系的演进．辐射防护通讯，2005，25（3）：62-67

29. 周永增．辐射防护的生物学基础——辐射生物效应．辐射防护，2003，23（2）：90-101

30. The 2007 Recommendations of the International Commission on Radiological Protection. ICRP publication 103. Ann ICRP，2007，37（2-4）：1-332

31. Pershagen G，Liang ZH，Hrubec Z，et al. Indoor radon exposure and lung cancer in Swedish women. Health Phys，1992，63：179-186

32. Ruosteenoja E，Makelainen I，Rytomaa T，et al. Radon and lung cancer in Finland. Health Phys，1996，71：185-189

33. Lubin JH，Boice JD. Lung cancer risk from residential radon: Meta-analysis of eight epidemiologic studies. J Natl Cancer Inst，1997，89：49-57

34. Schoenberg JB，Klotz JB，Wilcox HB，et al. Case-control study of residential radon and lung cancer among New Jersey women. Cancer Res，1990，50：6520-6524

35. 刘树铮，鞠桂芝，李修义，等．医学放射生物学．北京：原子能出版社，2006

36. UNSCEAR. Genetic and somatic effects of Ionizing radiation. UNSCEAR 1986 REPORT，1986

37. 金璀珍．放射生物剂量估计．北京：军事医学科学出版社，2002

38. 白玉书，陈德清．人类辐射细胞遗传学．北京：人民卫生出版社，2006

39. Fairbairn DW, Olive PL, O'Neill KL. The comet assay: a comprehensive review. Mutat Res, 1995, 339: 37-59

40. Touil N, Aka PV, Buchet JP, et al. Assessment of genotoxic effects related to chronic low level exposure to ionizing radiation using biomarkers for DNA damage and repair. Mutagenesis, 2002, 17(3): 223-232

41. De Oliveira EM, SuzukiMF, do Nascimento PA, et al. Evaluation of the effect of $^{90}$Sr β radiation on human blood cells by chromosome aberration and single cell gel electrophoresis (comet assay) analysis. Mutat Res, 2001, 476(1): 109 - 121

42. Chaudhry M.Ahmad, Biomarkers for human radiation exposure. J Biomed Sci, 2008, 15: 557-563

43. 李进, 王芹, 唐卫生, 等. 用 G- 显带法和荧光原位杂交对医用诊断 X 射线工作者细胞遗传学分析和剂量重建. 中华放射医学与防护杂志, 2003, 23(4): 260-262

44. 刘青杰, 陈晓宁, 姜恩海, 等. 多色荧光原位杂交技术的建立及其在早先受照射者剂量重建中的应用. 中华放射医学与防护杂志, 2003, 23(2): 77-82

45. 朱巍. Calyculin A 诱导的熟前染色体凝聚在辐射生物剂量计领域的应用研究. 硕士研究论文, 2003

46. 陆雪, 赵骅, 陈德清, 等. Calyculin A 诱导早熟染色体凝集的电离辐射剂量效应曲线. 辐射研究与辐射工艺学报, 2010, 28(6): 363-367

47. 刘强, 姜恩海, 李进, 等. 单细胞凝胶电泳检测 DNA 辐射损伤的剂量 - 效应关系研究. 中华放射医学与防护杂志, 2006, 26(6): 573-576

# 第三章 >>>

## 应急准备与响应

### 第一节　相关法律法规

我国的核应急和辐射应急有关法规包括公共应急法规如《中华人民共和国突发事件应对法》，以及一些单行法律如《中华人民共和国职业病防治法》和《中华人民共和国放射性污染防治法》，行政法规如《突发公共卫生事件应急条例》、《核电厂核事故应急管理条例》和《放射性同位素与射线装置安全和防护条例》，应急预案如《国家突发公共事件医疗卫生救援应急预案》、《国家核应急预案》和《卫生部核事故和辐射事故卫生应急预案》等。我国作为国际原子能机构（IAEA）和世界卫生组织（WHO）的成员国，还应当遵守相应的国际公约如《及早通报核事故公约》、《核事故或辐射紧急情况援助公约》和《国际卫生条例》等。

另外，国家还颁发了一些技术标准和规范，如《全国卫生部门卫生应急管理工作规范》、《核事故场外应急医学计划与准备》和《辐射损伤医学处理规范》等。

#### 一、国际公约

IAEA 在核应急和辐射应急方面的国际公约主要有《及早通报核事故公约》和《核事故或辐射紧急情况援助公约》。《及早通报核事故公约》的主要内容包括：缔约国有义务对引起或可能引起放射性物质释放、并已经造成或可能造成对另一国具有辐射安全重要影响的超越国界的国际性释放的任何事故，向有关国家和机构通报。核事故通报内容包括核事故及其性质、发生时间、地点和有助于减少辐射后果的情报。目的在于通过在缔约国之间尽早提供有关核事故的情报，使可能超越国界的辐射后果减少到最低限度。《核事故或辐射紧急情况援助公约》强调了在核事故或辐射紧急情况下，缔约国有义务进行合作，迅速提供援助，尽量减少其后果和影响。旨在建立一个有利于在发生核事故或辐射紧急情况时迅速提供援助，尽量减少后果的国际援助体制，进一步加强安全发展和利用核能方面的国际合作。

新修订的《国际卫生条例》2007 年 5 月实施。该条例的主要特点是由国境卫生检疫报告传染病扩展为全球对影响健康的生物和化学物质或核 / 放射材料的自然发生、意外泄漏或故意使用的公共卫生反应；强调针对可能构成国际关注的突发事件的紧急情况，各国有及时通报并采取必要卫生措施的义务。《国际卫生条例》以保障全世界人民的健康和生命安全为目标，适应了全球社会、经济快速发展的形势，也符合世界各国共同应对突发事件的迫切需要。

## 二、突发事件应对法

《中华人民共和国突发事件应对法》共 7 章 70 条，主要规定了突发事件应急管理体制、突发事件的预防与应急准备、监测与预警、应急处置与救援、事后恢复与重建等方面的基本制度和法律责任等。该法律以法的形式规范了突发事件应对活动，明确了国家建立"统一领导、综合协调、分类管理、分级负责、属地管理为主"的应急管理体制，确立了"预防为主、预防与应急相结合"的工作原则；明确了各级政府在预防与应急准备、监测与预警、应急处置与救援、事后恢复与重建等方面的责任，赋予政府应对突发事件组织、动员各种资源的应急处置权力；规定了各类单位在建立安全管理制度、制订应急预案、应急教育宣传演练、信息报告报送、服从应急指挥以及配合应急处置等方面的责任和义务。同时，在法律责任部分加大了对政府、政府有关部门及相关人员的问责力度。突发事件发生后，有关单位不及时组织开展应急救援工作，造成严重后果的，责令其停产停业，暂扣或者吊销许可证或者营业执照，并处 5 万元以上 20 万元以下的罚款，根据情节对直接负责的主管人员和其他直接责任人员依法给予处分。《中华人民共和国突发事件应对法》作为我国公共应急制度的基本法，对于依法应对突发核事件和辐射事件，进一步做好我国的核应急和辐射应急医学救援工作具有重大的指导意义。

## 三、放射性同位素与射线装置安全和防护条例

《放射性同位素与射线装置安全和防护条例》的第四章专章规定了辐射事故的应急处理，包括辐射事故分级、报告、应急处理和有关部门的职责等。根据辐射事故的性质、严重程度、可控性和影响范围等因素，从重到轻将辐射事故分为特别重大辐射事故、重大辐射事故、较大辐射事故和一般辐射事故四个等级。特别重大辐射事故是指 I 类、II 类放射源丢失、被盗、失控造成大范围严重辐射污染后果，或者放射性同位素和射线装置失控导致 3 人以上（含 3 人）急性死亡。重大辐射事故是指 I 类、II 类放射源丢失、被盗、失控，或者放射性同位素和射线装置失控导致 2 人以下（含 2 人）急性死亡或者 10 人以上（含 10 人）急性重度放射病、局部器官残疾。较大辐射事故是指 III 类放射源丢失、被盗、失控，或者放射性同位素和射线装置失控导致 9 人以下（含 9 人）急性重度放射病、局部器官残疾。一般辐射事故是指 IV 类、V 类放射源丢失、被盗、失控，或者放射性同位素和射线装置失控导致人员受到超过年剂量限值的照射。辐射事故发生后，县级以上人民政府环境保护部门、公安部门和卫生部门按照职责分工做好相应的辐射事故应急工作，卫生部门负责辐射事故的医疗应急。环境保护部门、公安部门、卫生部门应当及时相互通报辐射事故应急响应情况。该条例还规定了辐射事故的报告时限、报告内容和报告途径要求，明确了卫生部门在辐射事故应急处理中的职责，可用于指导卫生部门开展辐射应急医学救援准备和响应工作。

## 四、国家突发公共事件医疗卫生救援应急预案

《国家突发公共事件医疗卫生救援应急预案》作为国家突发事件医疗卫生救援工作的专项预案，规定了各级各类医疗卫生机构承担突发事件的医疗卫生救援任务。各级医疗急救中心（站）、化学中毒和核辐射应急医疗救治机构承担突发事件的现场医疗卫生救援和伤员转送，各级疾病预防控制机构和卫生监督机构根据各自职能做好突发事件中的疾病预防控

制和卫生监督工作。医疗卫生救援队伍在接到救援指令后要及时赶赴现场,根据现场情况全力开展医疗卫生救援工作,包括现场抢救、转送伤员、卫生学调查和评价工作等。该预案还规定了各级卫生行政部门在突发事件医疗卫生救援工作中的分级响应职责。卫生部组织和协调特别重大突发事件的医疗卫生救援(Ⅰ级响应),省级卫生行政部门组织开展重大突发事件的医疗卫生救援(Ⅱ级响应),市(地)级卫生行政部门组织开展较大突发事件的医疗卫生救援(Ⅲ级响应),县级卫生行政部门组织开展一般突发事件的医疗卫生救援(Ⅳ级响应)。

## 五、国家核应急预案

《国家核应急预案》作为国家核应急工作的专项预案,规定了国务院各有关部委在国家核应急工作中的职责任务。卫生部的职责是:①参与制订核应急预案;②组织、协调国家核应急医学救援准备工作,指导地方卫生部门做好应急预案与准备;③应急响应时,根据情况提出保护公众健康的措施建议;④应急响应时,按照国家核应急协调委的安排,组织医学应急支援,并组织现有力量参与对场外应急辐射监测(人员饮用水和食品的监测)进行支援;⑤参与事故调查和健康效应评价,组织对受过量照射人员的医学跟踪。该预案还规定,为在应急响应时能迅速有效地对中、重度辐射损伤人员组织医疗救治,并为公众提供有效的医学保障,原卫生部和解放军总后勤部卫生部按照规定的职责任务分工,制订好支援预案,包括落实救治伤员的专科医院,安排或准备适量的专用药物(如稳定碘片和专用医疗药物)与器材,并制订好具体实施支援的程序。

## 六、卫生部核事故和辐射事故卫生应急预案

《卫生部核事故和辐射事故卫生应急预案》作为原卫生部核事故和辐射事故应急工作的部门专项预案,确立了卫生部核事故和辐射事故应急组织体系,规定了卫生部门有关单位在核事故和辐射事故应急工作中的职责任务。国家核事故和辐射事故医学应急组织的职责主要是组织、指挥国家核事故和辐射事故医学应急工作,指导地方医学应急组织做好核事故和辐射事故医学应急工作。地方核事故和辐射事故医学应急组织的职责主要是组织、指挥辖区内的核事故和辐射事故医学应急工作。突发核事故和辐射事故医学应急坚持分级负责、属地为主的原则。国家和地方核事故与辐射事故医学应急组织按照国家和地方核事故与辐射事故应急组织的指令实施医疗卫生救援,提出应急医疗救治和保护公众健康的措施和建议,做好核事故和辐射事故应急医疗卫生救援工作。

## 七、全国卫生部门卫生应急管理工作规范

《全国卫生部门卫生应急管理工作规范》结合近年来的卫生应急工作实践经验,对卫生应急的机构职责、管理制度、现场处置和队伍建设等方面进行了规范,明确了各级卫生行政部门和各级各类医疗卫生机构在突发事件应急工作中的职责。该规范规定,省、市、县级卫生行政部门组织协调本辖区内突发公共卫生事件的应急处理,组织协调对灾害、恐怖活动、中毒、核事故和辐射事故等突发事件所涉及的公共卫生问题实施紧急的医疗卫生救援措施。医疗救治机构负责突发公共卫生事件相关信息报告和症状监测,负责患者的现场抢救、运送、诊断和治疗等,配合进行流行病学调查和检测样本的采集,负责本单位医务人员的应急

救援技能培训和演练；院前急救医疗机构负责患者的现场抢救、转运工作；卫生行政部门指定的医院负责收治核和辐射损伤患者等。疾病预防控制机构负责各类突发事件中的疾病预防控制和公众卫生防护。开展突发公共卫生事件及其相关信息收集、流行病学调查、现场快速检测和实验室检测等，提出和实施防控措施，承担相关人员的培训与演练、应急物资和技术储备等。该规范还对监测预警、装备储备、培训演练、应急队伍、信息报告与发布、现场处置、恢复重建和评估等工作进行了规范，可用于指导卫生部门依法、规范、高效地开展核应急和辐射应急医学救援准备与响应工作。

# 第二节　卫生应急准备

## 一、卫生应急组织体系

卫生应急组织体系如图 3-1 所示。

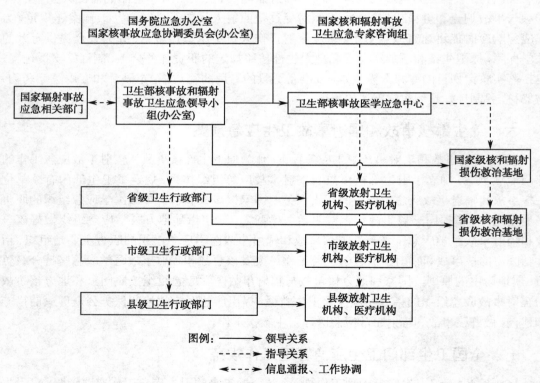

图例：　——▶ 领导关系
　　　- - - -▶ 指导关系
　　　◀- - - 信息通报、工作协调

图 3-1　国家核事故和辐射事故卫生应急组织体系

## 二、各部门职责

**1. 卫生应急领导小组**　卫生部核事故和辐射事故卫生应急领导小组由原卫生部主管部领导任组长，成员由原卫生部有关司局和单位共同组成，其主要职责是：

（1）贯彻执行国家核事故和辐射事故应急工作方针和应急预案。

（2）审查卫生部核事故和辐射事故卫生应急预案及相关工作规范。

（3）指挥协调全国核事故和辐射事故卫生应急准备和响应工作。

（4）指导地方卫生部门核事故和辐射事故卫生应急准备和响应工作。

（5）组织协调核事故和辐射事故卫生应急国际救援工作。

**2. 卫生部核事故和辐射事故卫生应急领导小组办公室** 卫生部核事故和辐射事故卫生应急领导小组办公室（以下简称卫生部核和辐射应急办）是卫生部核事故和辐射事故卫生应急领导小组的常设办事机构，设在原卫生部卫生应急办公室，其主要职责是：

（1）负责卫生部核事故和辐射事故卫生应急领导小组的日常工作，承办卫生部核事故和辐射事故卫生应急领导小组交办的工作。

（2）组织编制卫生部核事故和辐射事故卫生应急预案及相关工作规范。

（3）组织开展国家核事故和辐射事故卫生应急准备和响应工作。

（4）组织协调或指导地方卫生部门开展核事故和辐射事故卫生应急准备和响应工作。

（5）负责与国家核事故应急协调委员会成员单位和国家核事故应急办公室（以下简称国家核应急办）的沟通联络和工作协调。

（6）负责卫生部核事故和辐射事故卫生应急专家咨询组的管理工作。

（7）组织开展核事故和辐射事故卫生应急国际救援工作。

**3. 卫生部核事故和辐射事故卫生应急专家咨询组** 卫生部核事故和辐射事故卫生应急专家咨询组由国内放射医学、放射卫生、辐射防护和核安全等方面的专家组成，其主要职责是：

（1）提供核事故和辐射事故卫生应急准备与响应的咨询和建议，参与救援准备与响应。

（2）参与卫生部核事故和辐射事故卫生应急预案的制订和修订。

（3）参与和指导核事故和辐射事故卫生应急培训和演练。

（4）参与核事故和辐射事故卫生学评价。

**4. 卫生部核事故医学应急中心** 卫生部核事故医学应急中心（以下简称卫生部核应急中心）设在中国疾病预防控制中心辐射防护与核安全医学所（北京）。卫生部核应急中心下设临床部、监测评价部和技术后援部。第一临床部设在中国医学科学院放射医学研究所和血液病医院（天津），第二临床部设在北京大学第三医院和人民医院，第三临床部设在解放军307医院（北京），监测评价部设在中国疾病预防控制中心辐射防护与核安全医学所，技术后援部设在军事医学科学院（北京）。卫生部核应急中心的主要职责是：

（1）参与卫生部核事故和辐射事故卫生应急预案、工作规范和技术标准等的制订和修订。

（2）做好卫生部核事故和辐射事故卫生应急准备与响应技术工作。

（3）对地方卫生系统核事故和辐射事故卫生应急准备与响应实施技术指导。

（4）承办卫生部核事故和辐射事故卫生应急专家咨询组的日常工作。

（5）承办卫生部核事故和辐射事故卫生应急队伍建设和管理的日常工作。

（6）负责卫生部核事故和辐射事故卫生应急技术支持系统的管理和日常运行。

（7）承担卫生部核事故和辐射事故卫生应急备用指挥中心职责。

（8）组织开展核事故和辐射事故健康效应评价，指导对受到超过年剂量限值照射的人员实施长期医学随访。

**5. 省、市（地）、县级卫生行政部门** 省、市（地）、县级卫生行政部门的主要职责是：

（1）制订辖区内的核事故和辐射事故卫生应急预案。

（2）组织实施辖区内的核事故和辐射事故卫生应急准备和响应工作，指导和支援辖区内下级卫生行政部门开展核事故和辐射事故卫生应急工作。

（3）指定相关医疗机构和放射卫生机构承担辖区内的核事故和辐射事故卫生应急工作。

（4）负责辖区内核事故和辐射事故卫生应急专家、队伍的管理工作。

（5）负责与同级其他相关部门的协调工作。

**6. 核和辐射损伤救治基地**

（1）国家级核和辐射损伤救治基地：国家级核和辐射损伤救治基地的主要任务是：承担全国核事故和辐射事故医疗救治支援任务，开展事故受照人员辐射剂量的监测和健康影响评价，以及特别重大核事故和辐射事故卫生应急的现场指导；开展辐射损伤救治技术培训和技术指导。

（2）省级核和辐射损伤救治基地：省级核和辐射损伤救治基地的主要任务是：承担辖区内核事故和辐射事故辐射损伤人员的救治和医学随访，以及事故受照人员辐射剂量的监测和健康影响评价；协助周边省份开展核事故和辐射事故辐射损伤人员的救治和医学随访，以及人员所受辐射照射剂量的监测和健康影响评价；负责核事故和辐射事故损伤人员的现场医学处理。

（3）相关医疗机构：各级卫生行政部门指定的有放射病、血液病、肿瘤或烧伤专科的专科医院或综合医院以及职业病防治院、急救中心等，承担辖区内的核事故和辐射事故医疗救治任务，负责事故伤病员的救治、转运和现场医学处理等任务。已建立核和辐射损伤救治基地的省、自治区、直辖市，由基地负责医疗救治任务。

**7. 放射卫生机构**　各级卫生行政部门指定的承担放射卫生工作的疾病预防控制机构、职业病防治机构和卫生监督机构等，承担辖区内的核事故和辐射事故卫生应急放射防护和辐射剂量估算任务。

## 三、卫生应急准备

**1. 信息沟通与协调联动**　各级卫生行政部门在同级人民政府的统一领导下，建立健全与核应急协调组织、环保、公安、交通、财政和工信等相关部门，以及军队和武警部队卫生部门的信息通报、工作会商、措施联动等协调机制。

**2. 健全卫生应急网络**　依托国家级和省级核和辐射损伤救治基地，健全核事故和辐射事故卫生应急网络，加强核事故和辐射事故卫生应急机构和人员队伍建设，建立健全信息沟通和技术合作机制，不断提高核事故和辐射事故卫生应急能力。

卫生部负责国家级核和辐射损伤救治基地的运行和管理，有关省、自治区、直辖市卫生行政部门负责辖区内的省级核和辐射损伤救治基地的运行和管理。

**3. 队伍准备**　卫生部负责卫生部核事故和辐射事故卫生应急队伍的建设和管理。省级卫生行政部门建立健全辖区内的核事故和辐射事故卫生应急队伍。核设施所在地的市（地）级卫生行政部门建立核事故卫生应急队伍。各级卫生行政部门要组织加强应急队伍培训和演练，不断提高应急队伍的救援能力，确保在突发核事故和辐射事故时能够及时、有效地开展卫生应急工作。

**4. 物资和装备准备**　各级卫生行政部门负责建立健全核事故和辐射事故卫生应急仪器、

设备装备和物资准备机制，指定医疗机构和放射卫生机构做好应急物资和装备准备，并及时更新或维护。核事故和辐射事故卫生应急物资和装备包括核和辐射应急药品、医疗器械、辐射防护装备、辐射测量仪器设备等。

5. **技术储备**　国家和省级卫生行政部门组织有关专业技术机构开展核事故和辐射事故卫生应急技术研究，建立和完善辐射受照人员的快速剂量估算方法、快速分类和诊断方法、医疗救治技术、饮用水和食品放射性污染快速检测方法等，加强技术储备。

6. **通信与交通准备**　各级卫生行政部门要在充分利用现有资源的基础上建设核事故和辐射事故卫生应急通信网络，确保医疗卫生机构与卫生行政部门之间，以及卫生行政部门与相关部门之间的通信畅通，及时掌握核事故和辐射事故卫生应急信息。核事故和辐射事故卫生应急队伍根据实际工作需要配备通信设备和交通工具。

7. **资金保障**　核事故和辐射事故卫生应急所需资金，按照《财政应急保障预案》执行。

8. **培训**　各级卫生行政部门定期组织开展核事故和辐射事故卫生应急培训，对核事故和辐射事故卫生应急技术人员和管理人员进行国家有关法规和应急专业知识培训和继续教育，提高应急技能。

9. **演练**　各级卫生行政部门适时组织开展核事故和辐射事故卫生应急演练，积极参加同级人民政府和核应急协调组织举办的核事故和辐射事故应急演练。

10. **公众宣传教育**　各级卫生部门通过广播、影视、报刊、互联网、手册等多种形式，对社会公众广泛开展核事故和辐射事故卫生应急宣传教育，指导公众用科学的行为和方式应对突发核事故和辐射事故，提高自救、互救能力，注意心理应激问题的防治。

11. **国际合作**　按照国家相关规定，开展核事故和辐射事故卫生应急工作的国际交流与合作，加强信息和技术交流，合作开展培训和演练，不断提高核事故和辐射事故卫生应急的整体水平。

# 第三节　卫生应急救援队伍建设

## 一、队伍的职责和任务

### （一）职责

1. 迅速赶赴事故（事件）现场，实施或指导现场救援。

2. 收集分析事故（事件）医学后果所需要的相关信息，评估事故（事件）的医学后果和现场的医学处置能力，适时向现场应急指挥部提出建议，并向本级核事故医学应急指挥部报告，将事故（事件）的医学后果减轻到最低程度。

3. 确保受到过量照射和（或）放射性核素体表污染、伤口污染、摄入放射性核素的患者得到及时而有效的处置。

4. 建立现场临时救援处置站，做好伤员的分类和转送工作；为后续诊治收集并提供相关信息，采集必要样品。

### （二）任务

1. 应急救援队伍的准备。

2. 现场救援的实施和指导。

3. 医学应急救援队伍的个人防护。

4. 事故（事件）医学后果的评估和建议。

5. 建立现场临时救援处置站。

6. 伤员的初步分类和诊治。

7. 体表污染人员的去污、防护和建议。

8. 放射性核素摄入量的评估、阻吸收治疗及医学预防建议。

9. 疑似过量照射人员的受照剂量评估，预防性治疗和后续诊治建议。

10. 采集现场救治和后续诊治需要的相关样品。

11. 收集事故（事件）医学后果评估需要的相关信息并进行分析、评价和报告。

12. 适时向核事故医学应急指挥部报告现场救治情况。

13. 及时评估现场的医学应急救援处置能力和力量，提出支援的意见和建议。

14. 提出核和辐射应急医学救援队伍终止现场救援活动的建议。

15. 应急医学救援队伍现场救援的总结和报告。

## 二、队伍的组成和人员分工

### （一）应急救援队伍的组成

核和辐射应急医学救援队伍的最小组成单位为6人。其中队长1人，队员5人。队员分别由临床医师、护理人员和放射卫生人员组成。核和辐射应急救援队伍的组成可根据事故（事件）的严重后果和伤员的多少及其严重程度进行适当增加。

### （二）应急救援队伍的分工

**1. 队长的职责和任务**　队长是应急救援队伍的第一责任人，全面负责应急救援队伍派出期间的管理工作，承担下列职责和任务：

（1）负责应急救援队伍的安全和生活保障。

（2）接到指令后，按时到达救援队伍的集结地点，向核和辐射医学应急指挥部报到，领取任务。

（3）了解事故（事件）的发生、发展和危害情况，伤员的基本情况，现场的救援情况，拟定救援队伍现场救援实施方案。

（4）跟踪队员的集结情况。

（5）检查应急医学救援队伍装备的准备情况。

（6）根据核和辐射医学应急指挥部的指令；带领救援队伍赶赴事故（事件）现场，建立临时救护处置站。

（7）评估事故（事件）的医学后果，提出现场救援的意见和建议，适时向现场应急指挥部和核和辐射医学应急指挥部报告。

（8）评估事故（事件）现场的医学救援力量，适时提出支援的意见和建议。

（9）根据事故（事件）的变化，适时决策，调整现场救援方案。

（10）协调现场的救护工作。

（11）提出救援队伍终止现场救援的建议，并适时报告核和辐射医学应急指挥部；根据指挥部的指令终止现场救援。

（12）组织编写应急救援队伍的现场救援报告，并进行经验反馈。

**2. 队员的职责和任务**

（1）医师：主要负责伤员的初步分类诊断和紧急医学处置，承担下列职责和任务：

1）接到指令后，按时到达救援队伍的集结地点，向核和辐射医学应急指挥部报到。

2）检查医疗设备、材料、物品和药品，并提出补充建议。

3）向队长报到，并报告准备情况，领取任务。

4）赶赴事故（事件）现场，实施现场救援。

5）伤员分类诊断和转送准备。

6）伤员的紧急处置。

7）放射性核素伤口污染伤员的现场处置、阻吸收、转送准备。

8）体表放射性核素污染人员的现场处置。

9）过量照射人员的预防性治疗和转送准备。

10）评估现场的医学救援能力，向队长提出增援的建议。

11）指导现场和地方医学救援组织的工作。

12）现场救援结束，编制医疗救护总结，并进行经验反馈。

13）完成撤离现场前的准备。

（2）护士：主要负责现场救援的护理工作，承担下列职责和任务：

1）接到指令后，按时到救援队伍的集结地点，向核和辐射医学应急指挥部报到。

2）向队长报到，报告准备情况，领取任务。

3）检查医疗器械箱、核事故应急药箱、急救药箱、材料和物品包、分类标签和记录表，并提出补充建议。

4）赶赴事故（事件）现场，实施现场救援。

5）根据医嘱，收集生物样品。

6）伤员分类登记。

7）协助医师进行体表污染处置，伤口污染伤员的处理，阻吸收和过量照射人员预防性治疗。

8）伤员的紧急处置。

9）现场处置用的医疗器械、材料、物品、药品的准备。

10）临时救护处置站的管理、伤员的护理。

11）现场救护结束，编制现场救援护理报告，进行经验反馈。

12）完成撤离现场前的准备。

（3）放射卫生人员：负责伤员的受照剂量的监测和估算，为现场医学处置和后续诊治提供依据。承担下列职责和任务：

1）接到指令后，按时到达救援队伍的集结地点，向核和辐射医学应急指挥部报到。

2）检查辐射应急监测仪器、仪表，提出补充建议。

3）检查救援队伍的个人防护器具，提出补充建议。

4）向队长报到，报告准备情况，领取任务。

5）赶赴事故（事件）现场，实施现场救援。

6）放射体表污染监测，必要时估算皮肤剂量，为医师现场处置和后续诊治提供依据。

7）对疑似过量照射和（或）内照射人员估算受照剂量，为医师进行阻吸收和预防性治疗提供依据。

8）伤员转送的辐射防护，防止污染扩散。

9）救援队伍的现场防护。

10）收集分析事故（事件）医学后果的相关信息，并向队长提出意见和建议。

11）采集供个人剂量估算的相关样品。

12）指导现场和地方医学救援组织的工作。

13）现场救援结束，编写相关总结报告，并进行经验反馈。

14）救援队伍的个人剂量评估。

15）完成撤离前的相关准备工作。

## 三、队伍的培训和演习

### （一）队伍的培训

培训的目的旨在掌握现场救援技能，明确职责、权利和义务，保证现场救援活动的有效衔接，规范现场救援行动而进行。相关部门应当制订队伍培训计划、培训教材、考核制度和培训档案；队员每年必须参加一次国家组织的救援培训；要针对队员承担任务的不同而开展有针对性的培训。

培训内容包括：国家相关法规、标准；急救技术；过量照射人员的医学处理；放射性核素体表污染的医学处理；放射性核素伤口污染的医学处理；放射性核素摄入的医学处理；现场辐射监测技术；个人剂量估算和评价方法；辐射防护技术；装备的使用、维护和保养；心理干预技能；救援队伍的职责、权利和义务；现场救援的组织和协调；现场记录和报告等。

培训应至少每年举行1次。

### （二）演习

演习目的旨在检验国家核和辐射应急医学救援队伍的响应能力；现场处置技能；通讯保障；现场救援的协调性；为修订国家核和辐射应急医学救援队伍的工作规范提供依据。

演习分为综合演习和单项演习。根据队伍人员的分工不同，核事故医学应急救治基地应每年举行一次单项演习；整支队伍应举行一次综合演习。综合演习包括多个项目的演习，考核救援队伍的综合处置能力和接口关系。单项演习是某一个项目的演习，考核救援队伍某一单项的应急响应能力。

演习结束后应对演习组织、演习效果、取得的经验和存在的问题等进行总结和评价。每次演习前要用标准格式制订演习计划。

## 四、队伍装备准备

### （一）装备原则

核和辐射应急救援队伍装备原则包括以下内容：能够满足现场的救援需要；体积小、重量轻，便于携带；分类、分包、分箱标准装配，并附有清单；装备的设备、仪器和仪表都必须操作简便，其性能能够满足恶劣条件下的需要；药品必须在有效期内；装备、仪器和仪表必须经过刻度、标定或校准；所有配置的装备，救援队伍（最小组成单位）能够随身携带。

### （二）装备内容

**1. 医疗器械** 核和辐射应急医学救援队伍装备的医疗设备、器械要满足核和辐射事故情况下的基本需要,不同类型和等级的事故(事件)可适当增减。

2. **核事故应急药箱** 核事故应急药箱包括急性放射性损伤的预防药品、急性放射性疾病早期的救治药品、常见放射性核素的阻吸收药品、加速体内放射性核素排泄的药品等。主要用于核和辐射事故(事件)的应急医学处理和放射损伤的早期救治。每个药箱内的药品可供 10 人使用 1 天。

3. **急救药箱** 急救药箱配备了现场急救的基本药品,包括止痛剂、强心剂、升压药、抗高血压药、止吐剂、抗生素、利尿剂、生理盐水和其他对症治疗药品等。

4. **材料和物品包** 材料、物品包应配备现场去污用品、采集生物样品的器具、防止污染扩散的物品、充气式担架、手术衣、手帽、床单、救援人员的隔离衣具等。

5. **辐射监测设备** 核和辐射应急医学救援队伍配备的辐射监测设备包括:多用途 γ/β 巡测仪、β/γ 表面污染监测仪、α/β 表面污染监测仪、场所辐射监测仪、中子当量仪、自读式剂量计、累积剂量计等。

6. **办公用品包** 核和辐射应急医学救援队伍的办公用品统一装包。包括:笔记本电脑、各种记录表、登记表、辅助资料等。

7. **通讯设备** 核和辐射应急医学救援队伍配备的通讯设备包括:可调频的便携式无线电台、移动电话、对讲机、带无线网卡的笔记本电脑、手持/车载卫星定位系统(GPS)。

8. **着装和标志** 核和辐射应急医学救援队伍统一着装,印有救援队伍标志。

**(三)装备的管理**

核和辐射应急医学救援队伍的装备应由专人统一管理,保证国家核和辐射应急医学救援队伍的装备随时处于可用状态,满足核和辐射事故(事件)现场救援的需要。装备管理人员对各自管理的装备负全部责任,承担下列职责和任务:

1. 保证设备、仪器、仪表、材料、物品、药品、办公用品和通讯装备处于完好状态,随时可用。

2. 每月对各自管理的设备、仪器、仪表、材料、物品、药品、办公用品和通讯装备检查 1 次,做好检查记录并归档,以备质量监督。

3. 保证材料、物品、药品均在制造商标明的有效期之内,在失效期的前一个月必须更新相应材料、物品、药品,并做好记录,以备质量监督。

4. 所有设备、仪器、仪表、通讯装备每年校准 1 次,维护保养 2 次,并做好记录,以备质量监督。

5. 建立设备、仪器、仪表、材料、物品、药品、办公用品和通讯装备的使用记录。

# 第四节 紧急情况威胁类型

按照事件的发生过程、性质和机制,我国将突发事件分为自然灾害、事故灾难、公共卫生事件和社会安全事件;前三类事件按其危害程度和影响范围等因素,分为四级,即特别重大(Ⅰ)、重大(Ⅱ)、较大(Ⅲ)和一般(Ⅳ)。重大的核和辐射紧急情况多数属于事故灾难性突发事件,对这类事件的分级国内外都十分重视。1997 年国际原子能组织(IAEA)发表了一份题为《核或放射事故应急响应准备的开发方法》的技术文件,将应急计划分为 5 种类型或等级。2002 年出版的题为《核或放射紧急情况的准备与响应——安全要求》的 IAEA 安全标准丛书,标题的主题由"事故"(accident)更换成"紧急情况"(emergency)。2003 年又发表了其第 953 号技术文件的更新版本。自这两个文件开始,IAEA 已将"应急计划"与"威胁等级(threat category)"相关联了。这个改变更突出反映了此项分类适用于准备阶段,威胁等级是经"威胁评估"后确定的。为实现 2002 年提出的"安全要求",IAEA 于 2007 年出版了《核或放射紧急情况准备的安排——安全导则》,对各项要求作了详细规定;在此导则中将紧急情况进一步细化为 2 种类别,即核紧急情况和放射紧急情况。

在国内,主管部门发布过核事故应急状态分级、核事故医学应急状态分级和辐射事故等级等,它们是依据事故已造成的后果而分级的。2003 年由国防科工委和卫生部联合发布的《放射源和辐射技术应用应急准备与响应》引用了 IAEA 第 953 号技术文件关于紧急状态分类相关内容。此外,在卫生部《核事故和辐射事故卫生应急预案》中按医学应急响应基本程序将应急状态分为厂房应急状态、场区应急状态和场外应急状态。

威胁分类、应急状态分级和核事件分级是目前涉及核事件和事故的主要分类方法,它用于不同的时间段和面对不同的对象。

威胁分类是 IAEA 为制订不同核和辐射威胁情况下的应急计划而制订的分类方法,以便有效地制订不同场景下的应急计划及预案。

应急状态的分级是 IAEA 为事故应急准备和响应而制订的分类方法,主要在于指导应急处置行动。

核事件分级是 IAEA 为用统一的术语向公众迅速通报核设施所发生事件的安全重要性的一种工具。通过对这些事件的正确审视,它能够为核工业界、媒体和公众之间形成共同理解提供便利。

## 一、威胁分类

### (一)威胁类型的描述

核或辐射紧急情况系指因由核链式反应或由链式反应产物衰变产生的能量,或因由辐射照射造成或意识到将造成危害的某种非常规情况或事件,此时必须迅速采取行动,以缓解对人体健康和安全、生活质量、财产或环境造成的危险或有害后果。为了做好应急响应,需要对应急状态进行分级。它由指定的部门或官员对某种紧急状态进行分级以便宣布适用的应急等级的过程。应急等级一经宣布,响应部门就要启动适合这一等级的预先规定的响应行动。IAEA 第 953 号技术文件是按 5 个类型应急计划来叙述的,强调此分类仅用于指导制订应急计划,而非用于事故发生的过程。紧急情况分为 3 级(class),全面紧急情况(general emergency)、场区内紧急情况(site area emergency)和警报(alert)。强调应急计划的分类不要与《国际核事件分级表》相混淆,国际核事件分级仅用于向公众通报某一事件的严重性或估计的严重性,不能用作应急响应行动的依据。

IAEA 2007 年《核或辐射紧急情况准备的安排》(安全标准系列 No.GS-G-2.1)中将核或辐射紧急情况对应地分为 5 种威胁等级(表 3-1)。威胁等级Ⅰ、Ⅱ和Ⅲ代表由不同设施紧急情况所致的威胁程度,顺次降低,相对应急准备和响应安排的紧迫性也不断降低。威胁等级Ⅳ适用于那些可能导致任何地方发生紧急情况的活动。威胁等级Ⅴ适用于场外区域,在这些区域,为了对付威胁等级Ⅰ或Ⅱ中所列设施释放放射性物质而造成的污染,并达到要对食品加以限制的程度,故有必要作出准备和响应方面的安排。在此区域通常不涉及辐射源的活动。IAEA 的这两个文件不对恐怖分子或其他犯罪性活动的响应提供指南。

对于可能发生的核或辐射紧急情况,事先应做好威胁评估,确定威胁类型,有针对性地制订应急预案,以有效利用应急资源,提高应急响应效能,因此应进行科学的威胁类型的分类。国内采纳此分类法而写入相关标准的各类威胁类型的特征描述见表 3-1。

表 3-1　核或辐射紧急情况威胁类型特征描述(IAEA,2007;WS/T 366-2011)

| 威胁类型 | 特征描述 |
| --- | --- |
| I | 诸如核电厂这类设施的场内事件 [a](包括可能性很小的事件)可能在场外导致严重的确定性健康效应 [b];或者曾在类似设施中发生过的此类事件 |
| II | 诸如某些类型研究用反应堆这类设施的场内事件 [a] 可能导致场外居民遭受到按照国家标准 [c] 有必要采取应急防护行动的剂量;或者曾在类似设施中发生过的此类事件。具有 II 类型威胁的设施并不包括上述具有 I 类型威胁的设施 |
| III | 诸如工业辐照装置这类设施的场内事件可能导致有必要在场内采取应急防护行动的剂量或污染,或者曾在类似设施中发生过的此类事件。具有 III 类型威胁的设施并不包括上述具有 II 类型威胁的设施 |
| IV | 可能导致在无法预见的地点采取应急防护行动的核或辐射紧急状态。这些状态包括未经授权的活动,例如与非法获得的危险源有关的活动;还包括涉及工业射线照相用源、核动力卫星或热电发生器等危险的可移动源的运输和经授权的活动。IV 类型威胁代表最低等级的威胁水平(它适用于所有国家和地区) |
| V | 通常不涉及电离辐射源的活动。但很有可能 [d] 由于 I 或 II 类型威胁所列的设施发生的事件,包括在别的国家这类设施发生的事件,而受到污染,并达到按照国际标准 [c] 必须迅速对食品等产品加以限制的程度 |

[a]. 包括从现场某个位置产生的放射性物质向大气或水体的释放或外照射(例如由于丧失屏蔽或某个临界事件造成的)事件;

[b]. 人员受照剂量将超过在任何情况下预期需要干预的剂量,见 GBZ/T 113;

[c]. 见 GB 18871;

[d]. 指由 I 或 II 类型威胁中所列的设施偶然发生的重大放射性物质释放的紧急情况

核紧急情况可见于:①大型辐照装置(例如工业用辐照设备);②核反应堆(研究堆、船用堆和发电用堆);③贮存大量乏燃料或液态或气态放射性物质的设施;④燃料循环设施(例如燃料再处理厂);⑤工业设施(例如生产放射性药物的工厂);⑥带有大的固定放射源(例如远距治疗机)的研究用或医用设施。辐射紧急情况包括:①失控(废弃、丢失、被窃或被发现)的危险源;②工业或医疗用危险源(例如放射照相用的放射源)的误用;③公众受到未知来源的照射和污染;④含有放射性物质的人造卫星再返回;⑤严重的过量照射(能导致严重确定性效应);⑥恶意的威胁和(或)活动;⑦运输的紧急情况。随着威胁等级的不同,在 IAEA 的相关文件中讨论了应急响应地区和区域的划分和建议的大小、不同等级紧急状态的描述和建议标准、应急响应水平的区分(运营者、当地响应组织、国家响应组织、国际响应组织)、紧要任务的安排、响应时间目标值、与紧急情况有关的机构和场地的设置、在威胁等级分类前所需的信息、各种响应分队所需的最小建议数。

**(二)威胁类型的标准**

为能做好威胁类型的分类,确定设施和实践的紧急情况类型的标准见表 3-2。

**表3-2　确定设施和实践的紧急情况威胁类型的标准**（IAEA2007；GBZ/T 208）

| 威胁类型 | 设施和实践 [a] |
|---|---|
| I | 预计可能在场外导致严重确定性健康效应的应急状态，包括：<br>● 热功率水平大于100MW的反应堆（动力堆、舰船堆和研究堆）[b]<br>● 可能含有最近（指3年以内）卸载燃料的乏燃料池，并且 $^{137}$Cs 的总量约为0.1EBq（相当于热功率3000MW反应堆的堆芯总量）<br>● 扩散性放射性物质的总量足以在场外导致严重确定性健康效应的设施 [c] |
| II | 预计可能在场外导致需要采取应急防护行动剂量水平的应急状态，包括：<br>● 热功率水平大于2MW小于100MW的反应堆（动力堆、舰船堆和研究堆）<br>● 含有要求活性冷却的最近卸载燃料的乏燃料池<br>● 可能发生失控临界事故的设施距场区外边界不足500m<br>● 扩散性放射性物质的总量足以在场外导致需要采取应急防护行动剂量的设施 [d] |
| III | 预计可能在场内导致需要采取应急防护行动剂量水平的应急状态，包括：<br>● 在丧失屏蔽的情况下，1m处的外照射剂量率大于100mGy/h的设施<br>● 可能发生失控临界事故的设施距场区外边界大于500m<br>● 热功率水平不超过2MW的反应堆<br>● 放射性物质总量足以在场内导致需要采取应急防护行动剂量的设施 [e] |
| IV | 移动危险源的营运人，包括：<br>● 在丧失屏蔽的情况下，距源1m处的外照射剂量率大于10mGy/h，或活度大于GBZ/T 208规定的危险活度值的移动源<br>● 携带放射源的活度大于GBZ/T 208规定的危险活度值的人造卫星<br>● 如果不加以控制，放射性物质活度按照GBZ/T 208是属于危险源的运输<br>有较大可能遇到失控危险源的设施/场所，例如：<br>● 大型废金属处理设施<br>● 国家边境口岸<br>● 具有危险源的固定量具的设施 |

　[a] 为了确定适当的威胁等级，应进行场址逐案分析；

　[b] 假设反应堆已在此功率水平运行足够长时间，致使 $^{131}$I 的存储量接近10PBq/MW（热功率）。对研究堆，由于其设计和运行情况有很大差别，为了确定多大的存储量和能引起向场外显著的气载释放，需要进行设施逐案分析；

　[c] 如果在单一事件中有10%存储量释放到大气，则10 000倍 $D_2$（$D_2$—可弥散物质的危险活度，可自GBZ/T 208查得）存储量的设施可属于I类型威胁的设施；

　[d] 如果在单一事件中有10%存储量释放到大气，则100倍 $D_2$ 存储量的设施可属于II类型威胁的设施；

　[e] 如果在单一事件中有10%存储量释放到一个房间中，且房间内的人员在几分钟内能撤离，则0.01倍 $D_2$ 存储量的设施可属于III类型威胁的设施

　　根据各类实践对场外和场区威胁程度给出的典型威胁类型见表3-3。在表中的国际货包的具体含义见表3-4。

**（三）不同威胁等级紧急情况准备工作的安排**

　　IAEA 第953号技术文件列出了不同类型应急计划中需要安排的紧要任务的清单，需要根据应急计划的类型安排相应的任务。表3-5总结了不同威胁等级时由运营者和场外官员负责的紧急情况准备工作的安排。迅速作出安排；紧急情况的分类；保护现场人员和现场应急工作人员；缓解紧急情况的后果；通知场外官员并提出对公众防护行动的建议；获得场外的协助；在设施周围实施环境监测；以及协助场外官员保持与公众的信息联系。迅速作出安排；在紧急情况区域内实施应急防护行动；进行环境监测；控制污染食品的消费；对设

表3-3　不同实践的典型威胁类型(IAEA 2007, GBZ/T208, GB 11806)

| 实践 | 威胁程度 | | 典型威胁类型[a] |
| --- | --- | --- | --- |
| | 场外 | 场区 | |
| **为工业、医用或科学研究目的而生产或利用放射性核素的设施** | | | |
| 放射性药物生产厂 | 不可能发生确定性效应。其释放量较小可能使邻近设施处超过紧急通用干预水平(GIL)。在设施内发生大火和已载料的货场出现过火灾时,则很大的可能发生超过紧急GIL的释放。威胁的程度将取决于存储量和材料释发性。爆炸、龙卷风、散落和泄漏则会造成小的危险 | 在场区出现严重确定性健康效应的可能性很小,但人员的受照剂量可能超过职业照射剂量限值 | 有限[b]或Ⅲ类 |
| 放射性药物的贮存室 | 不可能出现超过紧急GIL的释放 | 不可能超过紧急GIL。超过职业照射剂量限值照射的可能性也十分小 | 有限[b] |
| 医院 | 不可能出现超过紧急GIL的释放 | 如果密封源(例如近距离治疗放射源或辐射线束)被误用或不能加以控制和妥善保管,则对工作人员或患者可能造成严重的确定性健康效应。如果放射性诊疗药物不能给予正确的控制和用药,则可能成为一种潜在危险的放射源 | Ⅲ或Ⅳ类 |
| 放射性核素生产厂 | 不可能发生确定性健康效应。其释放放量较小可能使靠近设施处超过紧急GIL。其最大危险处是设施的重大火灾,可能造成超过紧急GIL的释放,释放量大小取决于存储量和材料释发性。爆炸、龙卷风、散落和泄漏则会造成小的危险 | 在生产过程中,由于屏蔽失效、食入或吸入、工作人员可能发生严重的确定性健康效应 | Ⅲ类 |
| 研究实验室 | 除非有大量的放射性物质或可裂变物质在单一的场所存储或利用,否则不可能出现超过紧急GIL的照射 | 有可能发生严重的确定性健康效应。这种情况将视现场情况而定 | 有限[b]或Ⅲ类 |
| 低放废物的贮存库和理藏 | 低放废物理藏的作业不可能超过紧急GIL | 不可能超过紧急GIL。如果废物中含有放射性碘,废物仓库大火可能发生能导致超过职业照射剂量限值照射的释放 | 有限[b] |
| 贫化铀产品 | 不可能超过紧急GIL。在$UF_6$释放后由于HF($UF_6$释放的产物)的化学毒性可能造成死亡。最大的危险见于含数吨$UF_6$贮罐的破裂 | 不可能超过紧急GIL | 有限[b] |

75

续表

| 实践 | 威胁程度 | | 典型威胁类型 [a] |
| --- | --- | --- | --- |
| | 场外 | 场区 | |
| **源** | | | |
| 医用辐照装置／设施<br>工业探伤用源<br>远距离放射治疗源<br>高／中剂量率近距离放射治疗源<br>GB/T208 中第 1 和 2 类放射源 | 假如受到控制，不可能超过紧急 GIL。假如失去控制（丢失或被盗），如果没有屏蔽就可产生致死性照射，如果手持这种放射源可使组织严重损害。如果边界设在距源 500m 以外，上述后果不一定出现 | 假如源失去屏蔽，几分钟照射足以达到致死剂量 | III 或 IV 类 [c] |
| 含密封源仪表<br>测井源<br>GB/T208 中第 3 类放射源<br>废旧放射源暂存库 | 假如失去控制（丢失或被盗），如果没有屏蔽可能产生致死性照射，如果手持这种放射源可使组织严重损害 | 假如源失去屏蔽，可发生致死剂量照射 | IV 类 [c] |
| 湿度／密度仪<br>静电消除器<br>氚出口标记器<br>含氚起搏器<br>日用消费品<br>GB/T208 中第 4 和 5 类放射源 | 不大可能超过紧急 GIL | 很小或不可能超过紧急 GIL | 有限 [b] |
| **燃料循环** | | | |
| 铀矿开采和加工 | 不会产生超过紧急 GIL 的释放。尾矿坝毁损能导致需要干预的污染，例如对水的污染 | 不可能超过紧急 GIL | 有限 [b] |
| 黄饼加工 | 类同铀矿开采和加工 | 类同铀矿开采和矿石粉碎 | 有限 [b] |
| UF$_6$ 转换厂 | 由于 HF（UF$_6$ 释放的产物）的化学毒性，在 UF$_6$ 释放后可能造成死亡。它的可能性取决于 UF$_6$ 的存储量。最大的危险见于含数吨 UF$_6$ 贮罐的破裂 | 类同场外 | 有限 [b,d] |
| 铀浓缩厂 | 类同 UF$_6$ 转换厂 | 类同 UF$_6$ 转换厂 | 有限 [b] |

续表

| 实践 | 威胁程度 | | 典型威胁类型 [a] |
| --- | --- | --- | --- |
| | 场外 | 场区 | |
| 铀燃料加工 | 由 $UF_6$ 所致的危险类同 $UF_6$ 转换厂。如果在距场区边界 200~500m 内无屏蔽的场所加工裂变材料则有可能由于临界事故导致超过紧急 GIL 的剂量 | 由 $UF_6$ 所致的危险类同 $UF_6$ 转换厂。在场区临界事故可能引起确定性效应和受到超过紧急 GIL 的剂量 | II 或 III 类 |
| 钚燃料加工 | 如果在距场区边界 200~500m 内无屏蔽的场所加工裂变材料则可能由于临界事故导致邻近的场外剂量超过紧急 GIL 的剂量。大火或爆炸能使设施邻近的场外剂量超过紧急 GIL。剂量大小取决于燃料的存储量 | 临界事故可能引起确定性健康效应和受到超过紧急 GIL 的剂量。大火或爆炸能使吸入剂量超过紧急 GIL | II 或 III 类 |
| 未受过辐照的新燃料 | 不可能造成超过紧急 GIL 的剂量 | 不可能造成超过紧急 GIL 的剂量 | 有限 [b] |
| 乏燃料, 水池贮存 | 在水池内水下贮存的燃料所致的危害不可能造成超过紧急 GIL 的剂量。假如水池内水被水淹没, 则可能使剂量超过紧急 GIL, 受到影响的距离取决于存储量。假如池内存储的燃料是过去几个月内从反应堆内卸出的, 其可能性和关切取决于存储量和水池的设计 | 在水池内水下贮存的燃料所致的危害, 在水池区域内由 $^{85}Kr$ 所致剂量能超过紧急 GIL。对已排空的水池, 在水池附近水自水池直接照射所致剂量达每小时几个希伏特。假如燃料未被水淹没, 邻近水池处的剂量能引起严重的确定性健康效应 | I, II 或 III 类 |
| 乏燃料, 干法容器贮存 | 不可能造成超过紧急 GIL 的剂量 | 吸入剂量不可能超过紧急 GIL。如果屏蔽失效, 直接照射剂量能超过紧急 GIL | III 类 |
| 乏燃料后处理 | 由于临界事故使剂量超过紧急 GIL(取决于发生事故的位置)的可能性小。大火或爆炸能使剂量超过紧急 GIL, 剂量大小取决于放射性核素的存储量和挥发性。大的液体贮罐破裂造成的污染将要求进行广泛的干预。干预的程度也取决于存储量和挥发性 | 临界事故有可能发生严重的确定性健康效应和使剂量超过紧急 GIL(取决于发生临界事故的位置)。大火或爆炸能使吸入剂量超过紧急 GIL 并产生严重的确定性健康效应。如果屏蔽失效, 直接辐射剂量超过紧急 GIL 和产生严重的确定性健康效应 | I, II 或 III 类 |
| **反应堆(动力, 舰船, 研究)** | | | |
| >100MW(热功率)反应堆 | 涉及严重堆芯损毁的紧急情况可能引起严重的甚至致死的确定性健康效应。距设施 5km 以外的剂量可能超过紧急 GIL。距设施远距离处烟云沉降量可能超过避迁行动用水平(GAL)。不涉及堆芯损毁的紧急情况很小可能超过紧急 GIL | 涉及堆芯损毁的紧急情况可能使剂量足以发生严重的甚至致死的确定性健康效应 | I 或 II 类 |

续表

| 实践 | 威胁程度 | | 典型威胁类型[a] |
|---|---|---|---|
| | 场外 | 场区 | |
| 2~100MW（热功率）反应堆 | 如果堆芯冷却丧失（堆芯熔化）[c]，则由于吸入短寿命碘可能使剂量超过紧急GIL | 如果燃料的冷却丧失，直接照射能使剂量超过紧急GIL和产生严重的确定性健康效应 | II或III类 |
| <2MW（热功率）反应堆 | 不可能使剂量超过紧急GIL | 如果燃料的冷却丧失，则由于吸入可能使剂量超过紧急GIL（取决于堆的设计）。如果屏蔽失效，直接照射能使剂量超过紧急GIL或产生严重的确定性健康效应 | III类 |
| **运输** | | | |
| 例外货包：<br>UN2910 UN2911<br>UN2909 UN2908 | 这些货包只含少量放射性物质。其任何放射学后果不需要采取特殊防护行动。由于紧急情况引起的地面污染可要求采取去污措施 | | 无 |
| 工业货包：<br>UN2912 UN3321<br>UN3322 UN2913 | 这些货包仅含有合格的"低比活度"物质或合格的"表面污染物体"。然而，在靠近损毁货包处，剂量可以超过紧急GIL，因为，工业货包并不是按照近事故得起按照破坏的破坏而设计的，而适用于无屏蔽货包的仅有外照射剂量限值，它是3m处10mSv/h。由于紧急情况引起的地面污染可要求采取去污措施 | | 无 |
| A型货包：<br>UN2915 UN3332 | A型货包所允许的活性限制了它的放射性危害。在紧邻货包处剂量可能超过紧急GIL。由于紧急情况引起的地面污染将要求采取去污措施 | | IV类[f] |
| B(U)和B(M)型货包：<br>UN2916 UN2917 | B型货包一般含有大量的放射性物质。B型货包是按经得任何可信的陆地和海洋运输事故而设计的。对"低弥散性放射性物质"，由主管当局按照放射性物质的设计来确定此限值。对其他物质，如果货包是专门设计，其限量是3000 A1（A1——特殊形式放射性物质的活度限值）或3000 A2[g]。100 000 A2（A2——特殊形式放射性物质以外的放射性物质活度限值）；如果不是特殊形式设计的，则为3000 A2[g]。在空运发生意外时仍有可能使剂量超过紧急GIL，但在陆运或海运时不可能有这样的事故。然而，在发生紧急情况下，均应由监测结果加以确认 | 空运得任任何可信的陆地和海洋运输事故而设计的。空 | IV类[f] |
| C型货包：<br>UN3323 | C型货包一般含有大量放射性物质。这种货包是按照能经得住所有可信的陆地和海洋事故而设计的。空运事故进行设计的。所致剂量不大可能超过紧急GIL。由于事故引起的易裂变材料货包 | 然而，在某次紧急情况中，影响程度应由监 | IV类[f] |
| 特殊安排的货包：<br>UN2919 | 在特殊安排条件下，非裂变或豁免的易裂变材料货包。由于事故引起的可能超过紧急GIL | 在发生紧急情况时剂量可能超过紧急GIL。由于事故引起的地面污染，可要求采取去污措施 | 无 |

续表

| 实践 | 威胁程度 | | 典型威胁类型ᵃ |
| --- | --- | --- | --- |
| | 场外 | 场区 | |
| 含易裂变材料的货包: UN2977 UN3324 UN3325 UN3326 UN3327 UN3328 UN3329 UN3330 UN3331 | 工业用 A 型、B 型和 C 型货包均可含易裂变物质。含有易裂变物质的货包是按限定的内容物设计的，因此，它们所致危险相同于相应的工业用 A 型、B 型和 C 型货包的运输危险。仅在空运事故情况下它们能保持在亚临界状态。货包可以释放 $UF_6$ 而带来化学危害。由于事故可以释放 $UF_6$ 而带来化学危害。由于事故引起的地面污染可要求采取去污措施 | 论是正常和运输事故情况下能保持在亚临界状态。因此，只含易裂变 $UF_6$ 的以及只含易裂变 $UF_6$ 变的 IF 型、AF 型、B(U)F 型和 B(M)F 型货包，仅含有 $UF_6$ 的货包不会有任何要求采取特殊防护措施的放射学后果 | 有限或IV类ᶠ |
| 含 $UF_6$ 的货包: UN2978 | 在空运事故涉及的含有非裂变或预计裂变量 $UF_6$ 的货包可以释放 $UF_6$ 而带来化学危害。由于事故引起的地面污染可要求采取去污措施 | 不会有任何要求采取特殊防护措施的放射学后果 | 有限ᵈ |
| **其他** | | | |
| 核武器事故（坠撒落） | 假如发生导致核武器怀撒落的大火或爆炸，由于吸入烟云或在 1km 范围内沉降物的悬浮物的再悬浮，可能发生确定性健康效应。显著污染的区域能达到 $1km^2$ 大小。利用通常的辐射调查仪器不可能测出空气污染的危险水平 | | IV类 |
| 危险源丢失或被盗 | 操作无屏蔽危险源的人员可能受到致死剂量的照射。破损的放射源也可能造成致死剂量的照射和能使受到的照射和能使相当大的地域受到污染。由于人类活动而造成的扩散可使相当大的地域受到污染。超过紧急 GIL 的明显的污染 | | IV类 |
| 重大的跨国界释放引起的污染 | 距 I 或 II 类型威胁的设施很远处的烟云沉降量可以超过避迁的 GIL 和食入 GAL | | V类 |
| 核动力卫星的返回 | 危险是十分小的，实际上是无法有理由限定某个区域来要求取防护行动 | | IV类 |
| 污染的食品或物质的进口 | 由于不知晓而对已受到污染的钢铁和其他产品不加控制地利用能使人员受照剂量超过职业照射剂量限值，但其危险很小，不可能超过应急防护行动的 GIL。食品的污染能超过食品防护 GAL | 由于不知晓而携带放射性物质或源进入从事实践的场所而引起危险。首先要确认这种危险是否可能来自从事此实践。这些源可视为危险源 | V类 |

a. 各种类型威胁情况的特征；

b. 除了正常的辐射防护计划外，不要求针对辐射危害作特殊的应急准备工作。然而，对由这种实践所致的化学毒性以及其他的非辐射危害，应急准备工作应该保证做到相应有的关注以及正常的工业工作场所的安全；

c. 来自可移动的危险源的IV类威胁；

d. 由于 $UF_6$ 释放而带来的化学危险远比辐射危害要重要得多，甚至对高浓缩铀也是如此。在场外由于化学毒性 HF 可达到致死的浓度；

e. 对研究用反应堆来说，由于这种装置的设计和运行有很大的差异，应进行场址逐案分析，以确定多大存储量能向场外气载释放；

f. 符合 GB 11806 和 IAEA 安全标准系列 No. TS-R-1 (2005) 的运输容器由于它的设计和装量的限制，不被视为危险源，其前提是它们得到适当的控制以及只有在合适的监督情况下才能从容器中移出。然而，如果它们丢失、被窃或从货包中不加控制的移出，这些源可视为危险源；

g. 见 GB 11806。

表3-4 含放射性物质运输货包联合国编号、专有发运名称和说明（GB 11806）

| 类别 | 联合国编号 | 专有发运名称和说明 |
|---|---|---|
| 例外货包 | UN2908 | 例外货包——空包装 |
| | UN2909 | 例外货包——用天然铀、贫铀或天然钍制造的物品 |
| | UN2910 | 例外货包——限量物质 |
| | UN2911 | 例外货包——仪器或物品 |
| 工业货包 | UN2912 | 一类低比活度物质 a，非易裂变的或不属于易裂变的 b |
| | UN2913 | 一类或二类表面污染物体 c，非易裂变的或不属于易裂变的 b |
| | UN3321 | 二类低比活度物质 a，非易裂变的或不属于易裂变的 b |
| | UN3322 | 三类低比活度物质 a，非易裂变的或不属于易裂变的 b |
| A 型货包 | UN2915 | A 型货包，非特殊形式，非易裂变的或不属于易裂变的 b |
| | UN3332 | A 型货包，特殊形式，非易裂变的或不属于易裂变的 b |
| B(U)/B(M)型货包 | UN2916 | B(U)型货包，非易裂变的或不属于易裂变的 b |
| | UN2917 | B(M)型货包，非易裂变的或不属于易裂变的 b |
| C 型货包 | UN3323 | C 型货包，非易裂变的或不属于易裂变的 b |
| 特殊安排的货包 | UN2919 | 根据特殊安排运输，非易裂变的或不属于易裂变的 b |
| 含易裂变材料的货包 | UN2977 | 六氟化铀，易裂变的 |
| | UN3324 | 二类低比活度物质 a，易裂变的 |
| | UN3325 | 三类低比活度物质 a，易裂变的 |
| | UN3326 | 一类或二类表面污染物体 c，易裂变的 |
| | UN3327 | A 型货包，非特殊形式，易裂变的 |
| | UN3328 | B(U)型货包，易裂变的 |
| | UN3329 | B(M)型货包，易裂变的 |
| | UN3330 | C 型货包，易裂变的 |
| | UN3331 | 根据特殊安排运输，易裂变的 |
| 含 $UF_6$ 的货包 | UN2978 | 六氟化铀，非易裂变的或不属于易裂变的 b |

a. 专用于放射性物质的运输。比活度有限或估计的平均比活度限值适用的放射性物质。

一类比活度（LSA-I）物质有：①铀矿石、钍矿石和此类矿石的浓缩物，以及含天然存在的放射性核素并拟经加工后使用这些放射性核素的其他矿石；②未经辐照的固体或液体天然铀、贫化铀、天然钍或它们的化合物或混合物；③ A2 值（特殊形式放射性物质以外的放射性物质活度限值）不受限制的放射性物质；④活性遍布托运物质，估计其平均活度浓度不超过免管物质的放射性浓度 30 倍者。

二类低比活度物质（LSA-II）有：①氚浓度不高于 0.8TBq/L 的水；②活性分布遍及托运物质，估计其平均比活度，对固体或气体不超过 $10^{-4}$ A2/g，对液体不超过 $10^{-5}$ A2/g。

三类低比活度物质（LSA-III），不包括粉末状下列固体（例如固化废物，活化材料），有：①放射性物质遍及一个或一堆固体物件内，或基本上均匀分布在密实的固体粘结剂（例如混凝土、沥青、陶瓷材料等）内；②所含放射性物质较难溶解，或实质上被包在较难溶的基质中，在规定的浸泡试验中每件货包浸出损失不超过 0.1 A2；③该固体（不包括任何屏蔽材料）估计的平均比活度不超过 $10^{-3}$ A2/g。

b. 达到下列条件之一者：①每件托运货物中所含核素的质量符合规定，且每个货包的最小外部尺寸小于规定值的 10cm，从而使［(铀的质量(g)/X)+(其他易裂变核素的质量(g)/Y)］<1；此处，对与平均氢密度小于或等于水的物质相混合的易裂变核素质量，X＝400g，Y＝250g；对于与平均氢密度大于水的物质相混合的易裂变核素质量，X＝290g，Y＝180g；并且每个单件货包盛装的易裂变核素不超过 15g，或对均匀的含氢溶液或混合物要求易裂变核素与氢之比小于 5%（质量），或在任何容积为 10L 的材料中易裂变核素不超过 5g；②铍的含量不超过①中规定的可适用托运货物质量限值的 1%（浓度小于 1g Be/kg 者除外），氘的含量不超过①中规定的可适用托运货物质量限值的 1%（浓度小于天然浓度者除外）；③铀-235 铀富集度最高为 1%（质量），且钚和铀的总含量不超过铀-235 质量的 1%，其前提是易裂变核素基本上均匀分布于该物质内；如铀-235 以金属、氧化物或炭化物形态存在，则不得形成栅格排列；④铀-233 富集度最高为 2%（质量）的硝酸铀酰水溶液，且钚和铀-233 的总含量不超过铀-235 质量的 0.002%，以及最小的氮铀原子比(N/U)为 2；⑤每件托运货物不超过 1kg 的钚，其中所含易裂变核素的量不超过 20%（质量）。

c. 表面污染物指本身不具有放射性但有放射性物质分布在其表面的固体。在可接近的表面上按 300cm²（如小于此表面积则按此计）平均放射性污染限制水平分为：

一类表面污染物体（SCO-I）：①非固定污染（在运输的通常条件下可以从物体表面除去的污染），对 β 和 γ 发射体及低毒性 α 发射体，不超过 4Bq/cm²，对所有其他 α 发射体，不超过 0.4Bq/cm²；②固定污染（非固定污染以外的污染），对 β 和 γ 发射体及低毒性 α 发射体，不超过 $4 \times 10^4$Bq/cm²，对所有其他 α 发射体，不超过 $4 \times 10^3$Bq/cm²；③非固定污染加上固定污染，对 β 和 γ 发射体及低毒性 α 发射体，不超过 $4 \times 10^4$Bq/cm²，对所有其他 α 发射体，不超过 $4 \times 10^3$Bq/cm²。

二类表面污染物体（SCO-II）：①非固定污染，对 β 和 γ 发射体及低毒性 α 发射体，不超过 40Bq/cm²；②固定污染，对 β 和 γ 发射体及低毒性 α 发射体，不超过 400Bq/cm²，对所有其他 α 发射体，不超过 $8 \times 10^5$Bq/cm²；③非固定污染加上固定污染，对 β 和 γ 发射体及低毒性 α 发射体，不超过 $8 \times 10^5$Bq/cm²，对所有其他 α 发射体，$8 \times 10^4$Bq/cm²。

施提供紧急情况服务；对受到污染和过量照射的个人进行医学处理；根据预先确定的标准将他们登记以进行长期医学随访；用易懂的语言将事件造成的危险和公众应采取的行动告诉公众和媒体；对公众不合适的反应作出响应；向 IAEA 报告跨国紧急情况；对 IAEA 的通知作出响应；如有需要的话要求 IAEA 提供协助。

表3-5　不同威胁等级紧急情况准备工作的安排（IAEA，2007）

| 运营者 | 场外官员[a] |
|---|---|
| **威胁等级Ⅰ和Ⅱ** | |
| 迅速作出安排；紧急情况的分类；保护现场人员和现场应急工作人员；缓解紧急情况的后果；通知场外官员并提出对公众防护行动的建议；获得场外的协助；在设施周围实施环境监测；以及协助场外官员保持与公众的信息联系 | 迅速作出安排；在紧急情况区域内实施应急防护行动；进行环境监测；控制污染食品的消费；对设施提供紧急情况服务；对受到污染和过量照射的个人进行医学处理；根据预先确定的医学处理标准将他们登记以进行长期医学随访；用易懂的语言将事件造成的危险和公众应采取的行动告诉公众和媒体；对公众不合适的反应作出响应；向 IAEA 报告跨国紧急情况；对 IAEA 的通知作出响应；如有需要的话要求 IAEA 提供协助 |
| **威胁等级Ⅲ** | |
| 迅速作出安排；紧急情况的分类；保护现场人员和现场应急工作人员；缓解紧急情况的后果；通知场外官员；获得场外的协助；保证场外无危险；以及协助场外官员保持与公众的信息联系 | 迅速作出安排；提供紧急情况服务；保护紧急情况应急工作人员；对受到污染和过量照射的个人进行医学处理；根据预先确定的医学处理标准将他们登记以进行长期医学随访；确认没有场外的影响；用易懂的语言将事件造成的危险和他们应采取的行动告诉公众和媒体；对公众不合适的反应作出响应；向 IAEA 报告跨国紧急情况；对 IAEA 的通知作出响应；如有需要的话要求 IAEA 提供协助 |
| **威胁等级Ⅳ** | |
| 迅速作出安排；确认有紧急情况；采取行动保护邻近的公众；缓解紧急情况的后果；通知场外官员有关的危险；以及有必要的话向场外官员提供技术协助 | 安排以下工作：将正在进行中计划的一部分通知执业医师、废金属商和跨越国境的官员有关辐射紧急情况的确认和响应；按国际标准就防护行动迅速作出决定；在评估和响应辐射情况方面向当地官员提供协助；对受到污染和过量照射的个人进行医学处理；根据预先确定的医学处理标准将他们登记以进行长期医学随访；用易懂的语言将事件造成的危险和公众应采取的行动告诉公众和媒体；对公众不合适的反应作出响应；向 IAEA 报告跨国紧急情况；对 IAEA 的通知作出响应；如有需要的话要求 IAEA 提供协助 |
| **威胁等级Ⅴ** | |
| 迅速安排官方指令的下达，去保护食品和饮用水的供应，去控制食品和饮用水可能的污染 | 安排指令的发布，内容有食品和饮用水供应的保护以及按照国际标准控制食品和饮用水和产品可能的污染 |

注：a. 威胁等级Ⅰ和Ⅱ是指紧急情况区域内负责的人员，威胁等级Ⅲ是指邻近设施周围的官员，威胁等级Ⅳ是指国家一级的官员

## 二、应急状态的分级

在核紧急情况中,核电厂应急状态的分级为:(一)应急待命、(二)厂房应急、(三)场区应急和(四)场外应急(总体应急)。其他核设施的应急状态一般分为三级,即:(一)应急待命、(二)厂房应急和(三)场区应急。潜在危险较大的核设施也可能实施(四)场外应急(总体应急)。在辐射紧急情况中,应急状态一般为(三)场区应急,较少有(四)场外应急。

不同威胁类型紧急情况发生后可能达到的应急状态级别见表3-6。

表3-6 不同威胁类型核或辐射紧急情况时可能出现的应急状态级别(WS/T 366-2011)

| 威胁类型 | 《国家核应急预案》 | | 《放射源和辐射技术应急准备与响应》 |
|---|---|---|---|
| | 核电厂 | 其他核设施 | |
| Ⅰ | (一)→(二)→(三)→(四) | — | 不考虑 |
| Ⅱ | (一)→(二)→(三)→(四) | — | 不考虑 |
| Ⅲ | (一)→(二)→(三) | (一)→(二)→(三) | (三)→(四) |
| Ⅳ | — | — | (四) |
| Ⅴ | (四) | — | 不考虑 |

注:括号内表示应急状态等级,(一)应急待命,(二)厂房应急,(三)场区应急,(四)场外应急(总体应急);→表示可能的发展去向

对Ⅰ、Ⅱ、Ⅲ和Ⅳ类型威胁的设施,各应急状态级别的描述见表3-7。

表3-7 Ⅰ、Ⅱ、Ⅲ和Ⅳ类型威胁的设施不同应急状态的描述(IAEA,2007)

| 应急状态 | 级别 | 应急状态的描述 |
|---|---|---|
| 应急待命 | 一 | 导致公众或场区内人员防护水平未知原因的或者显著降低的事件[a] |
| 厂房应急 | 二 | 能导致场内人员防护水平显著降低的事件;然而,这些事件并不能发展到要求在场外实施防护行动的总体应急或场区应急<br>**对Ⅰ和Ⅱ类威胁设施**,它可来自:<br>—燃料操作意外<br>—不会影响安全系统的厂房内火灾或其他意外<br>—引起场内危险状态、但不可能导致需采取防护行动的临界事件和向场外释放的蓄意行为<br>**对Ⅲ类威胁设施**,它可来自:<br>—对小功率反应堆堆芯的纵深防御水平显著降低<br>—对大的γ辐射源或乏燃料的屏蔽或控制失效<br>—危险源的破损<br>—距场区边界较远处发生临界事故<br>—在场区发生紧急防护干预水平的高剂量照射<br>—能导致场区内公众或职工显著照射和污染的意外<br>—可能导致场内危险状态的蓄意行为 |
| 场区应急 | 三 | 能导致场内和邻近设施处人员防护水平显著降低的事件。它可来自:<br>—对反应堆堆芯和活性冷却燃料纵深防御水平显著降低<br>—针对意外无屏蔽临界事件的防护显著降低<br>—能导致总体应急状态的任何一种附加的故障<br>—场外的剂量接近应急防护行动水平<br>—有可能使临界安全功能失效和导致重大释放或严重照射的蓄意行为 |

续表

| 应急状态 | 级别 | 应急状态的描述 |
|---|---|---|
| 场外应急<br>(总体应急) | 四 | 由于临界或屏蔽丧失而已造成大气释放或辐射照射的重大危险,并要求实施场外应急防护行动的事件:<br>—现实的或预测的[b]反应堆芯或大量最近卸下的燃料受损毁<br>—屏障或临界安全系统已受到损毁而引起要求在场外采取预防性防护行动的释放事件(例如后处理废物的排放)或临界事件<br>—靠近设施边界处可能或已经发生的临界事件<br>—探测出场外的辐射水平已要求实施紧急防护措施<br>—蓄意行为导致监测或控制临界安全的系统失灵,这些系统是为阻止能引起场外剂量达到需采取防护行动的释放或照射所必需的 |

a. 这些事件可能涉及屏蔽、安全系统和设备的失效、工作人员失误、日常发生的事件、火灾,以及蓄意行为。

b. 用于堆芯或大量新近卸载核燃料防护所需的临界安全功能的丧失

## 三、辐射源及其分类

IAEA 提供了一种以风险为基础将放射源和实践分为 5 类的方法。在这种分类的基础上,可以作出基于风险信息的决策,于是便有以安全和施以保安措施为目的对放射源进行监管控制的分类。

IAEA 在 2001 年提出了一份《放射源分类》的技术文件,在此基础上,2003 年 9 月 IAEA 理事会核准了经修订的《放射源安全与保安行为准则》。IAEA 又将其改写成安全标准(IAEA 2006)。与此同时,在以往已经给出 65 种核素放射源危险活度的基础上,提出一份扩展到人们关切的三百多种核素危险活度的报告(IAEA 2006b),作为该机构《应急事故准备与响应》丛书之一。

在国内,为了加强放射源的管理,2003 年 6 月人大常委会批准了《放射性污染的预防和控制法》。据此法令,着手修改 1989 年制定的《放射性同位素与射线装置辐射防护条例》,引入了 IAEA 导则中新的内容;其中,包括 IAEA 关于放射源分类管理的体系(IAEA 2003a)。2005 年国家环境保护总局根据国务院发布的第 449 号令《放射性同位素与射线装置安全和防护条例》(国务院 2005)发布了第 62 号公告《放射源分类办法》(国家环境保护总局 2005)。

### (一)源分类概述

**1. 源分类的目的**　根据放射源对人体健康造成的潜在危害进行分类,并对分属于不同类别的源和实践进行分组提供一套简便合理的方法。这种分类法能够帮助监管机构制定用于确保对每个经授权的源保持合理控制所需的监管要求。

**2. 源分类使用范围**　为放射源,尤其是那些用于工业、医疗、农业、科研和教育的放射源提供了一种分类法。这种分类法原则上也可用于有国家背景的军事或国防计划中的源。

这种分类法与产生辐射的装置无关,例如 X 射线机和粒子加速器,尽管分类可以适用于此类装置生产的或者作为靶材料在此类装置中使用的放射源。核材料被排除在本分类方法的使用范围之外。此外,这里的源分类也不太实用于废物管理、废弃源的处置方法和运输中的放射性货包的方案制订。

### (二)分类方法

源的活度 $A$ 可能会相差很多个数量级;因此需要使用 $D$ 值对各种活度进行归一化处

理，以便于风险评估。$A/D$ 值可用于对源的相对风险进行初步分级，然后在考虑了物理和化学形式、所使用的屏蔽或包装类型、使用情况以及既往事故等其他因素后确定其类别。其他因素的考虑很大程度上基于国际上一致的意见，这不可避免会带有主观性，就像各类别之间的边界值一样。

IAEA 规定的分类法将放射源分为 5 个类别（表 3-8）。这一数量充分考虑了该分类的可实现的应用，而不是无用的精确性。在这种分类法内，1 类源被认为是最"危险的"，因为如果未得到安全和施以保安措施的管理，它们能够对人体健康造成极高风险。未屏蔽的 1 类源照射几分钟就可以置人于死地。在分类表的较低一端，5 类源是危险性最低的源；但是，如果控制不当，即使是这种源也会导致超过剂量限值的剂量，因此这种源也需要被置于适当的监管控制之下。不应当对这些类别再进行细分，因为这将意味着会出现被认为不适当的精确，并可能导致失去国际一致性。

**表 3-8    用于一般实践的源的建议类别**（IAEA 安全标准 2006，GBZ/T 208）

| 类别 | 源[a] 和实践 | 活度比（A/D）[b] |
|---|---|---|
| 1 | 放射性同位素热电发生器（RTG）<br>辐照装置<br>远距放射治疗源<br>固定式多束远距放射治疗（γ 刀）源 | ≥1000 |
| 2 | 工业 γ 射线探伤源<br>高 / 中剂量率近距放射治疗源 | 1000＞A/D≥10 |
| 3 | 装有高活度源的固定式工业仪表<br>测井仪表 | 10＞A/D≥1 |
| 4 | 低剂量率近距放射治疗源（眼部敷贴和永久性植入除外）<br>未装高活度源的固定式工业仪表<br>骨密度仪<br>静电消除器 | 1＞A/D≥0.01 |
| 5 | 低剂量率近距放射治疗眼部敷贴和永久植入源<br>X 射线荧光（XRF）分析仪<br>电子俘获设备<br>穆斯堡尔谱仪<br>正电子发射断层成像（PET）检查源 | 0.01＞A/D<br>≥豁免水平[c]/D |

a. 考虑了除了 A/D 之外的其他因素；b. 本栏可纯粹根据 A/D 来确定源的类别；c. 豁免值见 GB18871-2002

# 第五节　事　件　分　级

国际核和辐射事件分级（the international nuclear and radiological event scale）是由 IAEA 于 2008 年制定的，一般简称为 INES。INES 是以规范统一的方式将核和辐射事件的安全意义传达给公众的一种适用于全球性的工具。像里氏震级或摄氏温度一样，INES 也是一种标度方式，对不同的实践活动（包括对辐射源工业核医学应用、核设施运行和放射性材料运输）解释事件的意义。这个分级表最初用于核电厂事件分类，其后扩展并修改以使其能够适用于与民用核工业相关的所有设施。目前全球 60 多个国家采纳此分类法。在国内，对此已开始作深入的介绍。

分级表将事件分类为 7 级：较高的级别（4～7 级）被定为"事故"，较低的级别（1～3 级）为"事件"。不具有安全意义的事件被归类为分级表以下的 0 级，定为"偏差"。与安全无关的事件被定为"分级表以外"。分级表级别如表 3-9 所示，此表从三个不同方面，即厂外影响、厂内影响和对纵深防御考虑事件的影响，经综合考虑后确定事件的最高级别。没有达到这三个方面中任何一个的下限的事件定为分级表以下的 0 级。

表 3-9　国际核和辐射事件分级表基本结构
（表中所给的判断仅是粗略的指标）

| 级别 | 影响的方面 | | |
| --- | --- | --- | --- |
| | 厂外影响 | 厂内影响 | 对纵深防御的影响 |
| 7<br>特大事故 | 大量释放：<br>大范围的健康和环境影响 | | |
| 6<br>重大事故 | 明显释放：<br>可能要求全面执行计划的相应措施 | | |
| 5<br>具有厂外风险的事故 | 有限释放：<br>可能要求部分执行计划的相应措施 | 反应堆堆芯／放射性屏障受到严重损坏 | |
| 4<br>无明显厂外风险的事故 | 少量释放：<br>公众受到相当于规定限值的照射 | 反应堆堆芯／放射性屏障受到明显损坏／有工作人员受到致死剂量的照射 | |
| 3<br>重大事件 | 极少量释放：<br>公众受到规定限值一小部分的照射 | 污染严重扩散／有工作人员发生急性健康效应 | 接近事故，安全保护层全部失效 |
| 2<br>事件 | | 污染明显扩散／有工作人员受到过量照射 | 安全措施明显失效的事件 |
| 1<br>异常 | | | 超出规定运行范围的异常事件 |
| 0<br>偏差 | 无安全意义 | | |
| 分级表以外的事件 | 和安全无关 | | |

本分级表为事件发生后即刻使用而设计。不过，在有些情况下对事件后果要进行较长时间的了解后才能定级。此时，先进行临时定级，待日后确认或重新定级。例如，2011 年 3 月 12 日，日本经济产业省原子能安全保安院将福岛第一核电站核泄漏事故等级初步定为 4 级。此后，该核电站发生了反应堆燃料熔毁、向外界泄漏放射性物质的情况，该院根据国际标准将事故等级提升到 5 级。最后，该院决定将福岛第一核电站核泄漏事故等级提高至 7 级；此等级与前苏联切尔诺贝利核电站核泄漏事故等级相同。

尽管此分级表适用于所有装置，但实际上不可能适用于某些类型的设施（包括研究堆、未辐照核燃料处理设施和废物贮存场所）发生的可能有相当数量的放射性物质向环境释放

85

的事件。此分级表不对工业事故或其他与核或辐射作业无关的事件进行分级。也不宜作为选择运行经验反馈事件的基础。此分级表也不宜用来比较各国之间的安全实绩（图3-2）。

国际核事故分级标准

图 3-2　INES 核事故分级三角形图

国际上一些典型的核和辐射事件的事件分级情况及我国对辐射事故分级见表 3-10、表 3-11。

表 3-10　国际上一些典型的核和辐射事件的事件分级情况（IAEA, 1990）

| 级别 / 名称 | 事件性质 | 实例 |
|---|---|---|
| 7<br>特大事故 | 大型装置（如动力堆的堆芯）中大部分放射性物质向外释放。一般涉及短寿命放射性裂变产物的混合物（从放射学上看，其数量相当于超过几万 TBq 的 $^{131}$I）。这类释放可能有急性健康效应，在可能涉及的一个以上国家的大范围地区有慢性健康效应，有长期环境后果 | 2011 年日本福岛核电站事故<br>1986 年前苏联（现属乌克兰）切尔诺贝利事故 |
| 6<br>重大事故 | 放射性物质向外释放（从放射学上看，其数量相当于几千到几万 TBq 的 $^{131}$I）。为了限制严重的健康效应，这类释放将可能需要全面实施当地应急计划中包括的相应措施 | 1957 年前苏联基斯迪姆后处理厂（现属俄罗斯联邦）事故 |
| 5<br>具有厂外风险的事故 | ——放射性物质向外释放（从放射学上看，其数量相当于几百到几千 TBq 的 $^{131}$I）。为了减少造成健康效应的可能性，这类释放将可能需要部分实施当地应急计划中包括的相应措施<br>——设施严重损坏。这可能涉及动力堆堆芯大部分严重损坏、重大临界事故或者是在设施内释放大量放射性的重大火灾或爆炸 | 1957 年英国温茨凯尔反应堆事故<br>1979 年在美国三哩岛核电厂事故 |
| 4<br>无明显厂外风险的事故 | ——放射性物质向外释放，使关键人群受到几 mSv 量级剂量的照射。对于这种释放，除当地可能需要进行食品管制外，一般不需要采取厂外保护行动<br>——设施明显损坏。这类事故可能包括造成重大厂内修复困难的损坏，如动力堆堆芯部分熔化和非反应堆设施内发生的可比拟的事件<br>——一名或更多工作人员受到极可能发生早期死亡的过量照射 | 1973 年在英国温茨凯尔（现为塞拉菲尔德）后处理厂事故<br>1980 年在法国圣洛朗核电厂事故<br>1983 年阿根廷布宜诺斯艾利斯临界装置事故 |

续表

| 级别/名称 | 事件性质 | 实例 |
|---|---|---|
| 事件<br>3<br>重大事件 | ——放射性物质向外释放，使关键人群受到十分之几 mSv 量级剂量的照射。对于这类释放，可能不需要采取厂外保护措施<br>——造成工作人员受到足以引起急性健康效应的剂量的厂内事件和（或）造成污染严重扩散的事件，例如几千 TBq 的放射性物质释放进入一个二次包容结构，此时放射性物质还可以令人满意返回贮存容器中去<br>——安全系统再发生故障可能造成事故工况的事件，或如果发生某些始发事件安全系统将不能防止事故的状况 | 1989 年西班牙范德略斯核电厂事故 |
| 2<br>事件 | ——安全所示明显失效，但仍有足够的纵深防御，可以应付进一步故障事件。包括实际故障定为 1 级、但暴露出另外的明显组织体系缺陷或安全文化缺乏的事件<br>——造成工作人员受到超出规定年剂量限值的剂量的事件和（或）造成设施内有显著量的放射性存在于设计未考虑区域内并且需要纠正行动的事件 | |
| 1<br>异常 | ——超出规定运行范围但仍保留有明显的纵深防御的异常情况。这可能归因于设备故障、人为差错或规程不当，并可能发生于核和辐射实践活动覆盖的任何领域，如电厂运行、放射性物质运输、燃料操作和废物贮存。实例有：违反技术规格书或运输规章，没有直接安全后果但暴露出组织体系或安全文化方面不足的事件，管道系统中超出监督预期的较小缺陷 | |
| 偏差<br>0<br>低于分级范畴 | ——偏差没有超出运行限值和条件，并且依照适当的规程得到正确的管理。实例有：在定期检查或试验中发现冗余系统中有单一的随即故障，正常进行的计划性反应堆保护停堆，没有明显后果的保护系统假信号触发，运行限值内的泄漏，无更广泛安全文化意义的受控区域内较小的污染扩散 | 在安全上无重要意义 |

表 3-11　我国对辐射事故分级

| 级别/名称 | 事件性质 |
|---|---|
| 特别重大辐射事故 | 指 I 类、II 类放射源丢失、被盗、失控造成大范围严重辐射污染后果，或者放射性同位素和射线装置失控导致 3 人以上（含 3 人）急性死亡 |
| 重大辐射事故 | 指 I 类、II 类放射源丢失、被盗、失控，或者放射性同位素和射线装置失控导致 2 人以下（含 2 人）急性死亡或者 10 人以上（含 10 人）急性重度放射病、局部器官残疾 |
| 较大辐射事故 | 指 III 类放射源丢失、被盗、失控，或者放射性同位素和射线装置失控导致 9 人以下（含 9 人）急性重度放射病、局部器官残疾 |
| 一般辐射事故 | 指 IV 类、V 类放射源丢失、被盗、失控，或者放射性同位素和射线装置失控导致人员受到超过年剂量限值的照射 |

# 第六节 卫生应急响应

## 一、核事故卫生应急响应

**1. 应急状态分级** 核电厂的应急状态分为四级，即：应急待命、厂房应急、场区应急和场外应急（总体应急）。其他核设施的应急状态一般分为三级，即：应急待命、厂房应急、场区应急。潜在危险较大的核设施可实施场外应急（总体应急）。

（1）应急待命：出现可能危及核电厂安全的工况或事件的状态。宣布应急待命后，应迅速采取措施缓解后果和进行评价，加强营运单位的响应准备，并视情况加强地方政府的响应准备。

（2）厂房应急：放射性物质的释放已经或者可能即将发生，但实际的或者预期的辐射后果仅限于场区局部区域的状态。宣布厂房应急后，营运单位应迅速采取行动缓解事故后果和保护现场人员。

（3）场区应急：事故的辐射后果已经或者可能扩大到整个场区，但场区边界处的辐射水平没有或者预期不会达到干预水平的状态。宣布场区应急后，应迅速采取行动缓解事故后果和保护场区人员，并根据情况做好场外采取防护行动的准备。

（4）场外应急（总体应急）：事故的辐射后果已经或者预期可能超越场区边界，场外需要采取紧急防护行动的状态。宣布场外应急后，应迅速采取行动缓解事故后果，保护场区人员和受影响的公众。

**2. 国家级卫生应急响应**

（1）厂房应急状态：在厂房应急状态下，卫生部核和辐射应急办接到国家核应急办关于核事故的情况通知后，及时向卫生部核事故和辐射事故卫生应急领导小组有关领导报告，并通知卫生部核应急中心。卫生部核应急中心加强值班（电话 24 小时值班）。各专业技术部进入待命状态，做好卫生应急准备，根据指令实施卫生应急。

（2）场区应急状态：在场区应急状态下，卫生部核和辐射应急办接到国家核应急办关于核事故的情况通知后，卫生部核和辐射应急办主任和卫生部核事故和辐射事故卫生应急领导小组有关领导进入卫生部核事故和辐射事故卫生应急指挥中心指导应急工作。卫生部核应急中心各专业技术部进入场区应急状态，做好卫生应急准备，根据指令实施卫生应急。卫生部核事故和辐射事故卫生应急领导小组及时向国家核事故应急协调委员会（以下简称国家核应急协调委）报告卫生应急准备和实施卫生应急的情况。

（3）场外应急（总体应急）状态：在场外应急（总体应急）状态下，卫生部核和辐射应急办接到国家核事故应急协调委员会关于核事故卫生应急的指令后，卫生部核事故和辐射事故卫生应急领导小组组长和有关人员进入卫生部核事故和辐射事故卫生应急指挥中心，指挥卫生应急行动。卫生部核应急中心各专业技术部进入场外应急状态，按照卫生部核和辐射应急办的指令实施卫生应急任务。卫生部核事故和辐射事故卫生应急领导小组及时向国家核事故应急协调委员会报告卫生应急的进展情况。

（4）卫生应急响应终止：核事故卫生应急工作完成，伤病员在指定医疗机构得到救治，卫生部核事故和辐射事故卫生应急领导小组可宣布核事故卫生应急响应终止，并将响应终止的信息和书面总结报告及时报国家核事故应急协调委员会。

3. **地方卫生应急响应** 突发核事故需要进行核事故卫生应急时,地方核事故卫生应急组织根据地方核事故应急组织或卫生部核事故卫生应急领导小组的指令,实施卫生应急,提出医疗救治和保护公众健康的措施和建议,做好核事故卫生应急工作,必要时可请求上级核事故卫生应急组织的支援。

(1)伤员分类:根据伤情、放射性污染和辐射照射情况对伤员进行初步分类。

(2)伤员救护:对危重伤病员进行紧急救护,非放射损伤人员和中度以下放射损伤人员送当地卫生行政部门指定的医疗机构救治,中度及以上放射损伤人员送省级卫生行政部门指定的医疗机构或核和辐射损伤救治基地救治。为避免继续受到辐射照射,应将伤员迅速撤离事故现场。

(3)受污染伤员处理:对可能和已经受到放射性污染的伤员进行放射性污染检测,对受污染伤员进行去污处理,防止污染扩散。

(4)受照剂量估算:收集可供估算人员受照剂量的生物样品和物品,对可能受到超过年剂量限值照射的人员进行辐射剂量估算。

(5)公众防护:根据需要发放和指导服用辐射防护药品,指导公众做好个人防护,开展心理效应防治;根据情况提出保护公众健康的措施建议。

(6)饮用水和食品的放射性监测:参与饮用水和食品的放射性监测,提出饮用水和食品能否饮用和食用的建议。

(7)卫生应急人员防护:卫生应急人员要做好个体防护,尽量减少受辐射照射剂量。

核事故卫生应急流程见图3-3,核事故卫生应急处理流程见图3-4。

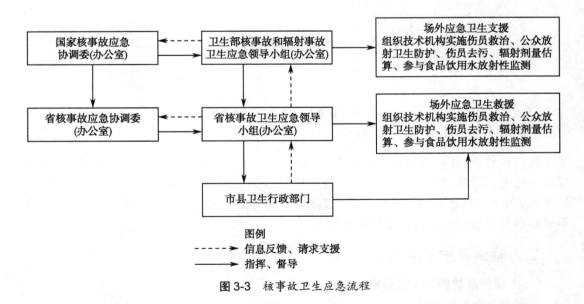

图3-3 核事故卫生应急流程

4. **卫生应急响应评估** 进程评估:针对核事故卫生应急响应过程的各个环节、处理措施的有效性和负面效应进行评估,对伤员和公众健康的危害影响进行评估和预测,及时总结经验与教训,修订技术方案。

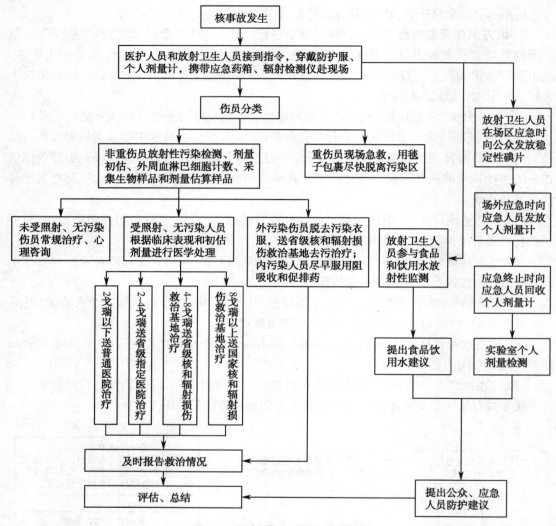

**图 3-4　核事故卫生应急处理流程**

终结评估：核事故卫生应急响应完成后，各相关部门应对卫生应急响应过程中的成功经验及时进行总结，针对出现的问题及薄弱环节加以改进，及时修改、完善核事故卫生应急预案，完善人才队伍和体系建设，不断提高核事故卫生应急能力。评估报告上报同级人民政府核事故应急组织和上级卫生行政部门。

## 二、辐射事故卫生应急响应

### （一）辐射事故的卫生应急响应分级

根据辐射事故的性质、严重程度、可控性和影响范围等因素，将辐射事故的卫生应急响应分为特别重大辐射事故、重大辐射事故、较大辐射事故和一般辐射事故四个等级。

特别重大辐射事故，是指Ⅰ类、Ⅱ类放射源丢失、被盗、失控造成大范围严重辐射污染后果，或者放射性同位素和射线装置失控导致 3 人以上（含 3 人）受到全身照射剂量大于 8 戈瑞。

重大辐射事故，是指Ⅰ类、Ⅱ类放射源丢失、被盗、失控，或者放射性同位素和射线装置失控导致2人以下（含2人）受到全身照射剂量大于8Gy或者10人以上（含10人）急性重度放射病、局部器官残疾。

较大辐射事故，是指Ⅲ类放射源丢失、被盗、失控，或者放射性同位素和射线装置失控导致9人以下（含9人）急性重度放射病、局部器官残疾。

一般辐射事故，是指Ⅳ类、Ⅴ类放射源丢失、被盗、失控，或者放射性同位素和射线装置失控导致人员受到超过年剂量限值的照射。

**（二）辐射事故的报告**

医疗机构或医师发现有患者出现典型急性放射病或放射性皮肤损伤症状时，医疗机构应在2小时内向当地卫生行政部门报告。

接到辐射事故报告的卫生行政部门，应在2小时内向上一级卫生行政部门报告，直至省级卫生行政部门，同时向同级环境保护部门和公安部门通报，并将辐射事故信息报告同级人民政府；发生特别重大辐射事故时，应同时向卫生部报告。

省级卫生行政部门接到辐射事故报告后，经初步判断，认为该辐射事故可能属特别重大辐射事故和重大辐射事故时，应在2小时内将辐射事故信息报告省级人民政府和卫生部，并及时通报省级环境保护部门和公安部门。

**（三）辐射事故的卫生应急响应**

辐射事故的卫生应急响应坚持属地为主的原则。特别重大辐射事故的卫生应急响应由卫生部组织实施，重大辐射事故、较大辐射事故和一般辐射事故的卫生应急响应由省级卫生行政部门组织实施。

**1. 特别重大辐射事故的卫生应急响应** 卫生部接到特别重大辐射事故的通报或报告中有人员受到放射损伤时，立即启动特别重大辐射事故卫生应急响应工作，并上报国务院应急办，同时通报环境保护部。卫生部核事故和辐射事故卫生应急领导小组组织专家组对损伤人员和救治情况进行综合评估，根据需要及时派专家或应急队伍赴事故现场开展卫生应急，开展医疗救治和公众防护工作。

辐射事故发生地的省、自治区、直辖市卫生行政部门在卫生部的指挥下，组织实施辐射事故卫生应急响应工作。

**2. 重大辐射事故、较大辐射事故和一般辐射事故的卫生应急响应** 省、自治区、直辖市卫生行政部门接到重大辐射事故、较大辐射事故和一般辐射事故的通报、报告或指令，并存在人员受到超剂量照射时，组织实施辖区内的卫生应急工作，立即派遣卫生应急队伍赴事故现场开展现场处理和人员救护，必要时可请求卫生部支援。

卫生部在接到支援请求后，卫生部核和辐射应急办主任组织实施卫生应急工作，根据需要及时派遣专家或应急队伍赴事故现场开展卫生应急。

辐射事故发生地的市（地）、州和县级卫生行政部门在省、自治区、直辖市卫生行政部门的指导下，组织实施辐射事故卫生应急工作。

（1）伤员分类：根据伤情、放射性污染和辐射照射情况对伤员进行初步分类。

（2）伤员救护：对危重伤病员进行紧急救护，非放射损伤人员和中度以下放射损伤人员送当地卫生行政部门指定的医疗机构救治，中度及以上放射损伤人员送省级卫生行政部门指定的医疗机构救治。为避免继续受到辐射照射，应尽快将伤员撤离事故现场。

（3）受污染人员处理：放射性污染事件中，对可能和已经受到放射性污染的人员进行放射性污染检测，对受污染人员进行去污处理，防止污染扩散。

（4）受照剂量估算：收集可供估算人员受照剂量的生物样品和物品，对可能受到超过年剂量限值照射的人员进行辐射剂量估算。

（5）公众防护：指导公众做好个人防护，开展心理效应防治；根据情况提出保护公众健康的措施建议。

（6）饮用水和食品的放射性监测：放射性污染事件中，参与饮用水和食品的放射性监测，提出饮用水和食品能否饮用和食用的建议。

（7）卫生应急人员防护：卫生应急人员要做好个体防护，尽量减少受辐射照射剂量。

辐射事故卫生应急流程见图 3-5，卫生应急处理流程见图 3-6。

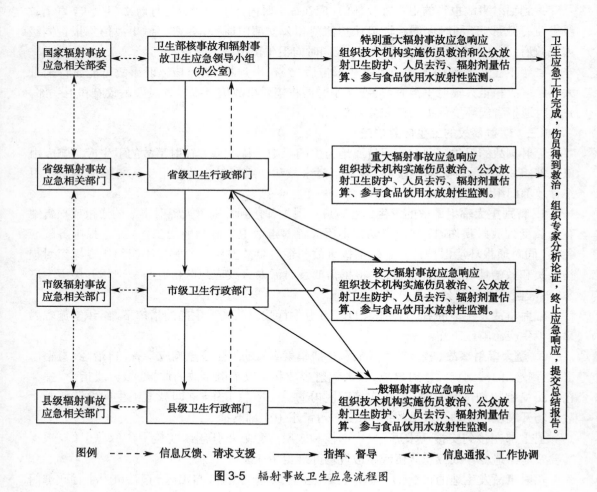

**图 3-5　辐射事故卫生应急流程图**

### （四）卫生应急响应终止

辐射事故的卫生应急工作完成，伤病员在医疗机构得到救治，卫生部核事故和辐射事故卫生应急领导小组可宣布特别重大辐射事故的卫生应急响应终止，并报国务院应急办公室备案，同时通报环境保护部；省、自治区、直辖市卫生行政部门可宣布重大辐射事故、较

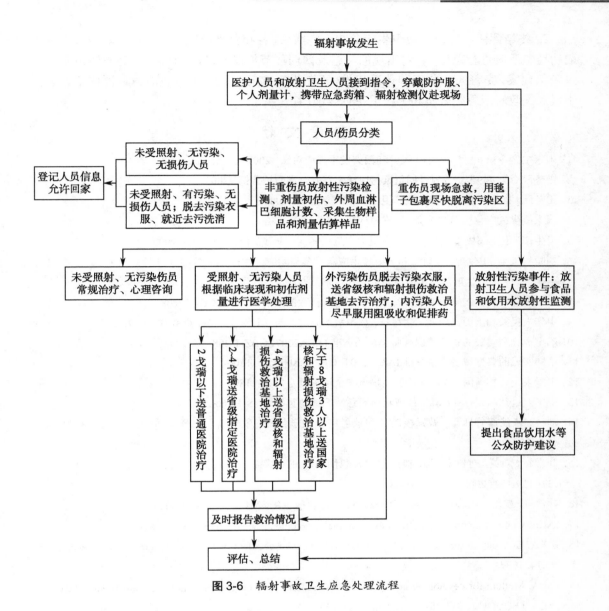

图 3-6 辐射事故卫生应急处理流程

大辐射事故和一般辐射事故的卫生应急响应终止，并报当地政府应急办公室备案，同时通报当地政府环保部门。

辐射事故卫生应急响应终止后，组织和参与卫生应急响应的地方卫生行政部门在一个月内提交书面总结报告，报送上级卫生行政部门，抄送同级环境保护部门和公安部门。重大辐射事故和较大辐射事故的卫生应急响应总结报告上报卫生部。

（五）卫生应急响应评估

**1. 进程评估** 针对辐射事故卫生应急响应过程的各个环节、处理措施的有效性和负面效应进行评估，对伤员和公众健康的危害影响进行评估和预测，及时总结经验与教训，修订技术方案。

**2. 终结评估** 辐射事故卫生应急响应完成后，各相关部门应对卫生应急响应过程中的成功经验及时进行总结，针对出现的问题及薄弱环节加以改进，及时修改、完善辐射事故卫生应急预案，完善人才队伍和体系建设，不断提高辐射事故卫生应急能力。评估报告上报本级人民政府应急办公室和上级卫生行政部门。

# 参 考 文 献

1. 国家主席令第 69 号. 中华人民共和国突发事件应对法. 2007

2. 国务院令第 449 号. 放射性同位素与射线装置安全和防护条例. 2005

3. 国务院. 国家突发公共事件医疗卫生救援应急预案. 2006

4. 国家核事故应急协调委员会. 国家核应急预案. 2006

5. 卫生部. 卫生部核事故和辐射事故卫生应急预案. 卫应急发 [2009]101 号. 2009

6. 国防科工委、卫生部. 放射源和辐射技术应急准备与响应. 科工二司 [2003]147 号. 2003

7. 卫生部. 全国卫生部门卫生应急管理工作规范. 2007

8. 中华人民共和国国家职业卫生标准. 基于危险指数的放射源分类. GBZ/T 208

9. 中华人民共和国国家职业卫生标准. 核事故场外应急医学计划与准备. GBZ/T 170-2006

10. 确定设施和实践的紧急情况威胁类型的标准 IAEA2007，GBZ/T 208

11. 不同实践的典型威胁类型标准 IAEA 2007，GBZ/T208，GB 11806

12. 中华人民共和国国家标准. 放射性物质安全运输规定. GB 11806

13. 中华人民共和国行业标准. 核或辐射紧急情况威胁类型. WS/T 366-2011

14. 刘英. 依法履行职责，做好核应急和放射应急医学救援. 中华放射医学与防护杂志，2008，28（4）：426-428

15. 叶常青，刘英，刘长安，等. 核或放射紧急情况的威胁等级. 中国急救复苏与灾害医学杂志，2008，3（3）：129-133；2008，4（3）：193-196

16. 叶常青，袁龙. 国际核和辐射事件分级表. 中国辐射卫生，2012，21（3）：312-314

17. IAEA. Convention on early notification of a nuclear accident. Legal Series No.14. 1987

18. IAEA. Convention on assistance in the case of a nuclear accident or radiological emergency. Legal Series No.14. 1987

19. IAEA. Method for developing arrangements for response to a nuclear or radiological emergency, Updating IAEA-TECDOC-953（EPR-METHOD2003），IAEA. Vienna，2003

20. IAEA. Method for developing arrangements for response to a nuclear or radiological emergency, Updating IAEA-TECDOC-953（EPR-METHOD2003），IAEA. Vienna，2003

21. WHO. International Health Regulations（2005）. Fifty-eighth World Health Assembly. A58/55. 2005

22. IAEA. Generic procedures for medical response during a nuclear or radiological emergency. EPR-MEDICAL（2005）. 2005

23. IAEA. EPR-MEDICAL，Generic Procedures for medical during a nuclear or radiological emergency，Co-sponsored by IAEA and WHO.2005

24. IAEA，IAEA-EPR-FIRST RESPONDERS，Manual for first responders to a radiological emergency，Jointly sponsored by CTIF，IAEA，PAHO，WHO，2006

25. IAEA Safety Standards Series No. GS-G-2.1 arrangements for Preparedness for a nuclear or radiological

emergency, Jointly sponsored by FAO, IAEA, ILO, OECD/NEA, PAHO, OCHA, WHO, IAEA, Vienna. 2007

26. ICRP Publication 111, Application of the Commission's Recommendations to the Protection of People Living in Long-term Contaminated Areas after a Nuclear Accident or a Radiation Emergency.2011

# 第四章 >>>

## 应急干预与辐射防护

### 第一节　干预的概念与基本原则

#### 一、干预的概念

在核电厂（或其他潜在危险较大的核设施）发生核事故的情况下，为减少事实上已存在的照射（例如事故照射），需要进行辐射事故应急干预，通过变更已存在的照射原因，限定已存在的照射途径，以及改变人们的习惯、行动和生活环境，以防止其受到照射。

在核辐射事故应急干预中，以下几个名词术语非常重要。

干预水平指在干预中采取某一特定防护行动时预计可以防止的剂量。

防护行动是指为避免或减少公众成员在持续照射或应急照射情况下的受照剂量而进行的一种干预。

预期剂量指若不采取防护行动或补救行动，预期会受到的剂量。

可防止剂量指采取防护行动所减少的剂量，即在采取防护行动的情况下预期会受到的剂量与不采取防护行动的情况下预期会受到的剂量之差。这是干预中最关键的概念之一。

隐蔽是应急防护措施之一，指人员停留（或进入）室内，关闭门窗及通风系统，其目的是减少放射性烟羽所致外照射剂量和放射性物质吸入后所致内照射剂量，也可以减少来自放射性沉积物的外照射剂量。

撤离是应急防护措施之一，指将人们从受影响区域紧急转移，以避免或减少放射性烟羽或高水平放射性沉积物产生的照射剂量。该措施为短期措施，预期人们在预计的某一有限时间内可返回原地区。

避迁是应急防护措施之一，指人们从受污染地区迁出，以避免或减少地面放射性物沉积的长期累积剂量。避迁时间一般为几个月到1~2年，或因难以确切预计返回时间而暂不考虑返回。

稳定性碘是含有非放射性碘的化合物，在事故可能或已经导致放射性碘同位素释放的情况下，将其作为一种防护药物，在适当的时期分发给居民使用，以降低甲状腺的受照剂量。

#### 二、干预的基本原则

按照 GB 18871-2002 的有关规定，在核辐射事故情况下，采取干预措施应服从以下基本原则：

1. 在干预情况下，为减少或避免照射，只要采取的防护行动或补救行动是正当的，则应采取这类行动。如果任何个人所受的预期剂量（而不是可防止的剂量）或剂量率会接近可能导致严重损伤的阈值，则采取防护行动几乎总是正当的。在这种情况下，对任何不采取紧急防护行动的决策，必须对其正当性进行判断。

2. 任何这类防护行动或补救行动的形式、规模和持续时间均应是最优化的，使在通常的社会和经济情况下，从总体上考虑，能获得最大的净利益。

3. 在应急照射情况下，除非超过或可能超过旨在保护公众成员的干预水平或行动水平，否则一般不需要采取防护行动。

4. 在持续照射情况下，除非超过有关行动水平，否则一般不需要采取补救行动。

国际放射防护委员会（ICRP）第 60 号出版物及国际原子能机构（IAEA）安全标准丛书第 GS-R-2 号等报告中也指出了进行干预的三条基本原则，以保证在核辐射事故情况下对公众采取适当的防护措施：

1. 应作出所有可能的努力，以防止发生严重的确定性效应。

2. 干预的合理性：任何所建议的干预必须利大于弊。

3. 干预的最优化：任何干预的形式、规模及持续时间均必须是最优化的，以使产生最大的净利益。

从上文可知，虽然具体的表述不同，但 GB 18871-2002 和国际放射防护委员会（ICRP）及国际原子能机构（IAEA）等国际组织所提出的干预的基本原则最终目的是一致的，即在采取干预措施时，应该保证利益大于代价，将有关人员的受照剂量降至合理的、可能达到的尽可能低的水平。

# 第二节 应急防护措施

核事故情况下，对人员（主要是事故周围的居民及应急人员）采取适当防护措施可减少人员受照剂量。防护措施可分为紧急防护措施和长期防护措施。紧急防护措施要求在事故发生后短时间内就应作出启动这些措施的决定，包括：隐蔽、服用稳定性碘、撤离、控制出入、人员体表去污、更换衣服以及穿防护服等。长期防护措施包括：临时性避迁、永久性重新定居、控制食品和饮用水以及建筑物和地表消除污染等。

## 一、隐蔽

核事故早期阶段，大量的放射性核素释放到大气中，携带放射性核素的烟羽在事故周边的区域进行扩散和漂移，对接触的人员造成照射。这时隐蔽是一种切实可行的防护措施。人们躲避在建筑物内，关闭门窗和通风系统，并采取适当的个人防护措施，可以减少放射性烟羽产生的外照射和吸入放射性核素后产生的内照射。

人员隐蔽于建筑物内可使来自放射性烟羽的外照射剂量减少 50%～90%，关闭门窗和通风系统可以减少由于吸入含有放射性物质所产生的内照射的剂量，同时隐蔽也可以降低由沉降于地面的放射性核素所致的外照射剂量。上述照射剂量的减弱程度与建筑物的类型和人员的位置密切相关，建筑物越大，减弱效果越明显，砖墙建筑物或大型商业结构可将外照射剂量降低一个数量级或更多。国际原子能机构关于各类建筑物对烟羽外照射和地面沉积外照射的平均减弱因子见表4-1。

表4-1　各类建筑物对沉积外照射的减弱因子[1]

| 建筑物 | 减弱因子[2] |
|---|---|
| 砖建筑物 | 0.05～0.3 |
| 小型多层建筑物 | |
| 　一层、二层 | 0.05 |
| 　地下室 | 0.01 |
| 大型多层建筑物 | |
| 　地面各层 | 0.01 |
| 　地下室 | 0.005 |

注:[1]国际原子能机构安全丛书第81号;[2]减弱因子为射线穿过屏蔽物之前与之后的剂量率之比

一般认为在无可能实施预防性撤离情况下,隐蔽被认为是一种在事故早期可供选择的紧急防护行动中较易实施、有效、困难及代价都较小的措施。但短时间内通知大量人员采取隐蔽措施并不容易,特别是事先无计划隐蔽,而且如果处置不当,可引起社会、医学和心理等方面的问题。隐蔽时间一般认为不宜超过2天。

2011年3月11日14时46分(当地时间,以下同),日本本州岛东北海岸发生9.0级地震。受到地震引发海啸的影响,日本福岛核电站1号、2号、3号机组相继停机,由于余热不能及时导出,发生锆水反应,产生氧化锆和氢气,氢气积累到一定程度后与空气中氧气反应,引发爆炸,造成核泄漏。事故发生后,东京电力公司(简称"东电")立刻通知政府当局,宣布进入"一级紧急状态"。日本政府于3月11日指示,福岛第一核电站周围3～10km范围内屋内隐蔽,3月12日指示,福岛第二核电站周围3～10km范围内屋内隐蔽,3月15日指示,福岛第一核电站周围半径20～30km范围内屋内隐蔽,4月22日解除20～30km范围内隐蔽指令。通过隐蔽,福岛第一核电厂周边人员的受照剂量得到了较好的控制。

## 二、服用稳定性碘

服用稳定性碘是阻止和减少人体甲状腺对吸入和食入的放射性碘吸收的一种有效措施。碘进入人体后主要蓄积在甲状腺,在放射性碘摄入前服用稳定性碘,使甲状腺达到饱和状态,就可以阻止甲状腺对放射性碘的吸收,从而达到保护人体的目的。需要说明的是服用稳定性碘只是对放射性碘的防护有作用,对其他放射性核素的防护几乎没有效果。服用稳定性碘一般不单独采用,常与隐蔽、撤离等措施同时进行。

一次服用100mg碘(相当于130mg碘化钾或170mg碘酸钾),一般在5～30分钟内就可阻止甲状腺对放射性碘的吸收,甲状腺大约在一周后恢复对碘的正常吸收。服碘时间对防护效果有明显的影响。在摄入放射性碘前或摄入后立即服用效果最好。最迟应在放射性碘进入人体6小时内服用稳定性碘,但在放射性碘持续或多次进入人体内的情况下,服用稳定性碘的时间不受上述限制。一般来说在摄入放射性碘前6小时之内服用,对放射性碘的防护效果可以达到100%;在摄入放射性碘同时服用,防护效果可达90%,在吸入放射性碘6小时后服用,防护效果可达50%;12小时后服用几乎没有效果。

以碘化钾为例，WHO 推荐的不同年龄组服用的单次剂量如下：对 12 岁以上和成年人推荐的服用剂量为每次 130mg；3 岁至 12 岁儿童用药量为成人用药量的 1/2；1 个月至 3 岁儿童用药量为成人用药量的 1/4；新生儿（出生至 1 个月）用药量为成人用药量的 1/8。稳定性碘通常只能服用一次，特殊情况下可连续服用不超过十次。主管部门应该保证当放射性碘的吸收一降到所设置的水平以下时，人们就立即不再服用稳定性碘。

服用稳定性碘的一般原则如下：

1. 凡确定、估计或预计公众有体内放射性碘污染，而且甲状腺预期待积剂量为 100mGy 时，应采取服碘的干预行动。

2. 凡确定、估计或预计从事干预的工作人员体内放射性碘污染量超过 1 个年摄入量限值（ALI），或被疑体内放射性碘污染较高的人员，必须尽早服用稳定性碘。放射性碘同位素的年摄入量限值列在表 4-2 中。

表 4-2　7 种放射性碘核素对放射工作人员的年摄入量限值[1]

| 碘核素质量数 | 物理半衰期 | 放射工作人员的 ALI, Bq | |
| --- | --- | --- | --- |
| | | 食入 | 吸入 |
| 123 | 13.2 小时 | $9.5 \times 10^7$ | $1.8 \times 10^8$ |
| 125 | 60 天 | $1.3 \times 10^6$ | $2.7 \times 10^6$ |
| 131 | 8.06 天 | $9.1 \times 10^5$ | $1.8 \times 10^6$ |
| 132 | 2.28 小时 | $6.9 \times 10^7$ | $1.0 \times 10^8$ |
| 133 | 20.3 小时 | $4.6 \times 10^6$ | $9.5 \times 10^6$ |
| 134 | 52.5 分钟 | $1.8 \times 10^8$ | $2.5 \times 10^8$ |
| 135 | 6.8 小时 | $2.2 \times 10^7$ | $4.3 \times 10^7$ |

注：在同时摄入几种放射性碘核素的情况下，通常要求满足下式：

$$\sum_i I(i)/ALI(i) < 1$$

式中：$I(i)$ 是一年内 i 种放射性碘核素的年摄入量，Bq；

　　　$ALI(i)$ 是 i 种放射性碘核素的年摄入量限值，Bq

注：[1]核与放射事故干预及医学处理原则（GBZ113-2006）

3. 婴儿和胎儿对碘较敏感，因此婴儿和妊娠妇女必须慎用稳定性碘，确需服用时，须严密观察，如有不良反应或副作用，应立即停药。

4. 个别人长期服用稳定性碘后会出现副作用，如甲状腺肿、甲状腺功能亢进、甲状腺功能减退、引起皮肤病学反应，有时还可能加重心脏疾病、肾脏疾病及肺结核病情，因此，不建议出现上述症状的人群长期服用稳定性碘。

3 月 11 日，日本福岛核事故发生后，日本政府于 3 月 13 日制订向核电站附近居民发放碘片的计划，以控制有关公众对放射性碘的摄入。

## 三、撤离

核和辐射事故发生导致大量放射性物质释放时，撤离事故周边的人群是最有效的防护对策，可使人们避免或减少受到来自各种途径的照射。但也是各种对策中难度最大的一种，特别是在事故早期，如果进行不当，可能付出较大的代价，所以应对此制定周密的计划以避免造成人群接受比其他防护行动（如隐蔽）更大的剂量。在制订应急计划时，必须考虑多方面的因素。如事故大小和特点、撤离人员的多少及具体情况，可利用的道路、运输工具和撤离所需要时间，可利用的收容中心、地点、设施及气象条件等。

日本福岛核事故发生后，日本政府于 3 月 11 日指示，福岛第一核电站周围半径 3km 范围内撤离，3 月 12 日指示福岛第一核电站 10km、福岛第二核电站周围半径 3km 范围内撤离，由于事态进一步恶化，后又将半径分别扩大至 20km、10km。

## 四、个人防护

针对核事故中放射性物质释放的个人防护主要是对人员呼吸道和体表的防护。当空气被放射性物质污染时，普通公众可采用简易方法（如用手帕、毛巾、布料等捂住口鼻）进行呼吸道防护，这样可使吸入放射性物质所致内照射减少约 90%。对人员体表的防护可用各种日常服装，包括帽子、头巾、雨衣、手套和靴子等。当人们开始隐蔽或由污染区撤离时，可使用这些简易的防护措施。简易个人防护措施一般不会引起伤害，所花代价也小。但进行呼吸道防护时可能会对有呼吸系统疾病或心脏病的人员造成不利影响。

如果隐蔽的人员必须外出，应尽可能采取上述简易防护措施，避免体表或皮肤直接暴露在受放射性污染的空气中。

简易方法的防护效果与放射性物质的物理状态、粒子分散度、防护材料特点及防护物周围的泄漏情况等密切相关。

对已受到可疑放射性污染的人员应尽快进行去污。可采取用水淋浴的方法去污，并将受污染的衣服、鞋、帽子等脱下存放起来，直到以后有时间由专门的人员监测或处理。在实际操作中，要避免因人员去污而延误撤离或避迁，同时尽可能防止将放射性污染扩散到未受污染的地区。

## 五、控制进出口通路

一旦确定受放射性物质污染地区的人群隐蔽、撤离或避迁，就应采取控制进出口通路的措施。采取此对策可减少放射性物质由污染区向外扩散和避免进入污染区的人员受照射。采取此种措施的主要困难在于，若较长时间控制通路，人们就急于离开或返回自己家中，以便照料家畜或从封锁区抢运出货物或产品等。

日本福岛核事故发生后，为了控制放射性污染的扩散，日本政府决定于 4 月 22 日 0：00 起在福岛第一核电站周围 20km 设定警戒区，架设警告牌，禁止未经许可的人员进入。5 月 13 日，日本政府设立了临时返家申请中心，每天安排 500 人临时返家。

每个申请临时返家的灾民都必须要填写一份确认声明书。声明包括：进入警戒区后全程听从管理者的指挥；严守各项注意事项；离开警戒区后，要接受核辐射检查，封存被确认污染的物品；警戒区内的许多建筑因地震成为危房，要保持安全意识。

返家同行的包括警察、消防员、东京电力的员工、村政府的工作人员等。东京电力的人负责随时监控核辐射数值的变化，警察负责保障警戒区内的治安问题，消防员负责提醒警戒区内因地震而造成的危险路段，村政府的工作人员则负责返家灾民的联系工作。而管理者们时刻做好准备，如果核电站出现异常，保证全员能够快速撤退。

返家人员从避难所来到集合点，在这里进行各种准备。包括签署确认书，参加说明会，领取剂量仪、步话机和防护服，穿戴好全身的防护服——戴手套和口罩，用胶带将腿脚和袖口封牢，直到全副武装地坐上统一的大巴进入警戒区。两小时后，再乘坐大巴返回集合点。能够带到警戒区外的物品限于装满一个约 70cm 见方的塑料袋。在集合点，进行辐射检测和除污染的程序。最终结束返回各自住处。为了保障临时返家的绝对安全，日本政府还特意起草了一项法规——《临时返家法》，明文规定了临时返家的程序，以及对于返家者的种种要求：比如当天必须穿长袖衣服；返家途中不可以喝水以避免如厕导致污染；不可以把家禽和宠物以及食品带出；返家灾民不可以是儿童以及行动不便的老人等。

## 六、临时避迁

临时或暂时性避迁与撤离的主要区别在于采取行动的时间长短不同，如果照射量率没有高到需及时撤离，但长时间照射的累积剂量又较大，此时就可能需要有控制地将人群从受污染地区避迁。实施这一措施是为避免或减少在几个月内接受到来源于地面沉积放射性物质产生的高剂量照射。

临时避迁的紧迫性小于撤离。随着时间的推移，放射性衰变和自然过程（如雨水冲刷和气候风化作用）会降低事故地区的污染水平，使人员能返回并恢复在该地区的活动。可以在临时避迁的同时采取恢复措施（包括土地及建筑物、用品去污）以缩短临时避迁的时间。

如果受污染地区人口众多，执行避迁的代价和困难可能会比较大。所以，主管部门要充分了解污染程度及范围，并及时告知公众是否要避迁，如确需避迁，应认真做好组织和思想工作。

## 七、永久性再定居

长寿命放射性核素产生的照射剂量率下降较缓慢，人们为避免或减少这些核素照射的长期累积剂量而考虑自受污染地区迁出。如果预计在 1 年或 2 年内月累积剂量不会降至 10mSv，则考虑不再返回原来家园的永久再定居。当预计终身剂量可能会超过 1Sv 时，也应考虑实施永久再定居。

永久性再定居所需资源包括人员及财产的运输，新的住房及其基础设施，以及当新的基础设施建成之前收入的暂时损失。与持续性花费不同，这些资源主要是一次性投资。

## 八、消除放射性污染

消除放射性污染，主要包括建筑物和土地去污、对污染物的固定、隔离和处置等，以尽可能地恢复到事故前的状况，其目的是为了减少来自地面沉积放射性物质所产生的外照射，减少放射性物质向人体、动物和食品转移，降低放射性物质悬浮和扩散的可能性。由于去污后就可以恢复某些活动，因而去污通常要比长期封闭污染区的破坏性小。

通常去污操作越早效率越高，但推迟去污可利用放射性衰变和气候风化作用而使放射性水平降低，从而减少去污人员的集体剂量，所需费用也可以降低。

去污的困难、风险和代价在于：

1. 进行去污作业的工作人员可因外照射及吸入放射性核素而增加受照射剂量，所以相关工作人员必须采取防护措施。

2. 去污面积较大时，不仅所需花费大，贮存或处理大量放射性废物也是个困难问题。

福岛核事故放射性污染处理包括：在事故起始阶段和过程中，对怀疑受到一定程度的放射性表面污染的人员，脱除衣物、用肥皂和水进行去污。事故后，采取恢复性措施，对主要公共场所如厂矿、学校等的建筑物和泥土进行去污。

## 九、干预水平

干预水平用于确定核事故时进行干预（如对公众采取应急防护措施）的剂量或污染水平，一般是一个剂量范围。在某些欧洲共同体国家用"应急参考水平"表示"干预水平"，美国使用"防护行动水平"。

由联合国食品和农业组织、国际原子能机构、国际劳工局、泛美卫生组织以及世界卫生组织联合提案制定的《核或辐射应急准备和相应标准》给出了一套根据预期剂量或已接受剂量表示的一般标准。这套一般标准根据与参考水平范围 20～100mSv 相协调的预期剂量表示。如果在这一剂量水平采取防护行动，将避免所有确定性效应的发生，并且随机效应的风险将降至可接受的水平。如果一个防护行动执行有效，那么大部分预期剂量将得以避免。因此避免剂量的概念对评价单一防护行动或联合防护行动的有效性是有用的。避免剂量的概念代表着应急响应计划最优化中的一个重要组成部分。对单一防护行动在应用一般标准时，应执行应急响应计划的最优化过程。

表 4-3 中给出的甲状腺碘阻断的一般标准可以应用于一个紧急防护行动：①如果涉及放射性碘引起的照射；②在放射性碘释放之前或之后不久；③仅在放射性碘吸入之后的短时间内。可以执行造成较少混乱的防护行动例如隐蔽以降低剂量。

**表4-3 在紧急照射情况下为减少随机效应的风险执行防护行动和其他相应行动的一般标准[1]**

| 预期剂量超过以下一般标准：采取紧急防护行动和其他相应行动 | | |
|---|---|---|
| $H_{Thyroid}$[2] | 在最初 7 天内 50mSv | 甲状腺碘阻断 |
| $E$[3] | 在最初 7 天内 100mSv | 隐蔽；撤离；去污；限制食物、牛奶和水的消费 |
| $H_{Fetus}$ | 在最初 7 天内 100mSv | |
| 预期剂量超过以下一般标准：在响应早期采取紧急防护行动和其他响应行动 | | |
| $E$ | 每年 100mSv | 暂时再安置；去污；食物、牛奶和水的替代 |
| $H_{Fetus}$ | 在出生前的整个生长期内 100mSv | |
| 已接受剂量和剂量超过以下一般标准：采取较长期的医疗行动，检查并有效处理辐射诱发的健康效应 | | |
| $E$ | 1 个月内 100mSv | 基于等效剂量，对放射线敏感的特殊器官进行检查（作为医疗跟踪的基础）；专家咨询 |
| $H_{Fetus}$ | 在出生前的整个生长期内 100mSv | 专家咨询，指导针对具体情况作出合理决定 |

注：[1]《核或辐射应急准备和相应标准》（国际原子能机构安全丛书第 GSG-2 号）；[2]$H_T$，在一个器官或组织中的等效剂量 $T$；[3]有效剂量

GB18871-2002 给出了在任何情况下预期要进行干预的急性和持续照射剂量水平。表 4-4 给出了急性照射剂量水平。表中给出的数值是指 2 天内器官或组织预期的吸收剂量，当达到该剂量阈值时机体可能发生确定性效应。因此，任何情况下预期接受的剂量达到上述水平时，所采取的行动可以认为都是正当的。

表 4-4　在任何情况下预期要进行干预的急性照射剂量行动水平[1]

| 器官或组织 | 器官、组织2天内所受的预期吸收剂量（Gy） |
|---|---|
| 全身（骨髓） | 1 |
| 肺 | 6 |
| 皮肤 | 3 |
| 甲状腺 | 5 |
| 眼晶状体 | 2 |
| 生殖腺 | 3 |

注：[1]电离辐射防护与辐射源安全基本标准（GB18871-2002）；在考虑紧急防护的实际行动水平的正当性和最优化时，应考虑当胎儿在2天时间内受到大于0.1Gy的剂量时产生确定性效应的可能性

持续照射的剂量虽然是以年剂量率进行控制的，但当年平均剂量达到表4-5中所规定的剂量，就应该采取措施进行干预。

表 4-5　在任何情况下预期要进行干预的持续照射的剂量率水平[1]

| 器官或组织 | 吸收剂量率（Gy·a$^{-1}$） |
|---|---|
| 生殖腺 | 0.2 |
| 眼晶状体 | 0.1 |
| 骨髓 | 0.4 |

注：[1]电离辐射防护与辐射源安全基本标准（GB18871-2002）

通用干预水平是根据大多数事故情景和有代表性的条件经计算、分析和优化后得到的，主要是为应急计划和应急准备期间设计的，可作为建立操作干预水平的基础。表 4-6 给出了 IAEA 等国际组织推荐的对于紧急防护行动的通用干预水平，用可防止剂量表示。该通用干预水平是针对可能受照的群体平均剂量，而不是个人剂量。对于个体的预期最大受照剂量应保持在可能引发确定性效应的阈值以下。

隐蔽：在 2 天以内可以防止的剂量为 10mSv。决策部门可以建议在较短期间内的较低的干预水平下实施隐蔽，或者为便于执行下一步的防护对策（如撤离），也可以将隐蔽的干预水平适当降低。

临时撤离：在不长于一周的时间内可防止的剂量为 50mSv。当能够迅速和容易地完成撤离时（例如对小的人群），决策部门可以建议在较短期间内的较低的干预水平下开始撤离。在进行撤离有困难的情况下（例如大人群或交通工具不足）采取更高的干预水平则可能是合适的。

碘防护的通用优化水平是 100mGy（指甲状腺的可防止的待积吸收剂量）。

表 4-6　紧急照射情况下干预水平[1]

| 防护行动 | 干预水平（可防止剂量） |
|---|---|
| 隐蔽 | 10mSv（受照期不超过2天） |
| 疏散 | 50mSv（受照期不超过1周） |
| 服碘预防 | 100mSv（待积吸收剂量） |

注：[1]《核或放射紧急情况的应急准备与响应》（国际原子能机构安全丛书第 GS-R-2 号）

表 4-7 给出了 IAEA 等国际组织推荐的对于临时避迁及永久性重新定居的干预水平。开始和终止临时避迁通用优化干预水平是一个月内可防止的剂量为 30mSv 和 10mSv。如果预计在 1 年或 2 年内，月累积剂量不会降低到该水平以下，则应考虑实施不再返回原来家园的永久再定居。当预计终身剂量可能会超过 1Sv，也应考虑实施永久性重新定居。

**表 4-7  临时避迁及永久性重新定居的干预水平[1]**

| 防护行动 | 干预水平（可防止剂量） |
| --- | --- |
| 临时避迁 | |
| 　开始 | 30mSv（受照期 1 个月） |
| 　终止 | 10mSv（受照期 1 个月） |
| 永久性重新定居 | 10～30mSv（预计到 1～2 年内 1 个月的累积剂量不低于此值） |
| | 1Sv（终身累积剂量） |

注：[1]《核或放射紧急情况的应急准备与响应》（国际原子能机构安全丛书第 GS-R-2 号）

导出干预水平是干预水平相应的环境中放射性活度水平或剂量率，它们是直接与实际监测机构相比较的量。例如，放射性核素在空气中的时间积分浓度、初始地面沉积浓度、食物和水的初始峰值浓度、环境中的外照射剂量水平等。在核辐射事故情况下，干预水平是采取防护措施的主要决策依据，但在实际工作中，事故性释放后的监测结果是以环境污染水平或辐射水平来表示的。为应用的简洁方便，使环境监测结果与干预水平迅速比较以及时判定人员受照剂量，应事先根据干预水平和具体受照情况，推算出相应的导出干预水平。事故时，直接将监测结果与导出干预水平比较，即可迅速估计出人员可能受照的剂量，判定是否采取以及采取何种防护措施。

## 十、食品和水污染干预

为控制食品和水污染而进行的干预，虽然应及时进行，但通常并不认为是紧急的，一般在核事故的中后期根据污染程度确定干预措施，包括以下内容：在核事故发生后，应对食品和水进行监测，再根据实际情况采取相应措施以降低食品及水的污染水平。干预可安排在食品生产和分配的不同阶段进行。对植物或土地直接处理，可避免放射性核素被吸收到农作物和动物饲料中；改用干净的饲料或避免家畜在野外放牧以及对动物进行特殊的处理，可减少放射性核素转移到随后的食品中；在出售前对食品进行适当处理，如蒸煮、洗涤、去皮，或在低温下保存，使短寿命的放射性核素自行衰变，都可降低其污染水平；若使用上述方法仍不能使食品放射性降低到可接受的水平，则应该禁止销售该食品。对于受污染的水，可用混凝、沉淀、过滤机离子交换等方法消除污染。通常，在能够得到未受污染的食品和饮用水供应情况下，采取禁止销售及食用和饮用受放射性污染的食品和水的措施。

国际粮农组织（FAO/WHO）食品法典委员会（CAC）发布了 CAC/GL 5-2006，其中制定了针对核或放射紧急情况污染后进入国际贸易的食品中放射性核素活度浓度的指导水平（GLs），并将其收入正式的法典标准（CODEX STAN 193-1995）的最近一次修订版中。CAC/GL 5-2006 规定的食品中放射性核素分组及其指导水平见表 4-8。

我国也制定了相应的食品安全国家标准，规定了食品中放射性核素通用行动水平，与 CAC/GL 5-2006 中规定的水平一致。

**表4-8　CAC/GL 5-2006规定的食品中放射性核素指导水平**

| 食品类别 | 代表性核素 | 假设食品年消费量（kg） | 指导水平（Bq/kg） |
|---|---|---|---|
| 婴儿食品 | $^{238}$Pu, $^{239}$Pu, $^{240}$Pu, $^{241}$Am | 200（婴儿） | 1 |
| | $^{90}$Sr, $^{106}$Ru, $^{129}$I, $^{131}$I, $^{235}$U | | 100 |
| | $^{35}$S*, $^{60}$Co, $^{89}$Sr, $^{103}$Ru, $^{134}$Cs, $^{137}$Cs, $^{144}$Ce, $^{192}$Ir | | 1000 |
| | $^{3}$H**, $^{14}$C, $^{99}$Tc | | 1000 |
| 除婴儿食品外的其他食品 | $^{238}$Pu, $^{239}$Pu, $^{240}$Pu, $^{241}$Am | 550（成人） | 10 |
| | $^{90}$Sr, $^{106}$Ru, $^{129}$I, $^{131}$I, $^{235}$U | | 100 |
| | $^{35}$S*, $^{60}$Co, $^{89}$Sr, $^{103}$Ru, $^{134}$Cs, $^{137}$Cs, $^{144}$Ce, $^{192}$Ir | | 1000 |
| | $^{3}$H**, $^{14}$C, $^{99}$Tc | | 10 000 |

注：*代表有机结合硫的数值；**代表有机结合氚的数值

日本大地震后，日本厚生劳动省于3月17日宣布，基于《日本食品卫生法》的立法目的，即通过实施法规和其他必要措施预防由食品或饮用水导致的健康危害，从公众健康角度确保食品安全，从而保护公众健康，采纳日本核安全委员会制定的《食品和饮用水摄入相关限值指标》作为暂行规定值，同时制定了监测应遵循的技术规范。3月21日起，根据检测结果陆续对福岛核电站周边地区的食品、饮用水等进行限制，4月8日起，根据检测结果陆续解除上述限制。

## 十一、对人员的医学处理

在核事故中，一些人员可能受到超过剂量限值的照射，少数人员甚至可能会引起不同类型、不同程度的放射性损伤或其他损伤，需在不同水平的医疗单位进行分级处理。对皮肤污染要及时进行去污，对体内污染的促排则应在专门的医学监护下进行。

对受到小剂量照射的人员，医务人员应向他们做好解释工作，以消除顾虑。对决定采取防护措施地区以外的人员，虽未受干扰，风险也很小，但他们会对家人、自己、家畜和财产等担心，此时医务人员也需要向他们做解释。对事故受照人员及其后代进行长期医学观察也是一项重要的任务，应该对受照人员进行登记、分类，并根据受照剂量进行有目的的医学监督，以分析随机性效应（致癌和遗传效应）及对事故的精神心理反应。

# 第三节　心理干预

在灾难面前，受灾者以及救援人员都可能因突发的事故冲击而引发不同程度的社会心理反应，轻者很快消失，重者可影响心理健康。核与辐射事故可造成很大社会心理影响，引起公众心理紊乱、焦虑、恐慌和长期慢性心理应激。这种不良的社会心理效应，危害可能比辐射本身导致的后果更严重，此时，进行心理干预有着非常重要的积极作用。

## 一、核和辐射突发事件的心理特点

随着经济的快速发展及核辐射技术的广泛应用，一般公众日常接触到人工辐射的机会大大增加，此外，由于公众健康权益的觉醒，核辐射健康效应及心理学应对日益受到公众关注。

与其他突发事件相比,核和辐射事突发事件的心理特点主要表现在以下几个方面:

1. 与其他突发事件不同,核辐射看不见、摸不着、无色无味、无法感知。如果不借助于专门的仪器设备,公众不知道身处危险。

2. 一般公众,包括部分卫生和医学专业人员,缺乏辐射致健康效应的知识,简单地将核和辐射事故与原子弹、畸形、白血病等划等号,容易对核和辐射事故产生恐惧。

3. 核和辐射事故的特点是伤亡人数不是很多,但是对社会和公众的影响范围较广。尤其是核电站发生重大核事故,由于影响范围广、持续时间长,还可能造成环境以及食品和水的放射性污染,严重干扰、破坏正常的生活和生产秩序,从而加剧了公众的社会心理效应,可能引起公众恐慌,并由恐慌导致各种社会或经济混乱。

## 二、出现心理反应的信号

出现心理反应的信号主要表现在以下几个方面:

1. **急性应激的体征与症状**　急性应激的体征与症状表现为筋疲力尽、胃肠不适、疑病症、食欲改变、睡眠紊乱、战栗与风疹、头痛、心率加快,血压升高、胸痛等。

2. **情绪信号**　情绪信号表现为抑郁、易怒、焦虑、兴奋过度、盛怒、隔离、孤立等。

3. **认知信号**　认知信号表现为反应迟钝或困惑、决策不能、失去评价自我功能执行情况的客观能力、计算能力下降、记忆力和注意力降低等。

4. **行为信号**　行为信号主要表现为反应过度、极端疲惫、不能自我语言表达或书写等。

## 三、核事故情况下的心理干预

为减轻、防止或解决核事故造成的社会心理影响,应该对应急人员和公众采取干预措施。

### (一)应急人员的心理干预

在重大应急事件或事故包括核辐射突发事件中,通常认为,警察、医务人员包括医学救援小分队成员因为受过培训而对应激有免疫,实际不然,这些工作人员由于在必须承担的应急工作中见到更血腥、更残酷的景象和更多生命的失去而不能避免受到应激的影响。

影响应急人员心理压力的因素主要表现在以下几个方面:灾难的性质与特征影响应急人员的心理压力程度;个人经历及性格也影响应急人员是否容易出现心理压力与应激;个人损失或受伤、突然碰到死亡、行动失败是心理压力刺激因素;不能挽救的生命、仪器设备损坏、不可满足的需求会加重心理压力与应激。

年龄较大、有经验及充满使命感、敢于应对挑战、良好的控制能力是保护因素;神经过敏、其他精神失调是负面因素,可能增加救援后的心理压力与应激。

应急人员的心理干预主要包括以下内容:

1. **应急人员的干预原则**　主要包括:应急人员应定时休整,休整地要离开事发地,避免与受灾者互动;应急人员之间要共享救援经验,互相关心、帮助、提醒和鼓励;进行适当的自我表扬;救援中应处处小心,避免污染和不必要的照射。

2. **应急队员的个人装备**　个人装备主要包括必要的设备(剂量报警仪、个人剂量计、防护服、呼吸防护器/口罩等),可防止队员在救援中受到不必要的照射,减少心理恐慌,减轻事故应激心理反应。

3. **灾难前的干预**　应加强与有实战经验的队员的交流,多开展实景模拟培训与演习,以减轻队员的心理压力。应急救援前可以通过事先计划与预案、建立信息中心、为队员提供辐射的基本知识，开展相关培训，通过动员、鼓舞士气和制定参考水平等方法减轻核辐射应激心理反应。

**4. 灾难中的干预**　主要包括以下内容：队长应告知队员现场真实的情况，队员家庭成员的位置和处境，使其做好精神准备。

**5. 灾难后的干预**　队员出现一些应激反应信号是正常的，只有持续时间超过 6 周才需要寻求专业精神医师帮助。事故后应即时进行总结表彰和对需要者提供心理咨询。

**（二）公众的心理干预**

当事故发生后，部分公众尽管与事件无关，但通过媒体和相互间的传播，较易产生心理压力，对这部分人群的心理干预措施包括：

1. 应加强对公众的宣传教育，使其对辐射性质、危害、防护措施等，有科学、正确的认识。

2. 事故发生后，应重视舆论导向，做好信息服务，发布信息要及时、全面、统一和明确，避免因信息不透明而引发公众恐慌。

3. 及时向公众提供正确的健康教育信息和自我识别症状的方法，指导积极应对，消除恐惧。

**（三）受灾者的心理干预**

对于核事故中的受灾者，因经历亲人的逝去、自身的伤残、经济的损失等，非常容易产生不良情绪，甚至发展到心理应激障碍。对此应采取的心理干预措施包括：

1. 应急人员应尽量保持其家庭成员在一起或确知对方下落，以减轻受灾者的焦虑情绪；建立对灾难恢复的实际的真实认识，预测未来可能出现的问题，提供应对指导意见，消解受灾者的恐慌和不安全感；提供发泄愤怒、恐惧、挫折和悲伤的机会，使不良情绪及时疏导。

2. 与受灾者进行一对一的谈话或将具有同类问题的受灾者组成小组，进行共同讨论。专业人员的指导可以缓解受灾者的心理恐慌，同时也能有效控制受灾者长期的焦虑、烦躁、全身不适等紧张相关的灾后综合征。

3. 对于事故后少数心理应激不能缓解的受灾者，应提供催眠疗法、精神分析法、行为疗法等专业性治疗。

# 第四节　媒体交流

核辐射突发事件对政治、经济和社会的影响往往远大于核辐射直接导致的健康影响与伤亡，如果应对不当会引起公众恐慌，引发危机事件。因此，公众沟通、媒体交流和信息发布在核辐射突发事件应急处置中占有重要地位。其中及时、公开、透明、科学的信息发布、媒体交流对排解公众心理恐慌、维护社会稳定和保障国家安全具有重要的现实意义。

## 一、核和辐射突发事件导致公众心理恐慌的原因分析

一般公众在辐射对健康影响方面的认知程度较低，存在很多认知误区。以下两例放射事故引发公众恐慌的事件值得引发我们深思。

**1. 关于"杞人忧钴"事件的思考**　2009 年 6 月 7 日，河南杞县利民辐照厂卡源事件中，

因为事故处理拖延,信息未能及时公开,当地传言盛行,引发当地数十万居民逃离家园,造成了严重的群体性社会混乱,演变成了一场危机事件。

**2."3.17"碘盐抢购事件信息发布与公众沟通的启示** 2011年3月11日,日本福岛发生7级核事故后,由于公众担心日本福岛核事故释放的放射性物质将会污染我国近海并影响我国盐业生产和供应,另外由于个别专家发表言论不够严谨,使公众误认为碘盐可以防核辐射,导致3月17日在全国范围内发生抢购碘盐事件。当天国家有关部委立即组织相关专家通过电视、电台、报纸和网络等13家媒体发布相关信息,正确引导社会舆论,普及相关科普知识,使得抢购碘盐事件在3月18日下午基本得到平息。

此外,由于在核辐射的公众宣传上,时常出现媒体的信息相互冲突,不同"专家"的言论相互矛盾现象,导致公众无所适从,引发恐慌情绪。尤其在发生重大核事故后,公众无法直观了解释放到环境中的放射性物质是否对健康造成影响,自身是否受到放射性污染,食品和饮用水是否受到污染,而此时如果没有官方权威信息的及时发布,则会加重公众的恐慌心理。

## 二、媒体交流与信息发布

**1. 重视公众关注的问题** 核事故发生后,公众通常关注的主要问题包括:发生了什么事故;事故后果是什么;谁对他们的健康负责;政府是否采取处置行动;空气、食品和饮用水等是否受到污染,污染程度如何;政府及媒体能否及时公布事情真相。要注意公众参与和危机信息沟通的双向性。

**2. 及时采取排解公众恐慌心理的措施** 事故发生后,政府相关部门应迅速响应,在第一时间通过主流媒体为公众及时、准确提供事件发展的最新信息,让公众了解政府有关部门的行动和行动计划,组织专家及时答疑解惑。

**3. 掌握媒体交流的基本原则** 相关部门应态度坦诚、实事求是,保证信息的公开透明,以此获取媒体和公众的信任。在与媒体交流正在发生和可预测的事件时,要做到语言简明扼要,通俗易懂,避免过多和太专业的术语,列举公众身边可感知或可比较的例子,避免信息"冲突",在必要时可通过演示进行说明。

**4. 制订信息政策与信息计划** 完善公众信息政策,指定官方发言人,确定各部门提供和发布信息的职责,确定联合信息发布机构,同时在信息发布前对重要信息进行会商和审批;制订和实施信息发布的详细计划,确保各部门发布信息的一致性和处置建议的一致性。

**5. 建立统一信息发布制度** 统一信息发布可有效避免信息相互矛盾和冲突,防止谣言传播,保持政府和应急响应机构的信用,消除或减少公众心理影响,最大限度地维护社会稳定。同时,可以使应急响应人员集中精力开展应急响应行动。

## 三、媒体交流常见失策之处

我国最近几年突发事件爆发后媒体交流的失策之处,主要体现在:

**1. 信息发布迟缓** 实践中,一些普通事件之所以能形成突发事件,或者突发事件之所以能造成意想不到的严重危害后果,有时与政府未能及时公布事件发展的实情密切相关。

**2. 封堵信息传播** 按照相关法律和政策的规定,突发事件爆发后,地方政府有责任向上级政府、公众和媒体通报事件的真相,不应该出于某些原因私自隐瞒真相。

**3. 发布虚假信息** 突发事件爆发后，有时出于片面的维稳考虑，向公众和媒体发布虚假信息，严重影响到政府公信力和对突发事件的顺利处理。

## 参 考 文 献

1. 郭力生，耿秀生. 核辐射事故医学应急. 北京：原子能出版社，2004

2. 刘长安，耿秀生，刘英. 稳定性碘预防在核事故应急中的应用. 北京：北京大学医学出版社，2006

3. 施仲齐. 核或辐射应急的准备与响应. 北京：原子能出版社，2010

4. 国家能源局. 核事故应急响应概论. 北京：原子能出版社，2010

5. 苏旭，秦斌，张伟，等. 核辐射突发事件公众沟通、媒体交流与信息发布. 中华放射医学与防护杂志，2012，32（2）：118-119

6. 刘堂灯. 突发事件中地方政府的媒体应对策略. 人民论坛，2010，06（293）：76-77

7. 国际原子能机构. 核或放射应急医学响应通用程序. 国际原子能机构，维也纳. 2007

8. 国际原子能机构. 核或放射紧急情况的应急准备与响应. 国际原子能机构安全标准丛书第 GS-R-2 号，国际原子能机构，维也纳. 2005

9. 国际放射防护委员会. 国际放射防护委员会 1990 年建议书. 国际放射防护委员会第 60 号出版物，国际放射防护委员会. 1991

10. 国际原子能机构. 用于控制核事故或辐射应急状态下公众辐射剂量的导出干预水平. 国际原子能机构安全丛书第 81 号，国际原子能机构，维也纳. 1988

11. 中华人民共和国国家标准. 核与放射事故干预及医学处理原则. GBZ113-2006

12. 国际原子能机构. 核或辐射应急准备和相应标准. 国际原子能机构安全丛书第 GSG-2 号，国际原子能机构，维也纳. 2011

13. 中华人民共和国国家标准. 电离辐射防护与辐射源安全基本标准. GB18871-2002

14. 国际食品法典委员会标准. 核或放射紧急情况污染后进入国际贸易的食品中放射性核素的指导水平. CAC/GL 5-2006

# 第五章 >>>

## 辐射监测与剂量估算

### 第一节 应急照射的剂量学量及其应用

表 5-1 中列出了应急准备与响应中常用的剂量学量，通常用表 5-1 所列的有效剂量，器官当量剂量和 RBE 加权平均吸收剂量等来评价核或辐射应急情况下辐射诱发的后果。

表 5-1　应急照射情况下使用的剂量学量

| 剂量学量 | 符号 | 目的 |
|---|---|---|
| 辐射防护评价量 | | |
| RBE 加权平均吸收剂量 | $AD_T$ | 用于评估的一个器官或组织受到照射后引起的确定性效应 |
| 器官当量剂量 | $H_T$ | 用于评估的一个器官或组织受到照射后引起的随机性效应 |
| 有效剂量 | E | 用于辐射防护评估 |
| 实用量 | | |
| 个人剂量当量 | $H_P(d)$ | 用于外照射个人监测 |
| 周围剂量当量 | $H^*(d)$ | 用于应急区域辐射场的监测 |

表 5-1 中器官或组织的 RBE 加权平均吸收剂量（$AD_T$）定义为器官或组织（T）中辐射（R）的平均吸收剂量（$D_{R,T}$）与其相对生物效能（$RBE_{R,T}$）的乘积，即：

$$AD_{R,T} = \sum_R D_{R,T} \times RBE_{R,T} \tag{5-1}$$

RBE 值与辐射类型有关，在我们关注的剂量和健康效应，常用 RBE 值列在表 5-2 中。RBE 加权吸收剂量的国际单位制（SI）单位是 $J \cdot kg^{-1}$，称为戈（Gy）。

表 5-2　一些严重确定性效应研究中不同组织和不同辐射的 RBE 值

| 健康效应 | 关键器官 | 照射类型[a] | $RBE_{R,T}$ |
|---|---|---|---|
| 造血综合征 | 红骨髓 | 外和内 γ | 1 |
| | | 外和内 $n$ | 3 |
| | | 内 β | 1 |
| | | 内 α | 2 |

110

续表

| 健康效应 | 关键器官 | 照射类型 [a] | $RBE_{R,T}$ |
|---|---|---|---|
| 肺炎 | 肺 [b] | 外和内 γ | 1 |
| | | 外和内 n | 3 |
| | | 内 β | 1 |
| | | 内 α | 7 |
| 胃肠综合征 | 结肠 | 外和内 γ | 1 |
| | | 外和内 n | 3 |
| | | 内 β | 1 |
| | | 内 α | 0 [c] |
| 坏死 | 软组织 [d] | 外 β、γ | 1 |
| | | 外 n | 3 |
| 湿性脱皮 | 皮肤 [e] | 外 β、γ | 1 |
| | | 外 n | 3 |
| 甲状腺功能减退 | 甲状腺 | 摄入碘的核素 [f] | 0.2 |
| | | 其他甲状腺示踪物 | 1 |

[a.] 外 β、γ 照射包括源材料中产生的轫致辐射的照射。

[b.] 呼吸道肺泡间质区域组织。

[c.] α 发射体均匀分布在结肠的内容物中，它对肠道壁照射可以忽略。

[d.] 在面积超过 $100cm^2$ 的皮肤表面下 5mm 深度的组织。

[e.] 在面积超过 $100cm^2$ 的皮肤表面下 0.5mm 深度的组织。

[f.] 一般认为对甲状腺组织的均匀辐射照射的确定性效应是摄入发射低能 β 的碘核素（如，$^{131}I$，$^{129}I$，$^{125}I$，$^{124}I$ 和 $^{123}I$）的五倍以上。甲状腺示踪放射性核素在甲状腺组织中的分布是非均匀的。$^{131}I$ 发射低能 β 粒子，$^{131}I$ 在其他器官中的 β 发射，对甲状腺的影响可以不考虑

　　器官当量剂量 $H_T$、有效剂量 $E$、个人剂量当量 $H_p(d)$ 和周围剂量当量 $H^*(d)$ 都已在第一章中给出了定义和解释，这里不再重复。

　　IAEA 给出了应急照射情况下使用的剂量学量的关系如图 5-1 所示。从图中可以看出：用于个人监测的个人剂量当量可以理解为身体表面吸收剂量与线束品质因子的乘积；用于场所监测的周围剂量当量可以理解为空间某一点的空气吸收剂量与线束品质因子的乘积；用于辐射防护评价的有效剂量可用不同组织或器官的当量剂量与组织权重因素的加权和；与随机效应相关的组织或器官的当量剂量是用不同辐射对组织或器官的平均吸收剂量与辐射权重因素的加权和；与确定性效应相关的组织或器官的 RBE 加权吸收剂量是用不同辐射对组织或器官的平均吸收剂量与相对生物效能的加权和；组织或器官的平均吸收剂量通常可以通过贯穿辐射注量、体内放射性活度和体表的放射性比活度测量来确定。

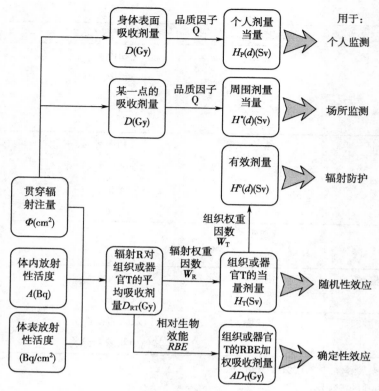

**图 5-1**　应急照射情况的剂量学量及其应用

# 第二节　应急照射的个人监测和评价

## 一、个人监测量

### （一）外照射

在进行事故剂量检测时，当接受的剂量可能引起确定性放射性损伤时，不应检测个人剂量当量 $H_p(10)$，而应该检测个人深度吸收剂量 $D_p(10)$。

### （二）内照射

内照射个人监测的检测量是摄入量，一般是通过体外测量，生物样品测量和个人空气检测来实现摄入量检测的。

内照射个人监测的评价量是待积有效剂量和待积器官当量剂量，当待积有效剂量值不太可能超过剂量限制时，用待积有效剂量进行辐射防护评价。当接受的待积剂量可能引起确定性放射性损伤时，应用待积器官或组织的当量剂量，来对确定性效应进行评价。

## 二、监测类型

监测类型主要包括常规监测、任务相关监测和特殊监测。

### （一）外照射

**1. 常规监测**　常规监测是为确定职业工作条件是否满足国家有关法规和标准的要求而

进行的经常性检测。按国家标准 GBZ18871 和 GBZ128 的要求,应对以下情况的任何放射单位的职业工作人员进行常规监测:

(1)对于任何在控制区工作,或有时进入控制区的工作人员。

(2)对于在监督区工作或偶尔进入控制区工作应尽可能进行外照射个人监测。

常规外照射个人监测周期一般为 1 个月,也可视具体情况延长或缩短,但最长不得超过 3 个月。

**2. 任务相关监测和特殊监测** 任务相关监测是为特定操作提供有关操作和管理方面即时决策支持数据的一类监测。

特殊监测是为阐明某一特殊问题而在一个有限期间所进行的一类监测。特殊监测本质上是一种调查,常适用于有关工作场所安全是否得以有效控制的资料缺乏的场合。这类监测旨在提供为阐明任何问题以及界定未来程序的详细资料。

**(二)内照射**

**1. 常规监测** 常规监测的频率与以下因数有关:放射性核素的滞留及排出、剂量限值、测量技术的灵敏度、辐射类型,以及估算摄入量和待积当量剂量估算的不确定度。

确定每年监测次数时,假定摄入发生在每个监测周期中间,要求由此假定所造成的摄入量低估不应大于 3 倍。监测周期的选择,通常不应漏掉大于 5% 年剂量限值相应的摄入量。对应接受内照射个人监测的人员,至少用一种适合的监测方法,根据具体情况确定监测频率。对能产生 $^{131}$I 蒸气的工作场所,至少每两个月用体外测量方法监测甲状腺 1 次;其他有职业内照射的情况可以 3~6 个月监测 1 次。

**2. 特殊监测和任务相关监测** 特殊监测和任务相关监测与实际发生或怀疑发生的特殊事件有关,应有明确的摄入时刻和污染物物理化学状态的资料。在已知或怀疑有摄入时、发生事故或异常事件后,应进行特殊监测。当常规排泄物监测结果超过导出调查水平,以及临时采集的鼻涕、鼻拭等样品和其他监测结果发现异常时也应进行特殊监测。

进行伤口特殊监测时,应确定伤口部位放射性物质的数量。若已做切除手术,则应测量切除组织和留在伤口部位的放射性物质。然后根据需要再作直接测量、尿和粪排泄监测。

当放射性核素摄入量产生的待积有效剂量接近或超过年剂量限值时,一般需要受照个体和污染物的有关数据,包括放射性核素的理化状态、粒子大小、核素在受照个体内的滞留特性、鼻涕及皮肤污染水平、空气活度浓度和表面污染水平等。然后综合分析利用这些数据,给出合理的摄入量估计。

## 三、监测方法

**(一)外照射个人检测系统基本性能要求**

1. 其响应基本不受如温度、湿度、灰尘、风、光、磁场、电源电压波动和频率涨落等因素的影响。

2. 应具有适当的量程,要有足够高的灵敏度,或足够低的探测下限;对于检测周期为 3 个月的常规监测,其探测下限应不高于 0.1mSv;对于特殊监测,量程上限应达 10Gy。

3. 监测 $Hp$(10)时,对于常见的 X 或 γ 射线,测量的能量范围通常应在 20keV~9MeV;监测 $Hp$(0.07)时,测量的能量范围应在 10keV~1.5MeV。

4. 因能量和角响应引入的总不确定度应不大于 30%(95% 置信度,下同)。

5. 在一个监测周期内累积剂量的信号损失应不大于10%。

6. 剂量计应具有足够好的机械强度,大小、形状、结构和重量应不影响个人的工作。

## (二)内照射个人监测方法

ICRP建议的内照射个人剂量估算方法的工作程序框图如图5-2所示。从图中可以看出,在内照射个人监测(实线)中要进行内照射剂量估算,必须先估算放射性核素的摄入量。ICRP明确指出,为估算放射性核素摄入量应采用以下的个人监测方法:

1. 全身或器官中放射性核素含量的直接测量。

2. 排泄物或其他生物样品中放射性核素分析。

3. 空气采样分析。

每一种测量方法应能对放射性核素定性和定量,其测量结果可用摄入量或待积有效剂量进行解释。

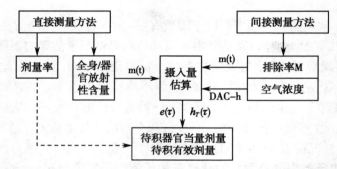

**图 5-2　内照射个人剂量监测及估算方法的工作程序框图(ICRP 78)**

图5-2中的$m(t)$是摄入1Bq某核素$t$天时体内或器官内核素的含量(Bq);$e(\tau)$是单位摄入量的待积有效剂量(Sv/Bq);DAC-h是导出空气放射性浓度时间乘积(Bq·cm$^{-3}$·h);$h_T(\tau)$是单位摄入量的待积器官当量剂量(Sv/Bq)。

**1. 全身或器官中放射性核素含量的直接测量**　全身或器官中放射性物质含量的体外直接测量技术,可用于发射特征X射线、γ射线、正电子和高能β粒子的放射性核素,也可用于一些发射特征X射线的α发射体。在进行体外直接测量前应进行人体表面去污。

用于全身或器官放射性核素含量的体外直接测量设备由一个或多个安装在低本底环境下的高效率探测器组成。探测器的几何位置应符合测量目的。对于发射γ射线的裂变产物和活化产物,如$^{131}$I、$^{137}$Cs和$^{60}$Co,可用能在工作场所使用的较简单的探测器进行监测。对少数放射性核素,如钚的同位素,则需要高灵敏度探测技术。

如果放射性核素污染的伤口中有发射高能量γ射线的放射性物质,通常可用β-γ探测器。当污染物为某些能发射特征X射线的α辐射体时,可用X射线探测器。当伤口受到多种放射性核素污染时,应采用具有能量甄别本领的探测器。伤口探测器应配有良好的准直器,以便对放射性污染物进行定位。

**2. 排泄物及其他生物样品中放射性核素分析**

(1)对于不发射γ射线或只发射低能γ射线的放射性核素,应采用排泄物监测技术。对于发射高能β、γ射线的辐射体,也可采用排泄物监测技术。一般采用尿样分析进行排泄物监测,对主要通过粪排泄或需要评价吸入S类物质自肺部的廓清时要求分析粪样。

（2）在一些特殊调查中也可分析其他生物样品，例如可分析鼻腔分泌物或鼻拭样；怀疑有高水平污染时，可分析血样；在有 $^{14}C$、$^{226}Ra$ 和 $^{228}Th$ 的内污染情况下，可采用呼出气活度监测技术；在极毒放射性核素（如超铀元素）污染伤口的情况下，应对已切除的组织样品进行制样和（或）原样测量。

（3）尿样收集、储存、处理和分析：

1）尿样的收集、储存、处理及分析应避免外来污染、交叉污染和待测核素的损失。

2）对于大多数常规分析，应收集 24 小时尿。在常规监测情况下，如收集不到 24 小时尿，应把尿量用肌酐量或其他量修正到 24 小时尿；氚是一个例外，一般只取少量尿即能由所测尿氚浓度推算体液浓度及摄入量。

3）要求分析的样本体积应根据分析技术的灵敏度确定。对于某些放射性核素，需要分析累积几天的尿样才能达到所要求的灵敏度。

4）应规范样品处理和分析方法。

5）在某些情况下（如特殊监测），为减少核素经尿排出的日排量涨落对监测结果的影响，应分别分析连续三天的尿样，或分析连续三天的混合样，其平均值作为中间一天的日排量。

（4）粪样监测常用于特殊调查，尤其是已知吸入或怀疑吸入 M 或 S 类物质后的调查，由于核素日粪排量涨落较大，因此应连续收集几天的粪样。

**3. 空气采样分析**　个人空气采样器（PAS）的采样头应处于呼吸带内，采样速率最好能代表职业人员的典型吸气速率（～1.2m³/h）。可在取样周期终了时用非破坏性技术测量滤膜上放射性，以及时发现不正常的高水平照射。然后将滤膜保留并合并较长时间积累的滤膜，用放射化学分离提取方法和高灵敏度的测量技术进行测量。

在用 PAS 进行空气采样时，应收集足够多的放射性物质，收集量的多少主要取决于要求 PAS 能监测到的最低待积有效剂量的大小。对于常规监测，一般要求能监测到年摄入量限值的 1/10；采样器应抽取足够体积的空气，以便对职业人员呼吸带空气活度浓度给出能满足统计学要求的数值；采样器的粒子采集特性应是已知的。

要用 PAS 监测数据进行内照射剂量估算时，应测定吸入粒子大小的分布，在没有关于粒子大小的专门资料的情况下，可假定活度中值空气动力学直径（AMAD）为 5μm。

对于在空气中易于扩散的化合物，如放射性气体和蒸气（如 $^{14}CO_2$ 和氚水），可用场所空气测量（SAS）数据对这些化合物的吸入量给出较合理的估计；但对于其他物质，如再悬浮颗粒，一般不要用 SAS 测量结果进行个人剂量估算。在缺乏个人监测资料时，可利用 PAS 和 SAS 测量结果的比值来解释 SAS 的测量结果。当利用 SAS 的测量结果估算个人剂量时，应仔细评价照射条件及工作实践。根据空气样品的测量结果估算摄入量会有很大不确定度。

**4. 监测方法的选择原则**　对于常规监测，如果灵敏度可以满足，一般只用一种测量技术。例如，对于氚，只需要尿氚分析。对一些核素，如钚的同位素，由于测量和数据解释都有一定困难，应结合使用不同的测量方法。特殊监测常采用两种或两种以上监测方法。

从数据解释的准确度考虑，监测方法的选择顺序是：体外直接测量、排泄物分析、空气采样分析。

## 四、剂量评价方法

### （一）剂量评价的一般要求

（1）当放射工作人员的年受照剂量小于 5mSv 时，只需记录个人监测的剂量结果。

（2）当放射工作人员的年受照剂量达到并超过 5mSv 时，除应记录个人监测结果外，还应进一步进行调查。

（3）在计划照射情况下，18 岁以上放射工作人员的职业照射水平应不超过以下限值：

1）连续 5 年以上年平均有效剂量 20mSv（5 年内 100mSv），并且任何单一年份内有效剂量 50mSv。

2）连续 5 年以上眼晶体接受的年平均当量剂量 20mSv（5 年内 100mSv），并且任何单一年份内当量剂量 50mSv（注：所列值是 IAEA 最新建议，GB18871-2002 的建议是 150mSv）。

3）一年中四肢（手和脚）或皮肤接受的当量剂量 500mSv。

额外限制适用于已通知妊娠或正在哺乳期的女性工作人员的职业照射。

（4）对于年龄在 16～18 岁正在接受涉及辐射的就业培训的实习生的职业照射和年龄在 16～18 岁在学习过程中使用源的学生的照射，剂量限值为：

1）一年中有效剂量 6mSv。

2）一年中眼晶体接受的当量剂量 20mSv（注：所列值是 IAEA 最新建议，GB18871-2002 的建议是 50mSv）。

3）一年中四肢（手和脚）或皮肤接受的当量剂量 150mSv。

（5）对于公众照射，剂量限值为：

1）一年中有效剂量 1mSv。

2）在特殊情况下，在单一年份中可适用一个更高的有效剂量值，条件是连续 5 年以上平均有效剂量每年不超过 1mSv。

3）一年中眼晶体接受的当量剂量 15mSv。

4）一年中皮肤接受的当量剂量 50mSv。

（6）应采用下列方法之一来确定是否符合有效剂量的限值要求：

按下式计算所得的年总有效剂量 E 不大于 20mSv 时，即认为不超过剂量限值：

$$E = H_p(d) + \sum_j e_{j,inh} \times I_{j,inh} + \sum_j e_{j,inh} \times I_{j,inh} \tag{5-2}$$

式中：$H_P(d)$——该年外照射所致个人剂量当量，单位为 mSv；

$e_{j,in}$——工作人员单位食入量放射性核素 j 所致的待积有效剂量，单位为 mSv/Bq；

$I_{j,in}$——该年内工作人员的放射性核素 j 食入量，单位为 Bq；

$e_{j,inh}$——工作人员单位吸入量放射性核素 j 所致的待积有效剂量，单位为毫希沃特每贝克（mSv/Bq）；

$I_{j,inh}$——该年内工作人员的放射性核素 j 吸入量，单位为 Bq。

应特别注意式（5-2）的应用范围，它们仅用在判断是否符合有效剂量的限值。在事故情况下和在需要精确估算剂量时，不能将外照射的年剂量和内照射的待积剂量简单的直接相加。

**（二）内照射个人监测评价方法**

**1. 摄入量的估算**

（1）体外和生物样品检测的情况：对特殊或任务相关监测而言，只要知道摄入的时间可以通过个人监测的测量值（$M$）和 GBZ129 中特殊监测时的 $m(t)$ 值估算出摄入量 $I$；仅有一次测量值时可用式（5-3）计算 $I$：

$$I = M/m(t) \tag{5-3}$$

式中：$I$——放射性核素摄入量，Bq；

$M$——是摄入后 $t$ 天时测得的体内或器官内核素的含量（Bq），或日排泄量（Bq·d⁻¹）；

当不知道摄入时间时，应先确定摄入时间再进行评估。当有多次测量结果时，可用最小乘法估算摄入量。

对于内照射常规个人监测，这时假定摄入发生在监测周期（$T$）的中间时刻（$T/2$），这时可用式（5-4）计算 $I$：

$$I = M/m(T/2) \tag{5-4}$$

常用放射性核素 $m(T/2)$ 值也可以从 GBZ129 中查到。当摄入发生在周期内任何一天的摄入量计算结果超过按 $T/2$ 计算结果的 10%，则应进行适当的修正。

（2）空气个人检测的情况：当空气样品个人监测的测量结果是监测周期内的累积放射性活度时，则可直接视为此时的摄入量。若监测结果是核素空气浓度 $c_{j空}$（Bq/m³），核素 $j$ 的摄入量 $I_j$ 可用下式（5-5）计算：

$$I_j = C_{j空} B_空 T \tag{5-5}$$

式中：$C_{j空}$——PAS 监测的 $j$ 类放射性核素的活度浓度，Bq·m⁻³；

$B$——人的呼吸率，m³·h⁻¹；没有实际值时，可取 $B = 0.83$m³/h；

$T$——个人监测周期内在工作场所停留的总有效时间，h。

若用 PAS 进行个人监测的时期与实际摄入期间不同，则由 PAS 获得的单位体积的时间积分空气活度浓度与职业人员摄入期间吸入的空气体积相乘，可求得放射性核素的摄入量。

**2.** 在辐射防护评价中，内照射剂量用下式计算：

$$E(\tau) = I_{jp} e_{jp}(\tau) \tag{5-6}$$

式中：$E(\tau)$——是待积有效剂量，Sv；

$I_{jp}$——$j$ 类核素通过 $p$ 类途径摄入的摄入量，Bq；

$e_{jp}(\tau)$——$j$ 类核素通过 $p$ 类途径的剂量系数（单位摄入量的待积有效剂量），希沃特每贝可（Sv/Bq），其值可从 GBZ129 中查到。应注意，在吸入途径中不同的吸收类型或形态以及在食入和注射途径中的不同 $f_1$ 都会引起剂量系数的变化。

对吸入途径，在没有个人监测数据的情况下，可用固定空气采样器测量的空气浓度，用公式（5-7）计算待积有效剂量 $E(\tau)$：

$$E(\tau) \approx \frac{0.02 C_s}{DAC} \tag{5-7}$$

式中：$C_s$——固定空气采样器测量的空气浓度，Bq/m³；

DAC——导出空气浓度，Bq/m³，当职业人员呼吸率为 1.2m³/h 时，其值可用公式（5-8）计算。

$$DAC = \frac{I_{j,inhL}}{2000 \times 1.2} = \frac{0.02}{e_{j,inh} \times 2000 \times 1.2} \approx \frac{8.33 \times 10^{-6}}{e_{j,inh}} \qquad (5-8)$$

式中：DAC——导出空气浓度，$Bq/m^3$；

　　　0.02——职业人员年剂量限值，$Sv/a$；

　　　2000——一年的工作时间，$h/a$；

　　　$I_{j,inhL}$——吸入 $j$ 类核素的年摄入量限值，$Bq$；

　　　$e_{j,inh}(\tau)$——吸入 $j$ 类核素的有效剂量系数，$Sv/Bq$。

待积有效剂量可以直接与 GB18871 的年剂量限值进行比较，评价防护情况。

在摄入多种放射性核素混合物的情况下，一般只有少数核素对待积有效剂量有显著贡献，这时原则上应先确认哪些核素是有重要放射生物学意义的核素，然后针对这些核素制订监测计划和进行评价。

**3. 内照射个人剂量评价方法举例**

（1）生物样品检测的例子：一个工作人员在日常工作中暴露于 UF 和 $UO_2F_2$，它们属 F 类吸收，在完成一项特殊任务后的一天，他提供了 24 小时的尿样和粪样，分别测得 $^{238}U$ 的值为：360Bq/24h 和 140Bq/24h，尿样和粪样的体积和质量与 24 小时的排泄量一致。在第一次采样后，第二天，第四天（在假定摄入后的第三天和第五天）也进行了尿样和粪样的采样，并进行了生物样品监测。其测量结果列在表 5-3 中。

表5-3　尿样和粪样抽样测量结果

| 摄入后天数 | 尿样（Bq/24h） | 粪样（Bq/24h） |
|---|---|---|
| 1 | 360 | 140 |
| 3 | 12 | 90 |
| 5 | 10 | 12 |

要估算这次内污染的剂量的首要问题是确定摄入的路径。基于尿样和粪样测量的活度和 $m(t)$ 值（GBZ129），用公式（5-3）估算摄入量，其估算值列在表 5-4 中。

表5-4　摄入量估算及估算结果

| 摄入后的天数 | 样品 | 活度（Bq/24h） | $m(t)$（Bq/d） | 摄入量估算值（Bq） |
|---|---|---|---|---|
| 1 | 尿样 | 360 | $1.8 \times 10^{-1}$ | 2000 |
| 1 | 粪样 | 140 | $5.6 \times 10^{-2}$ | 2500 |
| 3 | 尿样 | 12 | $5.1 \times 10^{-3}$ | 2353 |
| 3 | 粪样 | 90 | $3.9 \times 10^{-2}$ | 2308 |
| 5 | 尿样 | 10 | $4.2 \times 10^{-3}$ | 2381 |
| 5 | 粪样 | 12 | $6.2 \times 10^{-3}$ | 1935 |
| 平均 | — | — | — | 2246（尿样） |

在摄入后第 1 天，尿样的活度比粪样高，在食入途径不应有此情况；在摄入后的第 5 天，尿样的活度与粪样差别不大，在食入途径也不应有此情况。因此，可以认为，这个工作人员接受的是 $^{238}U$ 的 F 类吸入途径的内照射。

由于尿样的结果更为可靠,利用表中三次尿样测量结果估算的摄入量的均值 2246Bq 作为摄入量得估算值。假定 AMAD = 5μm,从 GBZ129 中可得到 $^{238}$U 的 F 类吸入时的 $e(\tau)$ = $5.8 \times 10^{-7}$Sv/Bq,用公式(5-6)可以计算 $^{238}$U 引起的有效剂量:

$$E(50) = 2246 \times 5.8 \times 10^{-7} \approx 1.3\text{mSv}$$

天然铀的组成是:0.489 $^{234}$U、0.022 $^{235}$U 和 0.489 $^{238}$U。

从 GBZ129 中可查出 $^{234}$U 和 $^{235}$U 的 F 类吸入时的 $e(\tau)$ 分别为 $6.4 \times 10^{-7}$ 和 $6.0 \times 10^{-7}$Sv/Bq。

天然铀的 $E(50) = 2246/0.489 \times 0.489 \times 6.4 \times 10^{-7} + 2246/0.489 \times 0.022 \times 6.0 \times 10^{-7} + 1.3$

$$\approx 1.4 + 0.1 + 1.3$$

$$\approx 2.8\text{mSv}$$

(2)体外全身测量的例子:一个工作人员在核电站负责存储罐的清洁保养,他往往不按规定操作,有一次在他离开控制区时,发现面部有污染,为验证他体内的 $^{60}$Co 污染水平,用全身计算器对他进行了反复的测量。表 5-5 列出了全身计数起对 $^{60}$Co 的测量结果,测量日期,摄入后的天数。吸入 S 类 5μm 气溶胶的单位摄入后的全身沉积值 $m(t)$ 列在表 5-5 的第 4 列中,第 5 列是用公式(5-3)计算的摄入量。

表 5-5　$^{60}$Co 的全身计算器测量结果

| 摄入后天数 | 测量值(Bq) | $m(t)$ | 摄入量估算值(Bq) |
|---|---|---|---|
| 1 | 136 910 | 0.490 | $2.8 \times 10^5$ |
| 4 | 3588 | 0.098 | $3.7 \times 10^4$ |
| 5 | 3793 | 0.080 | $4.7 \times 10^4$ |
| 5 | 3580 | 0.080 | $4.5 \times 10^4$ |
| 6 | 3040 | 0.073 | $4.2 \times 10^4$ |
| 7 | 2978 | 0.069 | $4.3 \times 10^4$ |
| 8 | 3206 | 0.068 | $4.7 \times 10^4$ |
| 11 | 2741 | 0.064 | $4.3 \times 10^4$ |
| 12 | 2808 | 0.064 | $4.4 \times 10^4$ |
| 13 | 2440 | 0.063 | $3.9 \times 10^4$ |
| 15 | 2434 | 0.061 | $4.0 \times 10^4$ |
| 19 | 2745 | 0.059 | $4.7 \times 10^4$ |
| 20 | 2778 | 0.058 | $4.8 \times 10^4$ |
| 27 | 2415 | 0.055 | $4.4 \times 10^4$ |
| 29 | 2753 | 0.054 | $5.1 \times 10^4$ |
| 34 | 2505 | 0.052 | $4.8 \times 10^4$ |
| 36 | 2569 | 0.052 | $4.9 \times 10^4$ |
| 41 | 2564 | 0.050 | $5.1 \times 10^4$ |
| 43 | 2861 | 0.049 | $5.8 \times 10^4$ |
| 57 | 2084 | 0.046 | $4.5 \times 10^4$ |
| 62 | 2346 | 0.045 | $5.2 \times 10^4$ |
| 64 | 2083 | 0.044 | $4.7 \times 10^4$ |
| 69 | 2292 | 0.043 | $5.3 \times 10^4$ |

| 摄入后天数 | 测量值（Bq） | $m(t)$ | 摄入量估算值（Bq） |
|---|---|---|---|
| 71 | 2021 | 0.043 | $4.7 \times 10^4$ |
| 78 | 1912 | 0.041 | $4.7 \times 10^4$ |
| 85 | 1993 | 0.040 | $5.0 \times 10^4$ |
| 92 | 1888 | 0.040 | $4.7 \times 10^4$ |
| 99 | 1916 | 0.039 | $4.9 \times 10^4$ |
| 106 | 1760 | 0.039 | $4.5 \times 10^4$ |
| 127 | 1767 | 0.037 | $4.8 \times 10^4$ |
| 148 | 1599 | 0.035 | $4.6 \times 10^4$ |
| 176 | 1603 | 0.033 | $4.9 \times 10^4$ |
| 204 | 1393 | 0.031 | $4.5 \times 10^4$ |
| 236 | 1084 | 0.030 | $3.6 \times 10^4$ |
| 260 | 1141 | 0.029 | $3.9 \times 10^4$ |
| 293 | 935 | 0.027 | $3.5 \times 10^4$ |

从表 5-5 的测量结果可以看出，吸入 S 类 5μm（AMAD）气溶胶后，除摄入一天后的测量结果外，其他按公式（5-3）估算的结果的一致性较好，其算术平均值为 46kBq，用公式（5-6）可以计算其待积有效剂量，$E(50)$：

$$E(50) = 46\,000 \times 1.7 \times 10^{-8} \approx 0.78 \text{mSv}$$

在估算中，忽略摄入一天后的测量值是应当的；因为这表明高摄入时，排除也快这个事实。这个事实可以通过粪样的测量来证实。因此，公式（5-3）的计算模式对摄入后的第一天不太适用，这在具体监测中应特别注意。

**（三）用于外照射个人剂量评价的场所监测**

**1. X、γ 外照射场所监测**  在 X、γ 外照射的场所监测情况下，有仪器校准的量。过去是照射量，现在是空气比释动能 $k_a$；这类监测仪器测量的物理量应当是照射量和空气比释动能 $k_a$，照射量已是一个被空气比释动能 $k_a$ 所取代的量，实质上讲这类监测仪器测量的物理量应当就是空气比释动能 $k_a$。为辐射防护评价的方便，两个场所实用量——周围剂量当量 $H^*(d)$ 和定向剂量当量 $H'(d, \Omega)$ 也用来表征 X，γ 辐射的场所剂量水平。按 ICRU 的建议，外照射防护测量仪器的刻度也可应用实用量。因此，在这种情况下，应当按使用现场的能量，将用空气比释动能 $\kappa$ 校准的仪器乘以表 5-6 中给出的 $H^*(10)/k_a$ 后，就可以得到周围剂量当量 $H^*(10)$ 的刻度；用同样的方法也可以得到 $H'(0.07, 0°)$ 的刻度。

对 X、γ 外照射而言，现场测量仪器的结果一般应是空气比释动能 $k_a$，周围剂量当量 $H^*(10)$，或定向剂量当量 $H'(0.07)$。如果测量结果是空气比释动能 $k_a$，按使用现场的能量，除以表 5-6 中相应的 $H_P(10, 0°)/k_a$ 或 $H_P(0.07, 0°)/k_a$ 就可以得到个人剂量当量 $H_P(10, 0°)$ 或 $H_P(0.07, 0°)$。如果测量结果是周围剂量当量 $H^*(10)$ 或定向剂量当量 $H'(0.07)$，按使用现场的能量，这时可将结果分别除以表 5-6 中的 $H^*(10)/k_a$ 或 $H'(0.07)/k_a$，得到相应的空气比释动能 $k_a$，再将其转换为个人剂量当量。

从表 5-6 可以看出，$H^*(10)/k_a$、$H'(0.07, 0°)/k_a$、$H_P(10, 0°)/k_a$ 和 $H_P(0.07, 0°)/k_a$ 都有很强的能量依赖关系。因此用基准刻度的仪器必须明确地说明其刻度值的能量使用

表5-6　$k_a$ 到实用量间的转换系数（ICRP 74）

| 光子能量<br>（MeV） | $H^*(10)/$<br>$k_a$(Sv/Gy) | $H'(0.07,0°)/$<br>$k_a$(Sv/Gy) | $H_P(10,0°)/$<br>$k_a$(Sv/Gy) | $H_P(0.07,0°)/$<br>$k_a$(Sv/Gy) |
|---|---|---|---|---|
| 0.010 | 0.008 | 0.95 | 0.009 | 0.750 |
| 0.015 | 0.26 | 0.99 | 0.098 | 0.947 |
| 0.020 | 0.61 | 1.05 | 0.264 | 0.981 |
| 0.030 | 1.10 | 1.22 | 0.445 | 1.045 |
| 0.040 | 1.47 | 1.41 | 0.611 | 1.230 |
| 0.050 | 1.67 | 1.53 | 0.883 | 1.444 |
| 0.060 | 1.74 | 1.59 | 1.112 | 1.632 |
| 0.080 | 1.72 | 1.61 | 1.490 | 1.716 |
| 0.100 | 1.65 | 1.55 | 1.766 | 1.732 |
| 0.150 | 1.49 | 1.42 | 1.892 | 1.669 |
| 0.200 | 1.40 | 1.34 | 1.903 | 1.518 |
| 0.300 | 1.31 | 1.31 | 1.811 | 1.432 |
| 0.400 | 1.26 | 1.26 | 1.696 | 1.336 |
| 0.500 | 1.23 | 1.23 | 1.607 | 1.280 |
| 0.600 | 1.21 | 1.21 | 1.492 | 1.244 |
| 0.800 | 1.19 | 1.19 | 1.369 | 1.220 |
| 1 | 1.17 | 1.17 | 1.300 | 1.189 |
| 1.5 | 1.15 | 1.15 | 1.256 | 1.173 |
| 2 | 1.14 | 1.14 | 1.226 | — |
| 3 | 1.13 | 1.13 | 1.190 | — |
| 4 | 1.12 | 1.12 | 1.167 | — |
| 5 | 1.11 | 1.11 | 1.139 | — |
| 6 | 1.11 | 1.11 | 1.117 | — |
| 8 | 1.11 | 1.11 | 1.109 | — |
| 10 | 1.10 | 1.10 | 1.111 | — |

注：表中光子是 ICRP74 对 γ 射线、X 射线和韧致辐射的统称，以下各表与此相同

范围，否则会带来极大的测量误差。例如，若仪表是在 $^{60}$Co 辐射场刻度的，此时 $H^*(10)/$ $k_a=1.16\text{Sv}\cdot\text{Gy}^{-1}$。若将该仪器用到乳腺摄影机房的防护监测（能量可能低到 15keV），此时的 $H^*(10)/k_a=0.271\text{Sv}\cdot\text{Gy}^{-1}$，其转化系数仅为 $^{60}$Co 辐射场的 0.23 倍，这样的测量结果是无法接受的。对能量大于 1MeV 的辐射场，用 $^{60}$Co 辐射场刻度的仪器测量，带来的误差不会大于 6%，在这种情况下，可以将 $^{60}$Co 辐射场刻度的仪器用做所有周围剂量当量测量；而且 $H^*(10)/k_a$ 在 1.10～1.17 之间，此时直接用 $k_a$ 刻度的仪器测量 $H^*(10)$ 带来的误差也小于 20%，这在防护场所测量中也是可以接受的。

定向剂量当量 $H'(d,\Omega)$ 通常用于对弱贯穿辐射的测量，皮肤和眼晶体的定向剂量当量可以分别表示为 $H'(0.07,\Omega)$ 和 $H'(3,\Omega)$。测量 $H'(d,\Omega)$ 要求辐射场在测量仪器范围内是均匀的，并要求仪器具有特定的方向响应。为说明方向角 $\Omega$，要求选定一个参考的坐标系

统，在此系统中 $\Omega$ 可以表述出来（例如用极角或方位角）。该系统的选择常依赖于辐射场。此时应当按使用现场的能量，将用空气比释动能 $k$ 校准的仪器乘以表 5-6 中给出的 $H'(0.07,0°)/k_a$ 后，而得到定向剂量当量 $H'(0.07,0°)$ 的刻度；只有这样刻度仪器的读数单位才是 Sv 及 mSv（累积测量）或 μSv/h 及 mSv/h（瞬时测量）。

如果场所的射线不是垂直入射到身体表面，用场所监测结果估算个人剂量当量应当进行角度响应的修正。表 5-6 中给出的值是垂直入射到身体表面（0°）的值，只要将估算的个人剂量当量乘上表 5-7 和表 5-8 中的相应的方向修正因子 $H_p(10,\alpha)/H_p(10,0°)$ 或 $H_p(0.07,\alpha)/H_p(0.07,0°)$ 就可以了。

在无个人监测资料的情况下，可以用上述方法估算的个人剂量当量记录在个人剂量档案中，但应注明是场所监测结果的估计值。

表 5-7　$H_p(10,\alpha)$ 的角度响应修正

| 光子能量（MeV） | $H_p(10,\alpha)/H_p(10,0°)$ | | | | | |
|---|---|---|---|---|---|---|
| | 0° | 15° | 30° | 45° | 60° | 75° |
| 0.010 | 1.000 | 0.889 | 0.556 | 0.222 | 0.000 | 0.000 |
| 0.0125 | 1.000 | 0.929 | 0.704 | 0.388 | 0.102 | 0.000 |
| 0.015 | 1.000 | 0.966 | 0.822 | 0.576 | 0.261 | 0.030 |
| 0.0175 | 1.000 | 0.971 | 0.879 | 0.701 | 0.416 | 0.092 |
| 0.020 | 1.000 | 0.982 | 0.913 | 0.763 | 0.520 | 0.167 |
| 0.025 | 1.000 | 0.980 | 0.937 | 0.832 | 0.650 | 0.319 |
| 0.030 | 1.000 | 0.984 | 0.950 | 0.868 | 0.716 | 0.411 |
| 0.040 | 1.000 | 0.986 | 0.959 | 0.894 | 0.760 | 0.494 |
| 0.050 | 1.000 | 0.988 | 0.963 | 0.891 | 0.779 | 0.526 |
| 0.060 | 1.000 | 0.988 | 0.969 | 0.911 | 0.793 | 0.561 |
| 0.080 | 1.000 | 0.997 | 0.970 | 0.919 | 0.809 | 0.594 |
| 0.100 | 1.000 | 0.992 | 0.972 | 0.927 | 0.834 | 0.612 |
| 0.125 | 1.000 | 0.998 | 0.980 | 0.938 | 0.857 | 0.647 |
| 0.150 | 1.000 | 0.997 | 0.984 | 0.947 | 0.871 | 0.677 |
| 0.200 | 1.000 | 0.997 | 0.991 | 0.959 | 0.900 | 0.724 |
| 0.300 | 1.000 | 1.000 | 0.996 | 0.984 | 0.931 | 0.771 |
| 0.400 | 1.000 | 1.004 | 1.001 | 0.993 | 0.955 | 0.814 |
| 0.500 | 1.000 | 1.005 | 1.002 | 1.001 | 0.968 | 0.846 |
| 0.600 | 1.000 | 1.005 | 1.004 | 1.003 | 0.975 | 0.868 |
| 0.800 | 1.000 | 1.001 | 1.003 | 1.007 | 0.987 | 0.892 |
| 1 | 1.000 | 1.000 | 0.996 | 1.009 | 0.990 | 0.910 |
| 1.5 | 1.000 | 1.002 | 1.003 | 1.006 | 0.997 | 0.934 |
| 3 | 1.000 | 1.005 | 1.010 | 0.998 | 0.998 | 0.958 |
| 6 | 1.000 | 1.003 | 1.003 | 0.992 | 0.997 | 0.995 |
| 10 | 1.000 | 0.998 | 0.995 | 0.989 | 0.992 | 0.966 |

表 5-8　$Hp(0.07, \alpha)$ 的角度响应修正

| 光子能量（MeV） | $Hp(0.07, \alpha)/Hp(0.07, 0°)$ | | | | | |
|---|---|---|---|---|---|---|
| | 0° | 15° | 30° | 45° | 60° | 75° |
| 0.005 | 1.000 | 0.991 | 0.956 | 0.895 | 0.769 | 0.457 |
| 0.010 | 1.000 | 0.996 | 0.994 | 0.987 | 0.964 | 0.904 |
| 0.015 | 1.000 | 1.000 | 1.001 | 0.994 | 0.992 | 0.954 |
| 0.020 | 1.000 | 0.996 | 0.996 | 0.987 | 0.982 | 0.948 |
| 0.030 | 1.000 | 0.990 | 0.989 | 0.972 | 0.946 | 0.897 |
| 0.040 | 1.000 | 0.994 | 0.990 | 0.965 | 0.923 | 0.857 |
| 0.050 | 1.000 | 0.994 | 0.979 | 0.954 | 0.907 | 0.828 |
| 0.060 | 1.000 | 0.995 | 0.984 | 0.961 | 0.913 | 0.837 |
| 0.080 | 1.000 | 0.994 | 0.991 | 0.966 | 0.927 | 0.855 |
| 0.100 | 1.000 | 0.993 | 0.990 | 0.973 | 0.946 | 0.887 |
| 0.150 | 1.000 | 1.001 | 1.005 | 0.995 | 0.977 | 0.950 |
| 0.200 | 1.000 | 1.001 | 1.001 | 1.003 | 0.997 | 0.981 |
| 0.300 | 1.000 | 1.002 | 1.007 | 1.010 | 1.019 | 1.013 |
| 0.400 | 1.000 | 1.002 | 1.009 | 1.016 | 1.032 | 1.035 |
| 0.500 | 1.000 | 1.002 | 1.008 | 1.020 | 1.040 | 1.054 |
| 0.600 | 1.000 | 1.003 | 1.009 | 1.019 | 1.043 | 1.057 |
| 0.800 | 1.000 | 1.001 | 1.008 | 1.019 | 1.043 | 1.062 |
| 1.000 | 1.000 | 1.002 | 1.005 | 1.016 | 1.038 | 1.060 |

**2. 中子外照射场所监测**　中子的能谱很宽，这给中子的测量带来了很大的麻烦。一般将中子能谱分为两大类，即：校准谱和实用谱。传统上将同位素源作为参考谱，通常用的是 $^{252}$Cf、$^{241}$Am-Be 和 $^{238}$Pu-Be α- 中子源来校准剂量计和仪器。实用谱主要指反应堆、医用加速器、硼中子俘获（BNCT）治疗、高能加速器、工业应用源、源和核材料运输、航空机组等工作场所。

评价中子辐射防护的主要物理量是中子能谱，即，中子注量的微分分布，$\phi_E(E)$，其中 $E$ 是中子能量。在实际应用中，注量率，即注量对时间的导数，它随位置变化而变化，一般需要加以考虑。通常只对注量率加权值感兴趣，因此，将讨论限制在规范化的注量和假设注量的空间分布是均匀的就足够了。

表 5-9 列出了注量到实用量的转换系数。测量仪器通常采用中子注量响应 $R_\Phi(E)$ 描述。在特定中子场中，仪器的读数 $M$ 可以通过 $\phi_E(E)$ 和 $R_\Phi(E)$ 的乘积来计算。这里未考虑死时间、衰退或本底的影响。

中子注量具有角分布特性。除 $H^*(10)$ 外，在计算个人当量剂量时应考虑注量的角分布特性。测量仪器的测量结果带有一定的不确定度，为使用方便，通常不考虑转换系数的不确定度。一般情况，在一些特定的实验条件下，也不考虑注量及注量响应的不确定度，不过有时也需要对由仪器测量得出的结果进行变异分析。正因如此，在 IAEA 给出的转换系数中只给出了三位有效数字，其中仅前两位有意义。

**123**

表 5-9　注量到实用量的转换系数（pSv·cm²）

| 中子能量（MeV） | $H^*(10)$ | 不同角度下的个人剂量当量 | | | |
|---|---|---|---|---|---|
| | | $Hp(10, 0°)$ | $Hp(10, 45°)$ | $Hp(10, 60°)$ | $Hp(10, 75°)$ |
| $1.00 \times 10^{-9}$ | 6.75 | 8.30 | 4.29 | 2.65 | 1.15 |
| $2.15 \times 10^{-9}$ | 7.29 | 8.69 | 4.53 | 2.82 | 1.23 |
| $4.64 \times 10^{-9}$ | 8.29 | 9.43 | 5.01 | 3.13 | 1.39 |
| $1.00 \times 10^{-8}$ | 9.78 | $1.06 \times 10^1$ | 5.84 | 3.64 | 1.61 |
| $2.15 \times 10^{-8}$ | $1.06 \times 10^1$ | $1.15 \times 10^1$ | 6.90 | 4.14 | 1.71 |
| $4.64 \times 10^{-8}$ | $1.27 \times 10^1$ | $1.29 \times 10^1$ | 8.00 | 4.79 | 1.98 |
| $1.00 \times 10^{-7}$ | $1.34 \times 10^1$ | $1.31 \times 10^1$ | 8.34 | 4.98 | 2.03 |
| $2.15 \times 10^{-7}$ | $1.26 \times 10^1$ | $1.39 \times 10^1$ | 9.08 | 5.45 | 2.22 |
| $4.64 \times 10^{-7}$ | $1.31 \times 10^1$ | $1.39 \times 10^1$ | 9.15 | 5.55 | 2.30 |
| $1.00 \times 10^{-6}$ | $1.29 \times 10^1$ | $1.41 \times 10^1$ | 9.30 | 5.72 | 2.38 |
| $2.15 \times 10^{-6}$ | $1.26 \times 10^1$ | $1.38 \times 10^1$ | 9.12 | 5.64 | 2.42 |
| $4.64 \times 10^{-6}$ | $1.16 \times 10^1$ | $1.34 \times 10^1$ | 8.86 | 5.56 | 2.44 |
| $1.00 \times 10^{-5}$ | $1.10 \times 10^1$ | $1.28 \times 10^1$ | 8.35 | 5.27 | 2.37 |
| $2.15 \times 10^{-5}$ | $1.04 \times 10^1$ | $1.18 \times 10^1$ | 7.82 | 4.91 | 2.24 |
| $4.64 \times 10^{-5}$ | 9.93 | $1.09 \times 10^1$ | 7.17 | 4.40 | 2.08 |
| $1.00 \times 10^{-4}$ | 9.26 | $1.01 \times 10^1$ | 6.57 | 3.98 | 1.91 |
| $2.15 \times 10^{-4}$ | 8.77 | $1.03 \times 10^1$ | 6.15 | 4.23 | 1.80 |
| $4.64 \times 10^{-4}$ | 8.25 | 9.30 | 5.70 | 3.50 | 1.70 |
| $1.00 \times 10^{-3}$ | 7.85 | 8.57 | 5.52 | 3.54 | 1.72 |
| $2.15 \times 10^{-3}$ | 7.98 | 9.47 | 5.79 | 3.64 | 1.71 |
| $4.64 \times 10^{-3}$ | 8.69 | $1.00 \times 10^1$ | 6.08 | 3.77 | 1.70 |
| $1.00 \times 10^{-2}$ | $1.13 \times 10^1$ | $1.17 \times 10^1$ | 7.55 | 4.56 | 1.79 |
| $1.25 \times 10^{-2}$ | $1.28 \times 10^1$ | $1.33 \times 10^1$ | 8.74 | 5.15 | 1.87 |
| $1.58 \times 10^{-2}$ | $1.51 \times 10^1$ | $1.55 \times 10^1$ | $1.04 \times 10^1$ | 6.03 | 2.00 |
| $1.99 \times 10^{-2}$ | $1.82 \times 10^1$ | $1.88 \times 10^1$ | $1.27 \times 10^1$ | 7.34 | 2.25 |
| $2.51 \times 10^{-2}$ | $2.23 \times 10^1$ | $2.34 \times 10^1$ | $1.57 \times 10^1$ | 9.20 | 2.69 |
| $3.16 \times 10^{-2}$ | $2.80 \times 10^1$ | $2.93 \times 10^1$ | $1.96 \times 10^1$ | $1.17 \times 10^1$ | 3.35 |
| $3.98 \times 10^{-2}$ | $3.61 \times 10^1$ | $3.50 \times 10^1$ | $2.43 \times 10^1$ | $1.46 \times 10^1$ | 4.16 |
| $5.01 \times 10^{-2}$ | $4.69 \times 10^1$ | $4.41 \times 10^1$ | $3.15 \times 10^1$ | $1.94 \times 10^1$ | 5.62 |
| $6.30 \times 10^{-2}$ | $6.07 \times 10^1$ | $5.98 \times 10^1$ | $4.35 \times 10^1$ | $2.77 \times 10^1$ | 8.24 |
| $7.94 \times 10^{-2}$ | $7.81 \times 10^1$ | $7.96 \times 10^1$ | $5.87 \times 10^1$ | $3.85 \times 10^1$ | $1.17 \times 10^1$ |
| $1.00 \times 10^{-1}$ | $9.91 \times 10^1$ | $1.03 \times 10^2$ | $7.69 \times 10^1$ | $5.18 \times 10^1$ | $1.61 \times 10^1$ |
| $1.25 \times 10^{-1}$ | $1.24 \times 10^2$ | $1.31 \times 10^2$ | $9.94 \times 10^1$ | $6.83 \times 10^1$ | $2.22 \times 10^1$ |
| $1.58 \times 10^{-1}$ | $1.54 \times 10^2$ | $1.62 \times 10^2$ | $1.26 \times 10^2$ | $8.85 \times 10^1$ | $3.04 \times 10^1$ |
| $1.99 \times 10^{-1}$ | $1.86 \times 10^2$ | $1.97 \times 10^2$ | $1.56 \times 10^2$ | $1.12 \times 10^2$ | $4.10 \times 10^1$ |
| $2.51 \times 10^{-1}$ | $2.22 \times 10^2$ | $2.35 \times 10^2$ | $1.91 \times 10^2$ | $1.40 \times 10^2$ | $5.44 \times 10^1$ |
| $3.16 \times 10^{-1}$ | $2.61 \times 10^2$ | $2.74 \times 10^2$ | $2.29 \times 10^2$ | $1.73 \times 10^2$ | $7.09 \times 10^1$ |
| $3.98 \times 10^{-1}$ | $3.02 \times 10^2$ | $3.15 \times 10^2$ | $2.70 \times 10^2$ | $2.08 \times 10^2$ | $9.08 \times 10^1$ |

续表

| 中子能量（MeV） | $H^*(10)$ | 不同角度下的个人剂量当量 | | | |
|---|---|---|---|---|---|
| | | $Hp(10, 0°)$ | $Hp(10, 45°)$ | $Hp(10, 60°)$ | $Hp(10, 75°)$ |
| $5.01 \times 10^{-1}$ | $3.42 \times 10^2$ | $3.54 \times 10^2$ | $3.11 \times 10^2$ | $2.44 \times 10^2$ | $1.14 \times 10^2$ |
| $6.30 \times 10^{-1}$ | $3.76 \times 10^2$ | $3.87 \times 10^2$ | $3.49 \times 10^2$ | $2.80 \times 10^2$ | $1.40 \times 10^2$ |
| $7.94 \times 10^{-1}$ | $3.98 \times 10^2$ | $4.13 \times 10^2$ | $3.81 \times 10^2$ | $3.15 \times 10^2$ | $1.70 \times 10^2$ |
| $1.00$ | $4.27 \times 10^2$ | $4.29 \times 10^2$ | $4.06 \times 10^2$ | $3.47 \times 10^2$ | $1.94 \times 10^2$ |
| $1.25$ | $4.14 \times 10^2$ | $4.39 \times 10^2$ | $4.22 \times 10^2$ | $3.71 \times 10^2$ | $2.48 \times 10^2$ |
| $1.58$ | $3.97 \times 10^2$ | $4.41 \times 10^2$ | $4.32 \times 10^2$ | $3.90 \times 10^2$ | $2.89 \times 10^2$ |
| $1.99$ | $4.13 \times 10^2$ | $4.38 \times 10^2$ | $4.39 \times 10^2$ | $4.06 \times 10^2$ | $2.82 \times 10^2$ |
| $2.51$ | $4.13 \times 10^2$ | $4.33 \times 10^2$ | $4.41 \times 10^2$ | $4.12 \times 10^2$ | $3.02 \times 10^2$ |
| $3.16$ | $4.09 \times 10^2$ | $4.25 \times 10^2$ | $4.37 \times 10^2$ | $4.10 \times 10^2$ | $3.14 \times 10^2$ |
| $3.98$ | $4.06 \times 10^2$ | $4.20 \times 10^2$ | $4.34 \times 10^2$ | $4.08 \times 10^2$ | $3.25 \times 10^2$ |
| $5.01$ | $4.01 \times 10^2$ | $4.21 \times 10^2$ | $4.37 \times 10^2$ | $4.11 \times 10^2$ | $3.39 \times 10^2$ |
| $6.30$ | $4.05 \times 10^2$ | $4.32 \times 10^2$ | $4.48 \times 10^2$ | $4.26 \times 10^2$ | $3.62 \times 10^2$ |
| $7.94$ | $4.18 \times 10^2$ | $4.59 \times 10^2$ | $4.74 \times 10^2$ | $4.56 \times 10^2$ | $3.97 \times 10^2$ |
| $1.00 \times 10^1$ | $4.91 \times 10^2$ | $5.27 \times 10^2$ | $5.38 \times 10^2$ | $5.35 \times 10^2$ | $4.76 \times 10^2$ |
| $1.58 \times 10^1$ | $5.96 \times 10^2$ | $6.00 \times 10^2$ | $6.15 \times 10^2$ | $6.19 \times 10^2$ | $5.70 \times 10^2$ |
| $2.51 \times 10^1$ | $4.00 \times 10^2$ | — | — | — | — |
| $3.98 \times 10^1$ | $3.99 \times 10^2$ | — | — | — | — |
| $6.30 \times 10^1$ | $3.20 \times 10^2$ | — | — | — | — |
| $1.00 \times 10^2$ | $2.59 \times 10^2$ | — | — | — | — |
| $1.58 \times 10^2$ | $2.59 \times 10^2$ | — | — | — | — |

数据引自 IAEA TECHNICAL REPORTS SERIES No. 403，2001

### 3. α、β 皮肤及伤口污染监测

（1）一般考虑：α、β 皮肤及伤口污染监测的主要目的是确定是否符合剂量限值，特别是避免确定性效应发生；在过量照射的情况下，开始适当的医学检查和干预行动。

对强贯穿辐射：对皮肤的随机性效应而言，用有效剂量限值就能提供足够的辐射防护；除热粒子（hot particles）的情况外，实际上没有必要进一步的考虑。

对弱强贯穿辐射：这时需要有另外的限值来防止确定性效应发生。ICRP 已提出了这类建议，即，在 $1cm^2$ 上平均不超过 500mSv 的年当量剂量限值，通常的测量深度是 0.07mm（$7mg/cm^2$），这种情况下对皮肤的剂量是由于皮肤污染造成的。

（2）皮肤污染监测：皮肤污染不可能是均匀的，总是发生在身体的某一部分，最容易发生的部位是手。出于日常控制的目的，关注 $100cm^2$ 的平均污染是适当的。因此，在日常的监测中，皮肤污染监测应当能说明 $100cm^2$ 的平均剂量当量。在大多数污染环境监测仪器中，其读数是与一个导出限值来比较，例如，污染水平限值，它的单位是 $Bq/cm^2$，它是考虑由于污染造成的剂量与基本剂量限值相当，当然，此时不仅仅考虑皮肤污染引起的照射，也应当考虑其他可能的途径和尽可能减少污染。当二次限值未超过时就没有必要进一步估算当量剂量。但污染的时间长或污染水平高时，估算剂量当量还是必要的。这类估算通常不

很精确，特别是污染物已被皮肤表层以下吸收的情况，极端情况下，不确定度可达两个数量级。这种量化过程不应按常规的外照射进行处理。但当估算的当量剂量超过限值的十分之一时，应当将其包含在个人剂量记录中。一些污染环境可能使污染物进入人体引起内照射。这时还应当进行内污染物监测。

一些情况下，可能产生热粒子照射。这种照射是由大小为 1mm 的离散的放射源引起的空间非均匀照射。这时除了考虑是否符合剂量限值外，应特别关注防止急性溃疡的发生。它要求在 $1cm^2$ 范围，测量深度为 $10\sim15mg/cm^2$，所得出的平均剂量应小于 1Sv。由于热粒子具有特别局部的性质，要在工作场所辐射场周围探测它是很困难的，因此这类问题的重点是识别和控制。

（3）伤口污染监测：

1）原则：放射性工作场所发生的任何皮肤损伤都要进行伤口放射性污染测量，应正确选择测量仪表进行动态检测，而且应对对切除组织进行监测。

2）测量仪表的选择：①伤口中能发射 γ 射线和高能 β 的发射体，可用 β、γ 探测仪测量；②伤口污染物能发射特征 X 射线的 α 辐射体，可用 X 射线探测器测量；③伤口受到多种放射性核素污染时，应选用有能量甄别本领的探测器测量；④伤口探测器应配有良好的准直器，以便对放射性污染物定位。

（4）β 射线注量的测量和估算：若已知一个皮肤表面的放射源的放射性活度 $A$，当源的自吸收可以忽略，而且是 $4\pi$ 方向的发射是各向同性的，则污染平面的注量可用公式（5-9）计算：

$$\phi = \frac{0.5 \times A \times t}{S} \tag{5-9}$$

式中：$\phi$——注量，单位，$cm^{-2}$；

$A$——放射性活度，单位，Bq；

$t$——累积照射时间，单位，s；

$S$——污染面积或敷贴治疗面积，单位，$cm^2$；

0.5——考虑仅 $2\pi$ 方向向皮肤入射。

若已用 β 表面污染仪测量的污染表面的平均比活度，这时可以用公式（5-10）估算注量。

$$\phi = 0.5 \times A_S \times t \tag{5-10}$$

式中：$A_s$——用 β 表面污染仪测量的污染表面的平均比活度，单位，$Bq/cm^2$。

用表面污染仪测量时，应采用 $Bq/cm^2$ 显示模式，可直接测量污染表面的平均比活度。在测量中应注意对探测器的探测效率、探测面积和离污染表面的距离作相关修正。

# 第三节  应急照射的场所监测

应急照射的场所监测主要包含源监测和环境监测。这些监测的特征包括：预期的和当前的排放率，放射性核素组成，不同照射路径的比较，预期的和潜在的个人剂量等。当实践和源被豁免时，就没有必要开展源和环境的监测。

在表 5-10 中给出了 IAEA 建议的不同照射情况下应进行的各类监测和剂量估算要求。

表5-10　不同照射情况下应进行的各类监测和剂量估算要求

（IAEA，Safety Reports Series No.64，2010）

| 照射情况 | 源类型 | 监测的类型 | | | |
|---|---|---|---|---|---|
| | | 源监测 | 环境监测 | 特殊个人监测 | 剂量估算 |
| — | 排除、豁免、清洁解控 | 没有监测要求 | | | |
| 计划照射情况 | 登记源 | 要求 | | 不要求 | |
| | 许可源 | 要求 | 要求 | 不要求 | 要求 |
| | 多个许可源 | 要求 | 要求 | 视情况 | 要求 |
| 现存照射情况 | 慢性照射 | 视情况 | 要求 | 视情况 | 视情况 |
| 应急照射情况 | 应急照射 | 要求 | 要求 | 视情况 | 要求 |

## 一、源监测

### （一）概述

源监测是指对释放到环境中的放射性物质的活度的测量，或直接测量由于设施中的源引起的辐射。通常将设备视为一聚集源，这样源监测的关注点就是源对环境的释放（例如，通风烟囱，流出物排放点）和在控制区和监督区边界及设施周围的剂量和剂量率。由于泄漏和不可控的释放，可形成气体、气溶胶或液体。

源监测主要有连续监测和不连续两种监测类型。对不连续监测，取样和测量的频率决定于排放率和非计划的释放的情况。目前的源监测有两种主要类型：排放的在线监测（连续取样和测量）和排放的离线监测。离线监测包括：连续采样，在实验室测量样品的活度浓度和断续采样，在实验室测量样品的活度浓度。

除豁免的以外，对所有向环境排放放射性物质的其他实践都应进行源监测，尤其是得到许可的设施。

### （二）排放的在线监测

在线监测意味着实时或准实时（不能晚于排放后的 1 小时）连续监测。连续监测可以提供排放的物质中放射性含量的连续指示。这对观测排放处理和控制系统是否适当特别有用，并能提供排放物质放射性水平的突然和有意义改变的位置，以及可能存在辐射损伤场外位置。在很多情况下，这种监测也有警示系统，当发现与正常情况偏离时，就可及时采取纠正行动。对一个有潜在事故释放的设施，只要可能，实时监测结果应与管理控制中心实行网络连接，以使警示信号立即传输到责任人员的值班室（例如控制室）。因而要定义警示及其他参考水平，例如调查水平。在线监测的最小探测限应比这些水平至少低一个量级。由于在线监测设备对人群的辐射防护是很重要的，因而应确保这些设备的供电，使其功能保持长期稳定性，如果出现问题，要能在尽可能短时间内修复。最低限度，这些设备应配置不间断电源，还应当有标示仪器涨落的警示设备。警示设备应能对责任人员（例如设备操作的技术团队）给予警示信号，使他们在听到警示后应立即查访和行动。这样，通常采用如下的在线监测阈值（从最低值到最高值）：

1. 低于预设水平的阈值，用以标志仪器的涨落。

2. 正好高于正常排放水平的阈值。测量结果高于这个阈值，将显示排放是异常状态，要求采取纠正行动。

3. 相应于排放管理限值或者导出限值的一个分数的阈值。如果废液正在从存储池向外排放过程中，达到这个阈值将自动停止当前的排放。但要注意，出于安全原因和职业人员辐射防护的考虑，终止连续的废气排放通常是不可能的。

4. 相应于安全考虑的一个或多个阈值。

从核设施有惰性气体、载有总 β/γ 放射性核素的气溶胶和碘-131 向大气排放时，常采用在线监测。实施上，因为惰性气体很难收集到滤片上，要显示是否符合法规和标准要求，一般来说必须进行在线监测。而载有放射性核素的气溶胶和碘的同位素，可以采用取样和实验室测量的方法。

**（三）排放的离线监测**

离线监测包括取样和随后的实验室测量。有连续取样和断续取样两种，样品处理通常在远离现场的实验室进行。如果要求有放射性核素特定资料或额外的灵敏度，必须有此操作程序。对载有放射性核素的气溶胶和碘同位素的典型的离线监测要比在线监测有更低的探测限。它可用于排放的回顾性估算和判断是否符合国家法规和标准的综合评价。

正常的取样通常在一个固定时期，用一个搜集设备对排放进行抽取有代表性的样本。

**1. 连续取样**　连续取样和继后的实验室测量可以提供放射性核素年释放量的资料，并用于表明是否符合国家的相关排放限值。特别是，实验室测量为获得放射性核素的特殊资料提供了可能。当水平在预设的年释放量以下时，宜采用两步测量程序。作为初期的分析，首先测量 α 或 β 的总放射性；当 α 或 β 的总放射性超过预先设定的水平时再开展放射性核素的特殊测量。

**2. 断续取样**　在排放量非常低，而且是恒定排放或释放不连续的情况下，宜采用断续或间断取样的方式，随后再到实验室测量。前者的典型例子是氡-222 从某一地下储存库、矿山或矿井尾矿设施中释放到周围空气中。后者的例子是分批次的液体排放。

在核设施设计中，应考虑诸如对从设施排放的所有载有放射性核素的气溶胶和气体进行日常和事故监测。这时应考虑到所有可能的释放。

为了在气载监测计划中选择适当的监测点，应当分析通风的流程图和废气系统。要选择到满意的监测点和适合特征的取样系统，流程图应提供关于流速、压差、温度、湿度、排放速度等所有必要的信息。为能确定在大多数情况下适当的样本和测量速度，以及需要的额外资料，必须考虑放射性物质释放的特征及其随时间的变化。

建议对通风系统的流速进行连续测量。在很多情况下，为合理的评价监测的结果，对排放物中放射性物质的监测，往往是通过对其他的一些相关的物理和化学参数连续或周期的测量来实现，例如温度和湿度，在取样管道排放的化学成分和粒度分布等。

**（四）气载放射性排放及测量**

**1. 气溶胶**

（1）β/γ 发射体：当部分的空气流过气溶胶过滤器时就实现了载有 β/γ 发射体的气溶胶采样。滤片最少一周更换 1 次，用高纯锗 γ 谱仪分析，测量应在取下滤片的 2 天内进行。对短寿命核素应进行放射性衰变的修正。对于在线测量，载有 β/γ 发射体的气溶胶，可连续测量滤片上的总 β，或用 γ 谱仪测量。测量系统要能探测到警示水平，警示水平一般设置为国家规定的一定时间内排放限值的一个分数。在线测量中，当警示水平显示时，应更换滤片并立即测量。

（2）纯 β 发射体：载有纯 β 发射体气溶胶的测量用 β/γ 发射体的相同滤片，用 γ 谱测量后再进行纯 β 发射体的分析。核设施排放中需要进行日常监测的气溶胶核素中，Sr-90 是唯一的纯 β 发射体。常用 Cs-137 的浓度来判断是否要进行 Sr-90 的分析。其他核素，如铁 -55 或镍 -63，仅在已证实核素谱是正确的一些特殊研究中才被测量。对核电厂纯 β 发射体每季的分析就可以判断是否符合管理限值。后处理厂的监测频率应当高些，这时结合放射化学分析，宜每周换 1 次滤片。

（3）α 发射体：对载有纯 α 发射体气溶胶通常采用断续采样，采用 β/γ 发射体使用的同样的滤片类型。仅在 α 发射体排放量很低时，可以使用测量 β/γ 发射体的相同滤片。在这种情况下，α 发射体的分析应在 γ 谱测量后进行。否则，应使用不同的滤片进行取样。由于滤片上微尘可能过载，故取样时间不要超过 2 周。测量的周期决定于设施的类型。对核电厂和研究反应堆，为计算年排放量，监测周期可为一个季度。对后处理厂、铀浓缩工厂和燃料制造厂，测量频率应是一个月 1 次，或更短时间。这时，宜采用两步测量程序。第一步，在氡 -222 和氡 -220 的衰变达到平衡后测量总 α 放射性。除后处理厂外，只需这一步足够。第二步是对滤片或部分滤片进行放射性特殊分析，这一步仅在总 α 超过某一确定的水平时才需要。

**2. 氚，碳 -14，放射性碘和挥发性放射性核素**

（1）氚：氚可能以水的形式（HTO）或气体形式（HT）排放。此外，还可能有有机结合氚（OBT），但份额很小。对于评估氚的环境影响而言，仅需要评价氚水（HTO）。

有几种方法可以用来测量取样滤片中的总氚。首先常让气流通过被加热的羊毛，将氚气氧化。目前常用下面几种方法来收集氚水：①冷阱凝结氚水；②干燥剂，例如硅胶；③能包含水的泡沫系统。收集到的氚水应当用一个闪烁计数器测量，一年测量 4～12 次。

（2）碳 -14：排放的碳 -14 主要是碳的氧化物形态（CO 或 $CO_2$）和碳氢化合物，仅有很小的量以有机物的形式存在。对于评价碳 -14 对环境的影响而言，通常只需要评估 $^{14}CO_2$。

一般采用样品瓶或压力容器取样，常用镀铝塑料盒。这些用来收集大容量的样品探测限较低。较好的办法是连续采样一周或一个月以上的样品，因为短期排放率的碳 -14 在不同操作条件下会有很大的变化。测量 C-14 气体排放有以下几种方法：①用气体计数管直接测量排放样品中碳 -14。②先用烤箱将碳 -14 氧化为二氧化碳，接着将其转换为碳酸钡，然后用氢氧化钠溶液将碳酸钡溶解，再用液闪计数器测量其中碳 -14 活性。对大多数碳 -14 都已是二氧化碳的形式，可以直接被氢氧化钠溶液溶解，再用液闪计数器测量。建议每周或每月 1 次连续测量。应当用液闪计数器测量碳 -14，每年 4～12 次。

（3）放射性碘：载有核素碘的气溶胶可与其他 β/γ 发射体一起分析。在除去粒子的滤片后，用专门的吸碘滤片取元素碘和有机碘的样品。断续测量的取样时间不能大于一个星期，应在取下样品后 24 小时内进行测量。测量的活度应进行放射性衰变校正。当要求进行在线监测时，应当监测元素碘和有机碘样品的化学形态。当进行断续采样时，第一张滤纸用于去除粒子，碘同位素吸收在另一碘滤片上。当累积在滤片上后，连续测量放射性碘的活度。警示水平应定为 $1 \times 10^6$ Bq/h 释放量，此水平应能被探测到。

**（五）直接辐射**

对大多数类型的核设施，对源直接进行辐射测量是源监测项目的基本要求。通常测量控制区、监督区边界和设施边界的剂量和（或）剂量率。此系统可用于测量释放的放射性物质中的 γ 辐射。

直接监测源 γ 辐射的常用方法是用在线的剂量率仪测量。这类监测主要用于测量源或其非计划释放的放射性物质直接辐射的明显增加。对大型设施,在线剂量率仪的现场网络常常是环境在线监测的一部分,并且报警系统安装在设施周围。这种网络的环境部分设置为几个不同半径(例如,1km、5km 和 10km)的圆周或靠近村庄或城市。出于环境监测的目的,建议放置在有空气和雨水取样器的位置。

替代或补充的方法中包括用离线累积被动设备,诸如固体剂量计[例如,热释光剂量计(TLD)]。使用剂量计的数量决定于设施的类型和大小,以及到警戒线的距离。剂量计应沿设施的警戒线放置,而且放置在剂量可能最高的位置,和可能代表人员能进入的潜在位置。如果放射性废物储存在警戒线附近,在靠近储存废物设施的位置也应布放剂量计。剂量计布放时应离地 1m 高,而且不要受到建筑物屏蔽的影响。典型的累积时间为 1～6 个月。

在有高水平的废物或辐照燃料元件的一些厂(例如,后处理厂、临时贮藏设备或贮藏库)周围,中子剂量率也许会较高。在这种情况下,在其设施边界应布放累积式中子剂量计。根据被监测设施的大小,在其设施周围布放 6～12 个剂量计就足够了。在正常条件下,剂量计每 6 个月更换 1 次。在事故情况下,应立即测读剂量计。

## 二、环境监测

### (一)概述

当预期有明显放射性物质释放时,就必须进行环境监测。发生这样释放的主要设施大多是核燃料循环的一部分。表 5-11 是 IAEA 建议的给出了不同核设施的日常环境监测主要内容。

表 5-11　不同核设施日常环境监测方案的主要内容(IAEA,Safety Reports Series No.64,2010)

| 项目 | 核电站 | 燃料富集及元件加工 | 后处理厂 | 废物管理及废物库房 |
|---|---|---|---|---|
| 外照射 | | | | |
| γ 剂量率 | + | + | + | + |
| 中子剂量率 | − | + | + | (+) |
| 空气 | | | | |
| 气溶胶 | + | + | + | + |
| 气体 | + | + | + | (+) |
| 食品和饲料 | | | | |
| 叶类蔬菜 | + | + | + | + |
| 其他蔬菜和水果 | + | (+) | + | + |
| 饮用水 | + | (+) | + | + |
| 奶 | + | (+) | + | + |
| 谷物 | + | (+) | + | + |
| 肉,猎物 | + | (+) | + | + |
| 陆生介质和指示物 | | | | |
| 草 | + | + | + | + |
| 土壤 | + | − | + | + |
| 青苔,苔藓 | + | | + | + |

| 项目 | 核电站 | 燃料富集及元件加工 | 后处理厂 | 废物管理及废物库房 |
|---|---|---|---|---|
| 水生介质和指示物 | | | | |
| 水 | + | (+) | + | + |
| 沉积物 | + | (+) | + | + |
| 鱼 | + | (+) | + | + |
| 贝类 | + | (+) | + | + |
| 海藻 | + | − | + | + |
| 底栖的动物 | + | − | + | + |

注：+必须；(+)建议考虑；−没有具体建议，或者不必要，或者不能做

　　环境监测方案包括给定放射性核素测量（通过谱分析或化学分析）和总α和总β放射性测量两个部分。但是，总放射性测量无法提供剂量估算的信息。要进行剂量估算，就要进一步知道环境中不同核素的贡献，例如在总β测量的时候，钾-40也许是主要的。因此，为了剂量估算，就必须进行具体的放射性核素的测量。进行总放射性测量的主要优点在于相对方便。所以，在环境监测方案中有大量的这类监测。这种测量对任何意外的情况将给予警告信息，应周期性地补充特定放射性核素的测量。总放射性测量结果的任何有意义的涨落均应启动进一步的调查，包括特定放射性核素的测量。基于这个原因，在总的监测方案中应预设总α和总β水平（即调查水平）和预设自动开启特定放射性核素的测量程序。

　　不论是设施运转的早期阶段，还是运转几年后，虽然很多操作不会导致在环境中能被探测到的水平，但要减少取样频率或环境监测范围必须先进行细心的评估，要考虑公众关心程度提高的问题。环境监测不但是监测日常的释放，也是为了监测异常的释放，为了保证能监测到异常情况，应保证必要的监测内容和取样频率。

　　表5-12是IAEA在环境监测时关于取样和测量频率和监测项目的建议。

**表5-12　核设施周围气载放射性核素取样和测量频率和监测项目的建议**
（IAEA，Safety Reports Series No.64，2010）

| 监测内容 | 取样和测量频率 |
|---|---|
| 外照射： | |
| 　γ剂量率 | 连续 |
| 　累积γ剂量 | 一年2次 |
| 　中子剂量率（如果存在中子辐射） | 连续 |
| 　累积中子剂量（如果存在中子辐射） | 一年2次 |
| 空气，沉积物： | |
| 　空气 | 连续收集，一周至一个月测量 |
| 　沉降 | 连续收集，按月测量 |
| 　沉积 | 连续收集，按月测量 |
| 　土壤 | 一年1次取样和测量 |
| 食品和饮用水： | |
| 　叶类蔬菜 | 在生长季节每月1次 |
| 　其他蔬菜和水果 | 在收获时，选择取样和测量 |

续表

| 监测内容 | 取样和测量频率 |
| --- | --- |
| 谷类 | 在收获时,选择取样和测量 |
| 牛奶 | 当牛在牧场时每个月1次 |
| 肉类 | 选择取样,一年2次 |
| 饮用水和(或)地下水 | 一年2次 |
| 陆生指示物: | |
| 草地 | 当牛在牧场每个月1次 |
| 青苔,苔藓,菌(酌情) | 选择取样,一年1次 |
| 水体及其沉积物 | |
| 水生动物 | 视情况而定 |
| 表面水 | 连续收集,按月测量 |
| 沉积物 | 一年1次 |

**(二)不同任务类型的监测**

不同任务类型的监测包括:前期监测、日常监测和调查性监测。

**1. 前期监测** IAEA 安全标准 No. RS-G-1.8 指出,前期监测,主要包括有些统计资料的集和评估;对实践活动,为判读排放对环境的影响,应建立相应的基线或现存的环境辐射水平和活度浓度。这点对核设施特别必要,对放射性核素向环境的排放量值得注意的其他实践活动也应考虑,例如,一些操作和处理天然产生的放射性物质(NORM)的矿山。医院核医学部门,在实践活动中主要排放短寿命放射性核素,不必要考虑前期的监测,对一些放射性核素排放量很小的单位也没有必要。

前期监测方案应当考虑设施正常运转时可能排放的放射性核素的量和类型,以及可能的照射途径。这种监测结果要能提供用于预测公众成员的辐射剂量的基础资料。前期监测应当给出与后续环境监测方案相关的基线数据。

为了确定现存本底的水平和变化,前期监测至少应在设施正式运行前一年进行。

**2. 日常监测** 在整个设施运行期间,应开展日常的环境监测。为确定是否达到监测的目标,应当评估和更新日常环境监测方案。评估频率决定于如下的一些因素:

(1)排放对公众成员的辐射剂量。
(2)释放到环境的放射性核素和直接辐射照射水平的变化程度。
(3)监管部门的要求。
(4)在进行监测中取得的经验。
(5)实践活动的任何变化,例如,周围土地使用的变化有可能改变最初的评估。

对核燃料循环的相关设施和矿山,这个频率最好是一年评估一次。如果设施周围的土地使用情况发生了变化,应立即修订环境监测方案。

监测方案应能反映设施的不同运转阶段(运行,退役,封闭后阶段)和连续释放或直接辐射照射。对一些短寿命核素,在关闭后应立即停止监测。

**3. 调查性监测** 核设施发生放射性物质非正常释放事件,应立即开展附加的环境监测。

**(三)主要监测内容**

**1. 外照射** 这里指累积沉积在地面的放射性核素和空气中的放射性核素等引起的外

照射。对排放物是 β/γ 发射体，不但要监测设施边界的外照射，也要监测周围地区的外照射。

监测日常排放引起的外照射，通常使用累积剂量计。按照当地的大气排放等因素决定布放剂量计的数量和位置，但必须包括剂量率可能最高的点以及任何典型人员居住的点。监测网站也应当包括参考点。建议剂量计的布放高度为离地 1m。剂量计应避免布放在建筑物、树或其他容易屏蔽辐射的物体附近。剂量计的监测周期一般为 3～6 个月。

对于核电站和后处理厂，应在设施附近安装 1 个或多个连续记录剂量率的站点。这些站点的位置视当地的影响因素而定，但一般应安装在预期剂量率最大的位置。剂量率监测对事故监测也是有价值的。

**2. 土壤**　为提供放射性核素在沉积期间在陆地环境累积的信息，应开展土壤中放射性活度浓度的监测。可以用转移系数估算放射性核素被植物摄入的信息。估算设施对土壤中放射性核素的贡献常常是很困难的，这是因为存在大气核武器试验、铀和其他天然放射性核素源的沉降引入了一些核素，特别是 Cs-137 和 Sr-90。这些放射性核素的任何增加只能通过参考点和前期的测量来确定。通常，为后续的实验室测量，监测还应包括土壤采样。然而，现场 HPGe γ 谱可探测土壤放射性核素浓度的变化。

为了确保测量数据的可比性，土壤样品应取自前述的相同取样点。为了评估沉积放射性核素的长期影响，取样应是未耕、不要有大量的石头或根、没有树遮挡的开放区域的土壤。为了解全土壤特性，建议做深度剖面图。然而，为探测长期累积，没有必要做日常的深度剖面图。

为研究食入路径，从农业土壤中取样也应是监测方案的内容。在这个食物链循环中，应从一些地方抽取诸如蔬菜的农业样品。

在土壤取样时，要注意不要发生样品间、样品与取样器之间的附加污染。典型的取样设备材料是塑料和不锈钢。应当留意的是，当使用芯取样或类似设备，其表面材料不要接触核芯而使其下层受到污染。类似的，不要通过压缩或伸长核芯而使放射性核素扩散。

土壤取样会使最终结果引入一个变化的不确定度和误差，故要注意保存相关的样品信息。注意记录取样期间可能影响最终结果的任何信息。

**3. 食物**　日常监测设施周围食物的目的是为了验证源监测的结果和确定公众成员的剂量。核设施附近的植物、动物产品和饮用水应当包括在设施排放到大气的环境检测方案中。样品应从预期污染最重的典型区域和确定典型人员剂量相关的任何区域采集。应从设施排放影响最小的地区采集参考样品。

（1）植物：在日常和事故释放期间，通过放射性气溶胶、放射性气体的直接沉积，或通过再悬浮（风或雨溅引起）放射性核素的直接污染，使植物被污染。根系污染是次要的，但对长寿命核素的污染，植物根也许是有意义的路径。一旦释放终止此路径也许是主要的。然而，叶类蔬菜通常是确定释放已污染植物的最好指示器。

植物取样，最好选用人类食谱中有代表意义的植物。它将集中食用部分植物，并在靠近收获时采样。应记录植物生长在田野里取样时的确切的位置，不要使用取自市场出售的产品。避免使用温室的产品。通常在设施排放的下风向取样，采样点应靠近预期的最大沉积位置，而且采样区应尽可能是沉积稳定的开放区。最好是典型的本地物种。要注意，样品不要附着土粒。

由于动物能迅速地摄入重要的放射性核素（例如碘和铯的同位素），牧场是很重要的，特别是牛，会将放射性核素转移到了牛奶。应在牧场干/湿沉积最高的地方采样。在相应位置，还应采集牛奶和土壤样品。

应当仔细选择采样的区域。应当选择水平、平坦的开阔区域，应没有大树和建筑物。植物的生长高度应均匀。典型的情况应取 1kg 的样品，应在不小于 $1m^2$ 的范围采样；采集牧草时，应采集高出地面几厘米的牧草样品；仅采集植物的绿叶部分。要注意，植物样品不能带土壤。取样工具应用水清扫洗刷，并用新鲜纸巾擦干，样本应密封在塑料袋里。

对所有植物样品应分析设施排放的放射性核素。例如，用 HPGe γ 谱分析所有样品，选择样品测量碘-131 和锶-90。此外，也可选择样品分析氚、碳-14 和 α 发射体核素。

（2）动物产品：由于一些原因，牛奶或羊奶常是非常重要被监测的动物产品。沉积在草中的放射性核素，通过牛、羊在牧场的放牧，沉积在草中的一些放射性核素有效地转移到奶中；奶很快被消耗，有的短半衰期核素还没有来得及衰变就转移到人体，而且居民的消耗量大。因而，一般来说，奶是碘-131 和 Cs-137 污染动物产品的指示物。由于奶中的碘-131 半衰期较短，因此，一般一个月分析 1 次奶样。在后处理厂和废物库附近还应分析奶中碘-129 和碳-14。

奶样应从牧场的奶牛中采样，这个牧场应处于实施的下风向，并在污染最重的地区。采集的奶样应放在清洁的容器中，如果不是当天测量，应放在冰箱中。如果需要储存样品，应当加入防腐剂，通常，样品量只需几升。

与奶产品相比，放射性核素进入肉类产品的速度相对慢，故肉类产品取样频率要求不高，可以使几次取样的合成样本。

由于 α 发射体核素（铀、钍和镭的同位素）不容易被动物的肠吸收，奶和肉类产品被这些核素的污染很低，通常不需要监测肉类产品中这些核素。

对动物的食品可进行适当的监测。

（3）饮用水：地下水是饮用水的主要来源，在日常的排放中，地下水中放射性核素的浓度不会发生迅速的变化，有的也只是长寿命核素的污染，因此，通常一年只需分析 1 次。

但饮用水来源于靠近设施的池、湖和河流时，要求采样的频率大些，特别是在应急时应对样品进行相应核素的分析。取样，要注意样品的代表性，要注意样品的过滤和保存技术和它们给样品带来的信息损失。

对铀矿和废物库周围的水的监测要特殊考虑。在原地浸析工艺（ISL）铀矿的情况，要抽取足够的地下水样本，来验证萃取井场的预定的操作是否满足污染限值的要求。在露天或地下的铀开采时，应对中间控制池塘的渗漏水进行监测。对废物管理设施也应进行地下水的监测。监测的水平决定于这样的地下水是否被饮用。

**4. 指示物**　　指示物可以提供设施日常操作时，环境中放射性核素浓度的短期和长期的变化，此时没有必要监测食品。可能的指示物是指青苔、苔藓、树叶、松针等。虽然，这些物质不能用来计算设施排放引起的公众成员的剂量，但它们确能有效地提供关于趋势和环境积累的信息。

在环境监测方案中，仅指示物常年都容易收集。如果要验证长期趋势，环境监测方案中的指示物应仔细收集，要确保每一年采集的同一生长期的同类指示物。基于不同指示物吸收不同的放射性核素，采集时要选择不同的指示物。典型的例子是：不同的海藻有效吸

收锝 -99，贝类有效吸收钚和锶的同位素，不同的陆生植物有效累积铯的同位素。

**（四）实验室样品分析**

源和环境监测，都必须进行实验室的样品测量。实验室分析是监测方案的一部分，它主要是用于就地和在线测量不能测量的工作，就地和在线测量主要任务是看是否符合监测方案，并证明是否符合剂量约束。实验室分析可以确保就地和其他测量的可靠性，并提供精确的可重复的数据。监测样品的实验室分析是在适当的质量管理体系下进行的，这种质量管理体系包括监测所得到数据的可溯源性、准确性、代表性、重复性等。典型的放射学分析实验室要装备用于监测所需的分析的相应的设备。一般应有下列的仪器：①用于 β 和 γ 计数的气体正比探测器；②为 γ 发射核素的定性和定量分析的闪烁计数器（NaI, LaBr, etc.）或 HPGe γ 谱仪；③低能 X 或 γ 探测器；④用于 α 谱测量的固体探测器；⑤用于 α 和 β 发射核素测量的液体闪烁计数器；⑥质谱仪。

在实验室使用的样品分析方法应当按国家和国际的标准进行操作和文本表述。通过参加国内和国际的比对（采用非计划未事先公布的盲样方式）对实验室的分析能力（准确度和精度）进行评估。实验室的方法应与相关标准的方法一致，如果方法不是标准的方法，应在实验室质量管理体系进行非标准认证后再实施。美国国家辐射防护和测量委员会（NCRP）、美国国家标准学会（ANSI）、美国测试和材料学会（ASTM）、美国环保局（EPA）、美国能源部（DOE）和国际原子能机构（IAEA）的相关出版物中，都提出了规范的测量方法。

# 第四节 食品和饮用水监测

## 一、样品的采集

### （一）样品采集的基本原则

一般情况下，应对占总食谱 5% 以上的所有食品进行采样分析。建议食品分析时，除婴儿食品外，其他食品应采用单个食品的分析，而不宜采用混合食品分析。仅有通过个别食品的分析，才有可能找出减少剂量应采取的对策。

在正常情况下，应该按消费水平进行采样。如果关心短期的影响应按生产采样。采集量要依据分析目的和采用的分析方法确定，现场采集时要留出余量。为估计粮食总消费量重的放射性水平，一般在零售层面进行适时抽样，否则，就应该按消费水平进行抽样。应按不同的放射性核素分析，选择不同的采样方式，例如，对市场食品或饮用水检验应以市场终端采样为主，地区食品或饮用水污染检测应以食品生产点或直接饮用的水为主采样。在生产点采原样时，要防止原样外表面的放射性污染。个别食品宜进行准备工作后进行分析，这时应考虑到如洗、清洁和烹饪对结果的影响。

如果关注短期的影响，为避免生产和消费之间的时间的影响，有必要回到生产地采样。有可能受到污染的个别食品在放射性分析中必须要始终认真考虑。

### （二）食品和饮用水样品采集通用方法

**1. 采样作业指导程序** 应制订样品采样作业指导程序，并严格按此程序进行采样，此程序应考虑以下因素：

（1）采集样品应具有地域和时期的代表性。

（2）采样频度要合理，频度的确定决定于污染源的稳定性，待分析核素的半衰期以及特定的监测目的等。

**2. 食品和饮用水原始样品的具体采样方法**

（1）对不同批号、产地的混存食品和饮用水，应按所占比例分别采样或混合而成原始样品。

（2）对车、舱、库装食品和饮用水，可将整个食品和饮用水分成多层采样，每层取四角及中心部位样品混合，然后再把各层样品混匀成原始样品。

（3）对大包装食品和饮用水，可从随机选定的包装件中不同部位采取，混合成原始样品。

（4）对小包装食品和饮用水，可采集若干代表性的小包装内全量食品，混合成原始样品。

（5）对市售食品和饮用水，应按随机取样原则，在足够的采样点上采购，混合而成原始样品。

（6）对固定监测地区（点）的食品和饮用水，应在该地区内选定合适的采样地点，通常用五点法（四角和中心）采样，混合成原始样品。

**3. 环境食品和饮用水采集中应考虑的问题**

（1）除了特殊目的之外，采集环境中的食品和饮用水样品时应避开下列影响因素：

1）天然放射性物质可能浓集的场合。

2）建筑物的影响。

3）降水冲刷和搅动的影响。

4）产生大量尘土的情况。

5）河流的回水区。

6）靠近岸边的水。

7）不定型的植物群落。

（2）在蔬菜采样时，应避免土壤的污染，尤其在斜坡土地上非正常采集时更应注意这一问题。在进行叶菜抽样时，宜采用切或割的方法。当样品量太大时，可采用标准的四分取样法来减少样品量。

（3）高污染区域的食物，即使用量很小，也会大大增加摄入的总放射性食物的摄入量。这些食品一般在政府卫生部门的管理之中。这时有效的数据很少，在发生事故的情况下，应通过甄别程序识别应分析的类型。对一般家庭要储备的食品，应首先从生产者处采样，然后再从市场采样。

**（三）食品样品采集**

**1. 奶样品采集** 一般情况可从每天的食物中收集，也可在奶站、奶农或对奶牛直接采样；在核事故和核设施有挥发性放射性核素释放时，前24小时牛奶可能受到放射性碘和铯的污染，因此要及时采集样品；对有野外放牧习惯的山羊和绵羊，应定期对这类羊奶进行放射性抽样检查。

**2. 谷物和薯类样品采集** 如果放射性沉降物发生在生长季节，应采集该地区污染当年的谷物和薯类；如果放射性沉降物发生在冬季，应采集该污染地区下一年的谷物和薯类；应采集储存或运输过程中受到污染的谷物和薯类。

**3. 肉类样品采集** 在发生放射性铯事故释放时，草食动物的肉会受到污染。发生严重放射性沉降物后，除动物个体进行筛选性辐射测量外，还应采集能代表大多数动物的混合肉类样品。

**4. 海洋食品样品采集**　在发现海洋有放射性污染的情况下,宜在事故后,立即在污染海洋区域,对其主要海产品进行采样。

**5. 蔬菜样品采集**　在有放射性沉降物的早期阶段,应采集绿叶蔬菜,它是短寿命放射性核素最有意义的污染介质;当放射性沉降物发生在蔬菜生长季节时,应采集其代表性的样本;在蔬菜采样时,应避免土壤的污染,宜采用切或割的方法。

**6. 其他食品样品采集**　蘑菇和浆果是很容易被显著污染的食物,虽然只在极少数情况下,他们对摄入的剂量会有意义。分析这些食物,以决定是否符合国际出口法规的水平,它可能仍然是最好方法。

**（四）饮用水样品采样**

**1. 采样前的准备**

（1）采样容器最好用聚乙烯容器,其大小、形状和重量应适宜,能严密封口,并容易打开,而且容易清洗。应尽可能使用细口容器,容器的盖和塞的材料应与容器统一。在一些情况下,还需要用聚乙烯薄膜包裹,最好用蜡封。

（2）采样前应将容器用水和洗涤剂清洗,除去灰尘、油垢后用自来水洗干净,然后用质量分数 10% 的硝酸（或盐酸）浸泡 8 小时,取出沥干后用自来水冲洗三次,并用蒸馏水充分淋洗干净。

（3）采样前应先用水荡洗采样器、容器和塞子 2~3 次。

**2. 不同水源的采样**

（1）水源水采样:水源水是指集中式供水水源地的原水。水源水采样点通常应选择汲水处。

取表面水时,可用水桶直接采样,但注意不要混入漂浮于水面上的物质。

取深度水时,可用直立式采水器,这类设备是在下沉过程中水从采样器中流过。当达到预定深度时容器自动闭合而汲取水样。

对自喷的泉水可在涌口处直接采样,采样不自喷的泉水时,应将停滞在抽水管中的水汲出,新水更替后再取样。

从水井采集水样,应在充分抽汲后进行,以保证水样的代表性。

（2）出厂水的采集:出厂水是指集中式供水单位水处理工艺过程完成的水,出厂水的采样点应设在进入输送管道以前处。

（3）末梢水的采集:末梢水是指出厂水经输水管网输送至终端（用户水龙头）处的水。末梢水的采集应注意采样时间。夜间可能洗出可沉淀于管道的附着物,取样时应打开龙头放水数分钟,排除沉淀物。

（4）二次供水的采样:二次供水是指集中式供水在入户之前再度储存,加压和消毒或深度处理,通过管道或容器输送给用户的供水方式。二次供水采集应包括水箱（或蓄水池）进水,出水以及末梢水。

（5）分散式供水的采集:分散式供水是指用户直接从水源取水,未经任何设施或仅有简易设施的供水方式。分散式供水的采集应根据实际使用情况确定。

**3. 水样的体积一般为 5L。**

4. 当采集放射性水平高的水样时，应特别注意辐射防护和防止工作场所的污染以及样品之间的交叉污染。

## 二、样品的运输和储存

1. 采集的食品和饮用水样品必须妥善保管，要防止运输及储存过程中损失，防止样品被污染或交叉污染，样品长期存放时要防止由于化学和生物作用使核素损失于器壁上，要防止样品标签的损坏和丢失。

2. 为避免污染，样品收集设备、容器和样品制备区应保持清洁，应尽可能地使用一次性容器。

3. 储存样品时，应注意以下的问题：

（1）在样品收集后，应采用适当的方法储存样品，避免降解、变质、分解或污染；对挥发性放射性核素，应避免核素的丢失。

（2）分析前需短期储存的样品，要求对样品冷藏、冷冻，或者外加防护剂（如亚硫酸氢钠，酒精），或用甲醛溶液保存生物样品。

（3）样品需要长期储存时，在采样后，应立即将其转换为稳定的样品形式以便储存。

（4）干燥和灰化的样品有利于储存，此时为避免放射性的丢失，也应控制储存的温度。

（5）存储样本的容器应不对样品产生降解，尤其对加酸的液体样本的存储容器，最好使用聚乙烯材料，而不是玻璃。

4. 时间不长的话，奶通常储存在冰箱里。如果预计较长时间的存储，可以添加如甲醛溶液或叠氮化钠防腐剂（5% 水溶液，每升溶液 3.5ml）以防止发酵。必须记录好采样的日期。

## 三、样品的预处理

### （一）食品样品可食部分选取

食品样品应首先进行可食部分选取预处理，通常按以下方式选取可食部分：

1. 粮食类样品应除去砂粒和灰尘等杂物。

2. 薯类样品应用水洗刷除去泥沙，除去腐烂部分。

3. 蔬菜类样品应除去不可食的根、液、把及腐烂部分，水洗去泥沙。

4. 水果类样品应水洗、去皮、去核、去壳。

5. 肉类样品应选肥瘦中等，去骨、水洗。

6. 水产品样品应取鱼肉、虾仁，水洗。

7. 奶类样品可取市售或原奶。

### （二）样品预处理方法

对不能用鲜样直接测量的样品，应根据样品种类和测定核素的特性分别采用不同的预处理方法，其主要预处理方法方法有干燥、炭化、灰化和蒸发。但是对于易挥发核素，推荐使用加入浓硝酸在专用加热装置中分解的处理方法。在样品的预处理中要严格防止待测核素的损失和污染。

1. **干燥处理** 通常应按以下方式干燥样品：

（1）样品应在不高于 105℃ 的条件下干燥，而且应有其相应的干燥时间。例如一般叶菜，可在 105℃温度以下干燥 24 小时；对含放射性碘的样品，烘干温度最好低于 70℃，防止碘升华损失；如需要用干燥样品进行分析时，则应使样品干燥到能通过 2mm 的筛孔。

（2）在干燥过程中应防止污染。

（3）要求称量和记录鲜、湿和干样品的质量。

（4）为了减少放射性核素的挥发丢失，可使用冷冻干燥的方法。

**2. 蒸发处理**　蒸发是浓缩液体样品的通用方法，这种方法应注意以下问题：

（1）当用盘蒸发液体样品时，要避免样本的溅出和损失，尤其是奶，为此，建议使用蒸发灯，最好使用旋转蒸发灯。

（2）使用蒸发系统时，其中蒸发碗应用不吸收放射性核素的材料制成。

（3）一些放射性核素，例如放射性碘，氚，钌，在蒸发过程可能丢失，为此，蒸发时的温度不宜高于 70℃。

（4）在减压状态下使用转动蒸发系统的快速蒸发，可以有满意的效果。转动情况可干燥不同体积，最多 30L。

（5）需要炭化的样品应蒸干。

**3. 样品灰化**　对于需要灰化的蒸干样品或干燥样品，一般应首先将样品炭化，可将适量干燥样品放在不锈钢盘中，然后再放在电炉上炭化，炭化过程中应经常翻动或搅拌，但应防止着明火，以免细灰粒被气流带出。脂肪多的食品样品应加盖并留适当缝隙炭化或皂化（每 50g 脂肪用 2g 无水碳酸钠）后炭化，直到无烟为止。

样品灰化应注意以下问题：

（1）当需要灰化操作时，宜使用低碳镍盘。

（2）若使用内衬铝的其他灰化盘，则应只使用一次。

（3）用于灰化的镍盘应用去污剂或稀的无机酸清洗（通常使用 HCl）。

（4）灰化食物时，在达到初始灰化温度前温度应缓慢提高；要适当调整温度避免燃烧，特别是含磷量高的食物；当温度达到初始灰化温度上限时，温度可以迅速地提高到 400℃，灰化的时间取决于材料的类型和量，一般为 16～24 小时，直到灰分呈白色或灰白色疏松颗粒或粉末为止；必要时，可延长灰化时间；干法灰化的上限温度通常不应超过 400℃；要严格控制灰化温度，以免造成待测放射性核素损失或样品烧结。

（5）进行灰化的样品至少应将样品蒸干或干燥；如果样品灰化受到样品体积的限制，可将样品先炭化后，再进行灰化。

（6）为加快大米等难灰化的食品的灰化速度，可在灰化最后阶段取出冷却后加入适量的硝酸、过氧化氢或亚硝酸钠等助灰化剂，在电炉上蒸干后，再继续在高温炉中灰化，要注意助灰化剂对测量结果的影响，必要时需进行修正。

（7）对灰化时容易挥发的核素，如铯、碘和钌等，应视其理化性质确定其具体灰化温度或灰化前加入适当化学试剂，或改用其他预处理方法；对要分析碘的样品，灰化前应用 0.5mol/L NaOH 溶液浸泡样品十几个小时；牛奶样品在蒸发浓缩或灰化前也应加适量的 NaOH 溶液；$^{137}$Cs 样品的灰化温度不宜超过 400℃。

（8）载体元素和示踪放射性同位素应在灰化前加进样品中。

（9）灰化样后的样品应放在干燥器内冷却后称重。

（10）使用浓硝酸、过氧化氢在微波炉中加热进行湿式灰化时，应随时观察灰化情况，避免样品蒸干引起爆炸。

**4. 样品混匀**　干燥或灰化后的样品一般还应混匀，可以采用不同的方法（例如 V 形搅拌器、混合机、球磨机等）。需要进行二次抽样，要特别注意样品的混匀，如果没有混匀，二次抽样就不能代表总样品；当某些放射性核素被附着或吸收在细或粗大微粒中时很难混匀样品，这时的二次抽样量应大些以确保二次抽样的代表性。

## 四、分析方法

作为食品和饮用水是否受 α 和 β 污染的判断，比较简单的还是按照国家有关标准进行总 α 和总 β 的检测。要进行人员受照剂量的评价还应分别进行不同污染核素的分析。

这里介绍的是通常实验室应用的分析程序。当低和高放射性水平的样品必须在同一设施分析时，必须特别注意污染问题。高放射性水平污染的样品，可不经预处理，可以直接用仪器分析，并可能测定所有 γ 发射体样品。如果本地的监测实验室用直接测量放射性核素，如 $^{137}Cs$，能够测量的浓度到 5～10Bq/kg（或 Bq/L），这是足够的。所有地方的实验室应通过中心实验室对其校准。一般来说，中心实验室的检测水平要低得多，可到 0.1～1Bq/kg，因为使用了更先进的设备，计数时间更长和（或）更精细地样品制备。一般来说，对指定的放射性核素而言，其探测限应是行动（参考）水平的一个很小的分数（1%～10%）。

一般情况下，食品和饮用水中应主要分析表 5-13 中所列的放射性核素。

表 5-13　食品和饮用水中应分析的主要放射性核素

| 食品种类或饮用水 | 应分析的放射性核素 | |
|---|---|---|
| | 具有 γ 放射性的核素 | 纯 β 放射核素 |
| 饮用水 | $^{131}I$, $^{134}Cs$, $^{137}Cs$ | $^{3}H$, $^{89}Sr$, $^{90}Sr$ |
| 牛奶 | $^{131}I$, $^{134}Cs$, $^{137}Cs$ | $^{89}Sr$, $^{90}Sr$ |
| 肉类 | $^{134}Cs$, $^{137}Cs$ | — |
| 蔬菜 | $^{95}Zr$, $^{95}Nb$, $^{103}Ru$, $^{106}Ru$, $^{131}I$, $^{134}Cs$, $^{137}Cs$, $^{144}Ce$ | $^{89}Sr$, $^{90}Sr$ |
| 其他食品 | $^{134}Cs$, $^{137}Cs$ | $^{89}Sr$, $^{90}Sr$ |

在核事故情况下，应重点检测 $^{89}Sr$, $^{90}Sr$, $^{95}Zr$, $^{95}Nb$, $^{103}Ru$, $^{106}Ru$, $^{131}I$, $^{134}Cs$, $^{137}Cs$, $^{140}Ba$, $^{140}La$, $^{238}Pu$, $^{239+240}Pu$ 和 $^{241}Am$ 等核素。

**（一）γ 谱分析**

γ 射线或特征 X 射线发射核素一般应采用 γ 能谱分析方法。γ 能谱分析方法的最大优点是不需要化学分离，有的甚至能直接测量 γ 发射体的原始样品。γ 能谱可以进行定性识别和定量测定样品中的放射性核素。表 5-14 列出了在食品和饮用水中可用 γ 能谱分析的放射性核素，同时也列出了对这些放射性核素的最小可检测活度浓度的要求。

样品的 γ 射线探测器的形式取决于样品类型，现有的设备，放射性核素的组成和活度水平。现在已有一些标准样品的容器，包括尼龙计数样品盘，铝罐和模压马林杯（Marinelli）。根据不同样品和核素类型，选定最小可检测活度浓度，检测效率和考察的放射性核素所需测量时间。在应急情况下要求最小可检测活度浓度至少能合理的估算出食品和饮用水的实用干预水平（OILs）。表 5-14 中列出了应急情况下用于实验室分析的食品，牛奶和水中主要放射性核素的 OILs 值。

**表 5-14　用应急情况下于实验室分析的食品，牛奶和水中主要放射性核素 OILs 的默认值**
（IAEA Safety Standards，No. GSG-2，2011）

| 放射性核素 | OILs（Bq/kg） | 放射性核素 | OILs（Bq/kg） |
|---|---|---|---|
| H-3 | $2 \times 10^5$ | I-125 | $1 \times 10^3$ |
| C-14 | $1 \times 10^4$ | I-131 | $3 \times 10^3$ |
| Co-60 | $8 \times 10^2$ | Cs-134 | $1 \times 10^3$ |
| Sr-89 | $6 \times 10^3$ | Cs-137 | $2 \times 10^3$ |
| Sr-90 | $2 \times 10^2$ | Pu-238 | $5 \times 10^1$ |
| Zr-95 | $6 \times 10^3$ | Pu-239 | $5 \times 10^1$ |
| Nb-95 | $5 \times 10^4$ | Pu-240 | $5 \times 10^1$ |
| Ru-103 | $3 \times 10^4$ | Am-241 | $5 \times 10^1$ |
| Ru-106 | $6 \times 10^2$ | Cf-252 | $4 \times 10^1$ |

一般情况下，要求本底测量时间与样品测量时间满足以下关系：

$$t_b = \sqrt{\frac{x_b}{x_s}} \times t_s \qquad (5-11)$$

式中：$t_b$——本底测量时间；

$t_s$——样品测量时间；

$x_b$——本底计数率；

$x_s$——样品计数率。

当样品的计数率与本底的接近时，总的测量时间（本底与样品测量时间之和）最好不要低于 24 小时。

使用 γ 能谱仪分析的一些具体建议如下：

1. 必须按测量的样品相应的情况选择几何条件，这些样品包括空气过滤器，水，植被，牛奶，新鲜蔬菜和其他食品，淡水和海洋生物。

2. 几何条件必须按样品密度作为 γ 射线能量的函数进行校准。这种校准包括制作几何计数效率与 γ 射线能量的校正曲线。

3. 包括在准备校准曲线时，使用的标准放射性核素应是有可靠来源的（例如国家标准局）。

4. 包括水和肉类，单位密度的材料的校准曲线，可在样品容器的水溶液中使用已知量放射性核素。对大于或小于单位密度的样品，应当用适当的放射性核素标记，应当用标记的基体准备校准曲线。

5. 为确认 γ 能谱仪运行正常，应用如铯 -137 和钴 -60 标准放射性核素每天计数。

**（二）氚活度浓度的测定**

氚的活度浓度用 ISO 9698-2010 推荐的方法进行检测分析。我国也基于此方法建立了相应的检测方法标准。

值得注意的是 IAEA 安全标准 No. GSG-2-2011 推荐的应急情况的实用干预水平为 $2 \times 10^5 Bq/kg$，WHO 推荐的日常的指导水平（GL）为 $2 \times 10^4 Bq/kg$，按 ISO 9698-2010 建议，当氚的活度浓度 $\geq 2 \times 10^4 Bq/kg$，低于 $10^6 Bq/kg$ 时，不需要进行电解浓集预处理，宜用直接闪烁测量方法进行分析。因此，对应急情况只需用 ISO 9698-2010 推荐的直接闪烁测量方法进行分析就可以了。当氚活度浓度高于 $10^6 Bq/kg$，应用蒸馏水将其适当稀释后再进行测量。氚的有机结合形态的丰度很低，一般测量氚是测量氚水，因此，测量食品中的氚时，应首先将食品样品燃烧-氧化将其转换为水再进行分析。

**（三）$^{89}Sr$ 和 $^{90}Sr$ 活度浓度的测定**

$^{89}Sr$ 和 $^{90}Sr$ 活度浓度的测定应按 ISO 最新标准，ISO 13160-2012 建议进行。我国也基于此标准制定了相应的国家标准。常用 $^{89}Sr$ 和 $^{90}Sr$ 活度浓度测定方法如表 5-15。

**表 5-15　常用 $^{89}Sr$ 和 $^{90}Sr$ 活度浓度测定方法比较**

| 方法 | 水样量（L） | 测量时间（s） | $^{89}Sr$ 探测限（Bq ml$^{-1}$） | $^{90}Sr$ 探测限（Bq ml$^{-1}$） |
|---|---|---|---|---|
| 沉淀法 + 正比计数器 | 2 | 60 000 | 10 | 2 |
| 沉淀法 + 液闪 | 1 | 86 400 | 22 | 12 |
| $^{90}Y$ 有机提取物 + 液闪 | 1 | 86 400 | — | 15 |
| $^{90}Y$ 有机提取物 + 正比计数器 | 1～200 | 6000 | | 0.1～15 |
| 离子交换分离 + 正比计数器 | 1～6 | 86 400 | | 5 |
| 特定冠醚树脂分离 + 液闪 | 1 | 3600 | | 50 |

虽然最常用的方法是硝酸沉淀分离锶，但从表 5-12 中可以看出，这种方法需要测量时间较长，而且化学分离过程复杂，不宜用于核事故应急检测。特定冠醚树脂分离 + 液闪的方法需要的测量时间较短，而且化学分离简单，较适于用来进行核事故应急检测。

**（四）$^{238}Pu$、$^{239+240}Pu$ 活度浓度的测定**

$^{238}Pu$、$^{239+240}Pu$ 用 ISO 18589-4-2009 推荐的方法进行检测分析。我国也基于此方法制定了相应的国家标准。

这个方法推荐了三种化学分离方法，即：液液萃取、离子交换树脂萃取或色谱树脂特定萃取方法。源的制备是通过在测量盘（不锈钢盘）上用电沉积或共沉淀方法制备测试源。确定这种技术的化学回收率时，使用 $^{236}Pu$ 或 $^{242}Pu$ 作钚示踪剂。用 α 谱仪对测试源、空白样品和校准源，用相同的设备和测量条件进行测量。

**（五）$^{90}Sr$、$^{239+240}Pu$ 和 $^{241}Am$ 的联合分析**

用于环境样品（如土壤，沉积物，空气过滤器和植物样品）中 $^{239+240}Pu$，$^{238}Pu$，$^{241}Am$ 和 $^{90}Sr$ 的联合测定程序主要用于核事故应急监测，也可用于日常监测。图 5-3 是 $^{90}Sr$、$^{239+240}Pu$ 和 $^{241}Am$ 的联合分析流程图。

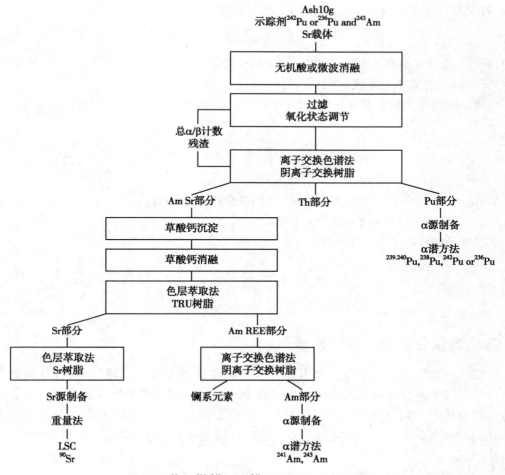

图 5-3　$^{90}Sr$、$^{239+240}Pu$ 和 $^{241}Am$ 的联合分析流程图

# 第五节　数据处理及质量控制

## 一、回收率测定

在等量待测样品灰(或干、鲜样)中,加入已知量标准物质或放射性示踪剂,称加标样品,同样测量待测样品和加标样品,可以用下式计算出回收率:

$$R(\%) = \frac{m_1}{m} \times 100 \qquad (5-12)$$

式中:$R$——回收率,%;

$m$——加入标准物质量或示踪剂放射性的量,g 或 Bq;

$m_1$——加标样品和待测样品的测出量增值,g 或 Bq。

## 二、标准差计算

当测量的量满足正态分布,标准差 $\sigma_0$ 是决定正态分布形状的特征量,而且是一个恒定

的量,此时可用下式计算正态分标准差 $\sigma_0$:

$$\sigma_0 = \sqrt{N/F} \tag{5-13}$$

式中:$F$——测量样品的计数到活度的校准因子,计数 /Bq;

$N$——样品计数率或本底(包括空白样,基线)计数。

当测量的量不满足正态分布,这时单个样品净计数率的标准差($S_0$)用下式计算:

$$S_0 = \sqrt{\frac{1}{F}\left(\frac{N_s}{t_s^2} + \frac{N_b}{t_b^2}\right)} \tag{5-14}$$

式中:$F$——测量样品的校准因子,(计数 /s)/Bq;

$N_s, N_b$——分别为样品计数率和本底(包括空白样,基线)计数;

$t_s, t_b$——分别为样品和本底测量时间,s。

本底样品的标准差($S_b$)用下式计算:

$$S_b = \sqrt{\frac{1}{F}\frac{n_b}{t_b}} \tag{5-15}$$

式中:$n_b = N_b / t_b$。

## 三、测量分析能力的判断量

测量分析过程的分析能力主要用判断阈($L_C$)和探测限($L_D$)描述,一般称这些量为测量分析过程的基本特征量。判定阈(decision threshold):是用来判断样品是否有必要进行放射性检测的一个判定值,通常用 $a^*$ 表示。探测限(detection limit)也称为最小可探测限(minimum detectable limit),是能与本底,或空白,或基线值区分开的最小可探测信号值,通常用 $a^\#$ 表示。

### (一)判断阈($a^*$)的计算

在检测量服从正态分布的情况下,$L_C$ 用下式计算:

$$a^* = z_{1-\alpha}\sigma_0 \xrightarrow{\text{95\% 置信水平}} 1.645\sigma_0 \tag{5-16}$$

式中:$Z_{1-\alpha}$ 是检测量的正态分布的单边临界值。

在检测量不服从正态分布的情况下,$L_C$ 用下式计算:

$$L_C = t_{1-\alpha, \nu}S_b \xrightarrow{\nu=4} 2.132S_b \tag{5-17}$$

式中:$t_{1-\alpha}$ 是检测量的 t 分布的单边临界值,$\nu$ 是测量系列的自由度,$S_b$ 是本底测量的标准差。

### (二)探测限($a^\#$)的计算

在检测量服从正态分布的情况下,$L_D$ 用下式计算:

$$a^\# = a^* + z_{1-\beta}\sigma_D \xrightarrow{\text{95\% 置信水平}} 2L_C = 3.29\sigma_0 \tag{5-18}$$

式中:$Z_{1-\beta}$ 是标准正态分布的单边临界值。

在检测量不服从正态分布的情况下,$a^\#$ 用下式计算:

$$a^\# \approx 2t_{1-\alpha, \nu}S_b \xrightarrow{\nu=4} 4.26S_b \tag{5-19}$$

式中:$\nu$ 是自由度,当样本数局够大时,将与自由度的关系不大。

若考虑探测效率和 $\gamma$ 衰变的跃迁几率对上述结果的影响，则上述计算应当乘以以下的修正因子：

$$f_x = \frac{1}{\varepsilon P_\gamma}$$

式中：$\varepsilon$——分析核素特定能量的探测效率（≤1）；

$P_\gamma$——对相对于计数效率为 $\varepsilon$ 的能量的 $\gamma$ 衰变的跃迁几率，其值≤1。

## 四、不确定度评估

除平均值外，通常描述测量结果的特征量还有不确定度和置信区间。

### （一）不确定度

食品和饮用水分析结果的不确定度由三个主要阶段决定：

1. 实验室外的操作阶段（$u_s$），包括采样，样品的包装，运输和储存。

2. 样品的预处理阶段（$u_{sp}$），包括样品预处理、样品制备和二次抽样。

3. 分析阶段（$u_A$），包括提取，净化，蒸发，测量源制备，仪器测定等。

食品和饮用水分析结果的合成标准不确定度（$u_c$）用下式计算：

$$u_c = \sqrt{u_S^2 + u_{Sp}^2 + u_A^2} \tag{5-20}$$

食品和饮用水分析中，通常仅需要估算实验室部分的不确定度，而且，计数时间的不确定度可以忽略，这时食品和饮用水活度浓度的合成不确定度用式（5-21）计算：

$$\begin{aligned}u(a) &= \sqrt{\omega^2 \cdot [u^2(n_g) + u^2(n_0) + a^2 \cdot u_{rel}^2(\omega)]} \\ &= \sqrt{\omega^2/(n_g/t_g + n_0/t_0) + a^2 \cdot u_{rel}^2(\omega)}\end{aligned} \tag{5-21}$$

式中：$a$ 是单位质量或单位体积的放射性活度；$n_g$ 是测试样品的计数率；$n_0$ 是本底计数率；$t_g$ 是测试样品计数时间；$t_0$ 是本底计数时间；$u_{rel}(\omega)$ 是 $\omega$ 的相对合成不确定度；$\omega$ 是影响活度结果的主要因素（例如质量、化学收率等）相关的修真量。

在应急检测的情况下，可不必准确评估不确定度，而默认在 95% 的置信水平其相对扩展不确定度为 50%。

### （二）置信限

置信限通常表示为置信限上限 $a^\triangleleft$，和置信限下限 $a^\triangleright$。当 $a \geq 4 \geq u(a)$ 时，此时的置信限用公式（5-22）给出：

$$a^{\triangleleft,\triangleright} = \bar{a} \pm k_{1-\gamma/2} \cdot u(a) \tag{5-22}$$

式中：$\bar{a}$ 是单位质量或单位体积的放射性活度的均值。在食品和饮用水检测的情况下，取 $\gamma = 0.05$ 和 $k_{1-\gamma/2} = 1.96$。从而，公式（5-22）可以简化为如下形式：

$$a^{\triangleleft,\triangleright} = \bar{a} \pm 1.96u(a) \tag{5-23}$$

## 五、结果表示

按 GBZ/T 27025-2008 的要求给出检测报告，其内容至少应包括以下信息：

1. 样本的识别。

2. 表示结果的单位。

3. 检测结果，$a_A \pm U(a_A)$ 及其相应 $k$ 值。

检测报告可以根据具体情况提供以下的补充信息：

1. 几率 $\alpha$，$\beta$ 和 $(1-\gamma)$ 的值。

2. 判定阈和探测限。

3. 当测量结果（单位质量的活度）$a$ 等于或低于判断阈时，可直接表示为 $a \leqslant a^*$。

4. 当测量结果（单位质量的活度）$a$ 等于或低于探测限时，可直接表示为 $a \leqslant a^\#$。若探测限超过指导水平或参考水平，应标明选用的方法不适宜于检测的目的等。

## 六、分析的质量控制

建立质量保证方案是基本防护标准的要求。另外，实验室还应当进行质量管理体系的认证。质量保证方案应：①为满足防护和安全的相关要求给出足够的保证；②为审查和评估整体防护和安全措施的效能，建立有质量控制机制和程序。

### （一）源监测的质量保证

这里的源监测包括：在线监测，周期性采集和分析介质样品的连续监测，周期采集和分析短期样品的监测（例如，分批的液体排放）。不管使用监测的类型如何，排放到环境的代表性样品的采集基本上是监测过程的第一步。

传递和采集气载排放的代表性样本的可靠系统不同阶段的要求如下。

在运行前期阶段，应当使样本的抽取程序化，并由独立的机构对其进行审查。在设备安装之前，在取样位置通过适当的性能测试，确认排放是否彻底的混合，并使其程序化。正确的安装，包括泄漏和抽样系统的热示踪检验，进一步确认和程序化。估算样品抽取和传送过程中的损失，建立适当的修正因子，并程序化，通过审管部门的评估。

在运行阶段，为确保采样系统继续完好，应周期性开展泄漏检验。应周期性进行日常（或自动）热示踪检验（如果需要避免冷凝），并程序化。

基于预期的排放成分（放射性核素、粒子大小和化学形式），仔细选择空气样品采集的介质，对介质的特性进行周期性检验。通常使用两个滤片（或木炭盒或其他收集器），并比较两个滤片上累积的放射性活度。

为精确的估算排放，测量排放和抽样流量是最基本的，因此，质量保证方案应覆盖这方面的内容。不同时间，气载排放的流量也许会发生变化，应记录这种变化。应对空气和液体流量计进行日常校准和记录，并使其能溯源到国家或国际基准。为确保能正确计算出排放和抽样量，应评估相关的记录。

### （二）校准和控制设备

为确保测量结果可靠，用于测量放射性的仪器，不论是在线或是样品测量，用可溯源到国家或国际基准的源进行校准是极其关键的。这些仪器包括：放射性活度测量仪器、现场 $\gamma$ 能谱仪系统、手提式剂量率仪，以及固定式剂量率仪测量系统等。应由一个经认可的适当的实验室进行校准。操作者有责任审查仪器的校准信息，并确保每个仪器按规定安排校准。

在应急条件下应使用经校准的高量程监测仪。系统的任何偏离线性响应都应引起注意和记录。审管部门应评估校准数据，以便能确保仪器的测量范围满足事故监测的要求。为确保事故后采集的样品能安全取回，事先应进行一个全面的分析，并送审管部门。

操作者和审管部门应定期对仪器校准记录进行独立的评估。

应开展例行的操作和本底计数率测量的检查,此时也许需要使用检验源。然而,这样的检查不能替代定期的校准。例行检查的结果应记录在值班日志或其他仪器的永久性文件中。

**（三）放射性分析操作的质量**

一个有效的实验室管理系统应当包括这方面的内容。开展放射化学分析的实验室,在进行如下分析时,应符合国家标准的建议:①能力测试,或与其他实验室比对;②设置空白平行样品以保证在试剂中没有不希望的放射性或抽样时的交叉污染;③分析参考材料;④进行平行样品分析;⑤有资质机构的评审。

使用的平行样,参考物质将是通常实验室常规标准化的一部分。未公布的平行样和参考物质可用作实验室质量体系的检查,特别是承包的实验室。

**（四）样品计数中的质量**

对用于测量放射性活度仪器的要求取决于规章的要求和监测任务的复杂程度。在线的气载和液体放射性监测中也许要使用 α、β 和 γ 能谱仪系统,不同类型的总 α 或总 β 放射性计数以及液闪探测器,决定于具体的要求。登记设备可以不像许可设备要求那样严格,但对可能用到的仪器的质量保证也是重要的。

为确保仪器的输出(例如放射性计数结果)能正确地计算出活度浓度,应对原始数据和计算过程进行例行检查。因此,当对原始样品中的放射性或相关样品系数进行测量时,应记录和保持相关的数据(使用的仪器,总计数率,本底计数率,计数效率,原始样品中空气或水的体积)。对谱仪测量,同样应当记录和保存能量校准、峰识别和减除本底的过程。用于计算测量结果的不确定度,或计算最低探测水平,在样品的分析记录中应清楚地记录。分析数据和计算的核查和评估也应记录在文件中。

采用适当的修正方法是必要的,例如,用矩阵、衰变/生长、γ 能谱测量的符合重叠等修正。当使用这类修正,应完全记录在文件中,还包括记录他们对总不确定度的贡献。

# 第六节　外照射剂量估算

## 一、X、γ 外照射剂量估算

外照射剂量估算包括 X、γ 外照射剂量估算、中子外照射剂量估算、β 外照射剂量估算和基于核事故现场检测数据的剂量估算。

**（一）估算的基本公式**

公式(5-24)是 X、γ 外照射剂量估算的基本公式。

$$D_m = \dot{k}_a \cdot \frac{(\mu_{en}/\rho)_m}{(\mu_{en}/\rho)_a} \cdot t \cdot (1-g) \tag{5-24}$$

式中：$D_m$ 是介质 m 的吸收剂量,Gy;

$\dot{k}_a$ 是空气比释动能,Gy/h;

$\mu_{en}/\rho$ 是质能吸收系数,其值可从第一章的表 1-7 中查到;

$t$ 是累计照射时间，h；

$g$ 是电离辐射产生的次级电子消耗于轫致辐射的能量占其初始能量的份额，在空气中对于 $^{60}$Co 和 $^{137}$Cs γ 射线，$g=0.32\%$，对于最大能量小于 300keV 的 X 射线，$g$ 值可忽略不计；

脚标 a 表示空气；m 表示 m 介质，在人员剂量估算中，m 主要指肌肉。有时也指骨。

从公式可以看出，要估算吸收剂量的关键在于测量或估算 $\dot{k}_a$。

**（二）用个人监测数据估算 $\dot{k}_a$**

如果有个人监测的个人剂量当量 $Hp(10)$，则，$\dot{k}_a$ 可用公式（5-25）计算：

$$\dot{k}_a = \frac{C_{pk}}{t} H_p(10) \tag{5-25}$$

式中：$t$ 是佩戴周期中的累计照射时间，h；

$C_{pk}$ 是个人剂量当量到空气比释动能的转换系数，Gy/Sv，其值可从表 5-6 查到。

**（三）用场所监测数据**

**1. 用比释动能率校准的仪器** 这时可以用直接测量的将估算剂量的组织或器官相应位置的 $\dot{k}_a$，将这个值直接代入式（5-24）就可以估算吸收剂量。

**2. 用周围剂量当量率校准的仪器** 这时的测量结果是 $\dot{H}^*(10)$，通过公式（5-26）可以计算 $\dot{k}_a$。

$$\dot{k}_a = C_{Hk} \dot{H}^*(10) \tag{5-26}$$

式中：$\dot{H}^*(10)$ 是深度为 10mm 的周围剂量当量率，Sv/h；

$C_{Hk}$ 是周围剂量当量到空气比释动能的转换系数，Gy/Sv，其值可从 ICRP74 查出。

**3. 用定向剂量当量率校准的仪器** 这时的测量结果是 $\dot{H}'(0.07)$，通过公式（5-27）可以计算 $\dot{k}_a$。

$$\dot{k}_a = C_{Hk} \dot{H}'(0.07) \tag{5-27}$$

式中：$\dot{H}'(0.07)$ 是深度为 0.07mm 的定向剂量当量率，Sv/h；

$C_{H \cdot k}$ 是定向剂量当量到空气比释动能的转换系数，Gy/Sv，其值可从 ICRP74 查出。

**4. 用注量率校准的仪器** 这时的测量结果是 $\dot{\phi}$，通过公式（5-28）可以计算 $\dot{k}_a$。

$$\dot{k}_a = C_{\phi k} \dot{\phi} \tag{5-28}$$

式中：$\dot{\phi}$ 是注量率，cm$^{-2} \cdot$ h$^{-1}$；

$C_{\phi k}$ 是注量到空气比释动能的转换系数，Gy $\cdot$ cm$^2$，其值可从 ICRP74 查出。

**（四）用源项信息**

**1. 简单的点源估算模式** 对点状 X、γ 辐射源而言，在它的辐射场中任意一点处空气比释动能率与放射性活度间的关系是：

$$\dot{\kappa} = \frac{A \cdot \Gamma_k}{R^2} \tag{5-29}$$

式中：$\dot{\kappa}$ 是空气比释动能率，Gy/s；

$A$ 是源的放射性活度，Bq；

$\Gamma_k$ 是空气比释动能率常数，Gy $\cdot$ m$^2 \cdot$ Bq$^{-1} \cdot$ s$^{-1}$，常用核素 $\Gamma_k$ 值列在表 5-16 中；

$R$ 是放射点源到考察点的距离，单位，m。

表5-16　常用放射性核素的空气比释动能率常数 $\Gamma_k$（GB/T 16149）

| 核素 | $\Gamma_k$　mGy·m²·GBq⁻¹·h⁻¹ | 核素 | $\Gamma_k$　mGy·m²·GBq⁻¹·h⁻¹ |
|---|---|---|---|
| $^{22}$Na | 0.34 | $^{131}$I | 0.062 |
| $^{24}$Na | 0.51 | $^{132}$I | 0.36 |
| $^{42}$K | 0.039 | $^{133}$Ba | 0.093 |
| $^{46}$Sc | 0.31 | $^{140}$Ba | 0.043 |
| $^{48}$V | 0.44 | $^{134}$Cs | 0.25 |
| $^{54}$Mn | 0.15 | $^{137}$Cs | 0.095 |
| $^{56}$Mn | 0.24 | $^{140}$La | 0.34 |
| $^{59}$Fe | 0.18 | $^{141}$Ce | 0.014 |
| $^{58}$Co | 0.16 | $^{152}$EU | 0.19 |
| $^{60}$Co | 0.36 | $^{182}$Ta | 0.22 |
| $^{75}$Se | 0.14 | $^{187}$W | 0.086 |
| $^{95}$Nb | 0.12 | $^{192}$Ir | 0.14 |
| $^{106}$Ru | 0.0071 | $^{198}$Au | 0.067 |
| $^{110m}$Ag | 0.42 | $^{227}$Ac | 0.0020 |
| $^{113}$Sn | 0.042 | $^{226}$Ra | 0.0022 |
| $^{124}$Sb | 0.28 | $^{234}$U | 0.018 |
| $^{132}$Te | 0.049 | $^{241}$Am | 0.037 |
| $^{125}$I | 0.038 | | — |

注：基础数据来源：Frank H. Attix and William C, Roesch, Radiaon Dosimetry, Volume 1, Academic Press, New York and London, 1968

公式 5-29 是简单的点源估算模式，也称为反平方点源公式。在实际情况下，还考虑介质的散射和吸收，此时式 5-30 要改用式 5-30：

$$\dot{k} = \frac{A \cdot \Gamma_k}{R^2} \exp\left(-\mu_s d - \mu_f f - \mu_m m\right) \cdot \left[1 + SPR(m_{ij})\right] \qquad (5\text{-}30)$$

式中：$\mu_s$，$\mu_f$，$\mu_m$ 分别是储源材料、屏蔽材料和人体组织的有效线性衰减系数；

$d$、$f$、$m$ 分别是射线在储源材料、屏蔽材料和人体模型内经过的距离；

$SPR(m)$ 是射线在体模内经过距离为 $m$ 时，散射线造成的剂量与原射线的之比。

**2. 非点源辐射场空气比释动能估算模式**　公式 5-32 是线源辐射场一维空气比释动能率估算模式。

$$\dot{k} = \frac{A \cdot \Gamma_k}{L_1} \int_{L_1} \left[ \frac{1}{R_i^2} \cdot \exp\left(-\mu_s d_i - \mu_f f_i - \mu_m m_i\right) \cdot \left[1 + SPR(m_i)\right] \right] dL_1 \qquad (5\text{-}31)$$

式中：$L_1$ 是线源的总长度，一维是对整个线源积分；

$R_i$ 是第 $i$ 次随机抽样时源点与靶器官点之间的距离；

$d_i$，$f_i$，$m_i$ 分别是第 $i$ 次抽样时射线在储源材料、屏蔽材料和人体模型内经过的距离。

公式 5-33 是面源辐射场二维空气比释动能率计算公式。

$$\dot{k} = \frac{A \cdot \Gamma_k}{S_1} \int_{S_1} \left[ \frac{1}{R_i^2} \cdot \exp\left(-\mu_s d_i - \mu_f f_i - \mu_m m_i\right) \cdot \left[1 + SPR(m_i)\right] \right] dS_1 \tag{5-32}$$

式中：$S_1$ 是面源的总面积，二维是对整个面源积分。

公式（5-33）是体源辐射场三维空气比释动能率计算公式。

$$\dot{k} = \frac{A \cdot \Gamma_k}{V_1} \int_{V_1} \left[ \frac{1}{R_i^2} \cdot \exp\left(-\mu_s d_i - \mu_f f_i - \mu_m m_i\right) \cdot \left[1 + SPR(m_i)\right] \right] dV_1 \tag{5-33}$$

式中：$V_1$ 是体积源的总体积，三维是对整个体积源积分。

在过去的剂量学书中都介绍了上述积分的数字算法，十分繁杂，计算也十分困难。但应用 MC 算法使问题得到了根本性解决。这时只需要在线、面和体积源上随机抽取足够多的点 $N$，上述的三个非点源的公式可以分别用点源计算的方法表示出来，从而可以得到：

$$\dot{k} \approx \frac{A \cdot \Gamma_k}{L_1} \sum_{i=1}^{N} \frac{1}{R_i^2} \cdot \exp\left(-\mu_s d_i - \mu_f f_i - \mu_m m_i\right) \cdot \left(1 + SPR(m_i)\right) \tag{5-34}$$

$$\dot{k} \approx \frac{A \cdot \Gamma_k}{S_1} \sum_{i=1}^{N} \frac{1}{R_i^2} \cdot \exp\left(-\mu_s d_i - \mu_f f_i - \mu_m m_i\right) \cdot \left(1 + SPR(m_i)\right) \tag{5-35}$$

$$\dot{k} \approx \frac{A \cdot \Gamma_k}{V_1} \sum_{i=1}^{N} \frac{1}{R_i^2} \cdot \exp\left(-\mu_s d_i - \mu_f f_i - \mu_m m_i\right) \cdot \left(1 + SPR(m_i)\right) \tag{5-36}$$

当 $N \to \infty$ 时，公式（5-34）、（5-35）和（5-36）的计算结果就分别与公式（5-31）、（5-32）和（5-33）的计算结果一致。公式（5-34）、（5-35）和（5-36）还可以分别简化为以下的形式：

$$\dot{k} \approx \frac{1}{L_1} \sum_{i=1}^{N} \dot{\kappa}_i \tag{5-37}$$

$$\dot{k} \approx \frac{1}{S_1} \sum_{i=1}^{N} \dot{\kappa}_i \tag{5-38}$$

$$\dot{k} \approx \frac{1}{V_1} \sum_{i=1}^{N} \dot{\kappa}_i \tag{5-39}$$

其中，$\dot{\kappa}_i$ 用下式计算：

$$\frac{1}{R_i^2} \cdot \exp\left(-\mu_s d_i - \mu_f f_i - \mu_m m_i\right) \cdot \left(1 + SPR(m_i)\right) \tag{5-40}$$

公式（5-37）～（5-39）就是 Monte Carlo 计算的剂量数学模式，也是建立计算机模拟计算的基本剂量模式。要注意的是，以上三个公式的随机抽样区域是不一样的，分别是线（$L_1$）、面（$S_1$）和体（$V_1$）。

值得注意的是，当源与人之间的距离（$R_i$）太小时（例如小于 0.3m）用上述方法估算的结果可能带来很大误差，有时可差数量级。这种情况下应当使用美国医学物理师学会（AAPM）第三工作组 TG43 报告中推荐的方法进行剂量重建。

## 二、中子外照射剂量估算

### （一）通用估算公式

公式（5-41）是中子外照射剂量估算的基本公式：

$$D_T = C_{\Phi D}\dot{\phi}_n \cdot t \tag{5-41}$$

式中：$D_T$ 是器官或组织的吸收剂量，Gy；

$C_{\phi D}$ 是中子注量到器官或组织的吸收剂量的转换系数，Gy·cm$^2$，其值可从 ICRP74 中查到；

$\dot{\phi}_n$ 是中子注量率，cm$^{-2}$·h$^{-1}$；

$t$ 是累计受照时间，h。

从公式（5-41）中可以看出，中子剂量估算的关键在于测量或估算中子注量率，$\dot{\phi}_n$。

### （二）有个人监测值

这时可以基于个人剂量当量测量结果 $H_p(10, \alpha)$，通过公式（5-42）可以计算 $\dot{\phi}_n$

$$\dot{\phi}_n = \frac{C_{p\phi}(\alpha)}{t_p} H_p(10, \alpha) \tag{5-42}$$

式中：$H_p(10, \alpha)$ 是监测周期内的累积受照时间 $t_p$ 小时，入射角为 $\alpha$ 时的个人剂量当量，Sv；

$C_{p\phi}(\alpha)$ 是个人剂量当量到注量的转换系数，Sv$^{-1}$·cm$^{-2}$，其值的倒数可以从表 5-6 中查到，要注意 $C_{p\phi}(\alpha)$ 依赖于射线入射角度，$\alpha$。

### （三）无个人监测值

1. **用场所仪器测量中子注量率**　这时可以直接得到中子注量率 $\dot{\phi}_n$，从而可用公式（5-41）估算器官或组织的吸收剂量。

2. **用场所仪器测量周围剂量当量**　这时的测量结果是 $\dot{H}^*(10)$，通过公式（5-43）可以计算 $\dot{\phi}_n$。

$$\dot{\phi}_n = C_{H^*\Phi}\dot{H}^*(10) \tag{5-43}$$

式中：$\dot{H}^*(10)$ 是周围剂量当量率，mSv/h；

$C_{H^*\Phi}$ 是周围剂量当量到注量的转换系数，Sv$^{-1}$·cm$^{-2}$，其的倒数可以从表 5-6 中查到。

## 三、电子外照射剂量估算

### （一）有辐射场注量资料

当有电子辐射场注量和能量信息时，在 AP 照射条件下，可以用公式（5-44）计算器官剂量当量，$D_T$。

$$D_T = C_{e\phi T} \cdot \phi_e \tag{5-44}$$

式中：$C_{e\Phi T}$ 是电子注量到器官剂量的转换系数，单位，pGy·cm$^2$，其值可从 ICRP74 查出。

$\phi_e$ 是中子注量，单位，cm$^{-2}$。

### （二）有辐射场定向剂量当量资料

当有电子辐射场定向剂量当量监测数据和中子能量信息时，可用公式（5-45）先计算出电子注量，再用公式（5-44）计算器官剂量。此时的估算仅适用于全身均匀照射的情况。

$$\phi_e = H'(d, 0^0) \times R(0.07, \alpha) / C_{e\phi H} \tag{5-45}$$

式中：$C_{e\phi H}$——电子注量到周围剂量当量的转换系数，单位，pSv·cm$^2$，其值可从 ICRP74 查出。

$R(0.07, \alpha)$——入射角度为 $\alpha$ 时，相对于入射角度为 0° 时的定向剂量当量修正值。

### 四、基于核事故现场检测数据的剂量估算

事故早期的外照射主要有烟羽外照射（γ 和 β 外照射）、核素地面沉积的 γ 外照射和皮肤和衣服上表面核素沉积的 β 外照射。其详细的估算方法可参考国家标准《核事故应急情况下公众受照剂量估算的模式和参数》（GB/T 17982-2000）。

## 第七节 内照射剂量估算

### 一、用个人监测数据估算剂量

在本章第二节中已较详细描述了这种情况下的剂量估算，这里不再重复。

### 二、用食品和水的监测数据估算剂量

#### （一）内照射剂量估算的基本方法

内照射剂量估算的基本方法是剂量系数方法，公式（5-46）和（5-47）是内照射剂量估算的基本公式。

$$H_T(\tau) = I_0 h_T(\tau) \tag{5-46}$$

式中：$H_T(\tau)$ 是待积器官当量剂量，Sv；

$h_T(\tau)$ 是待积组织或器官的剂量系数，即每单位摄入量所致的待积组织或器官当量剂量的预定值，单位为 Sv/Bq；

$I_0$ 是放射性核素的摄入量，单位为 Bq。

$$E(\tau) = I_0 e(\tau) \tag{5-47}$$

式中：$E(\tau)$ 是待积有效剂量，Sv；

$e(\tau)$ 是待积组织或器官的剂量系数，即每单位摄入量所致的待积组织或器官当量剂量的预定值，单位为 Sv/Bq。

从公式（5-46）和公式（5-47）可以看出，原则上只要能估算出摄入量（$I_0$）再结合 ICRP 给出的 $h_T(\tau)$ 或 $e(\tau)$ 值，就可以方便地计算出待积组织当量剂量 $H_T(\tau)$ 或待积有效剂量 $E(\tau)$。

#### （二）摄入量估算

1. 饮用水情况下用公式（5-49）进行摄入量估算。

$$I_{j\text{喝水}} = c_{j\text{水}} Q_{\text{水}} \tag{5-48}$$

式中：$c_{j\text{水}}$ 是放射性核素 $j$ 在水中的含量（Bq/kg）；

$Q_{\text{水}}$ 是饮用水量（kg）。饮用水量也随地区、年龄、习惯等因素而异，UNSCEAR 的成人资料为 500kg/a。

2. 食品情况下用公式进行摄入量估算。

$$I_{j食用} = \sum_i c_{ji食} Q_{i食} \tag{5-49}$$

式中：$c_{ji食}$ 是放射性核素 $j$ 在 $i$ 类食品中的含量（Bq/kg）；

$Q_{i食}$ 是 $i$ 类食品的食用量（kg）。

## 三、核事故下摄入量的估算

### （一）事故早期

事故早期的内照射估算主要考虑烟羽经过时对核素的吸入以及对再悬浮核素的摄入。在烟羽经过期间，可使用下式来简单估算 j 类放射性核素的摄入量 $I_0$：

$$I_0 = \psi_j B \tag{5-50}$$

式中：$\psi_j$ 是近地面空气中 $j$ 类放射性核素的时间积分浓度，$Bq \cdot s \cdot m^{-2}$；

B 是人的呼吸率，$m^3 \cdot h^{-1}$，UNSCEAR 的成人建议值为 $0.83m^3/h$，1 岁以下、1 岁、5 岁、10 岁和 15 岁的建议值分别为 $0.13m^3/h$、$0.23m^3/h$、$0.37m^3/h$、$0.60m^3/h$、$0.77m^3/h$。表 5-17 中列出了 ICRP 关于呼吸率的建议值。

**表 5-17　ICRP 对不同条件下呼吸率（$m^3 \cdot h^{-1}$）的建议值**（IAEA. Safety Reports Series No. 37）

| 运动状态 | 年龄组 | | | | | |
|---|---|---|---|---|---|---|
| | 3 个月 | 1 岁 | 5 岁 | 10 岁 | 15 岁 | 成人 |
| 睡眠 | 0.09 | 0.15 | 0.24 | 0.31 | 0.42 | 0.45 |
| 休息 | — | 0.22 | 0.32 | 0.38 | 0.48 | 0.54 |
| 轻体力活动 | 0.19 | 0.35 | 0.57 | 1.12 | 1.38 | 1.5 |
| 重体力活动 | — | — | — | 2.22 | 2.92 | 3.0 |

注：3 个月婴儿和 1 岁、5 岁儿童的呼吸率男女一样，对于其他年龄会有差异，表中均为男性呼吸率值。

对于再悬浮于空气中的放射性核素，可使用下式来估算：

$$I_0 = C_{jg} B \int_0^\tau K(t) e^{-\lambda_R t} dt \tag{5-51}$$

式中：$C_{jg}$ 是地面沉积 $j$ 类放射性核素表面比活度，$Bq \cdot m^{-2}$；

$\lambda_R$ 是该核素的物理衰变常数，$s^{-1}$；

$\tau$ 是积分时间，s，一般事故早期为一周，事故中期为一年；

$K(t)$ 是时间依赖再悬浮因子，$m^{-1}$，定义为空气中再悬浮核素浓度与该核素地面沉积核素表面比活度之比。

### （二）事故中期

食入 $k$ 类未加工处理的被 $j$ 类放射性核素污染食物的 $I_{kj0}$ 可用以下公式：

$$I_{kj0} = C_{kj} I_k G_{kj} \tag{5-52}$$

式中：$C_{kj}$ 是食物 $k$ 中 $j$ 类放射性核素的峰值比活度，$Bq \cdot kg^{-1}$；

$I_k$ 是食物 $k$ 的年食入量，$kg \cdot a^{-1}$；

$G_{kj}$ 是食物 $k$ 中 j 类放射性核素比活度的 1 年积分值与某一指定时刻该食物中核素比活

度的比值，Bq·a·kg$^{-1}$/(Bq·kg$^{-1}$)。食入经加工处理的被污染食物后，这时应考虑放射性核素在加工处理中的损失，这时 $I_0$ 可用以下公式计算：

$$I_0 = I_{01}/f \tag{5-53}$$

式中：$I_{01}$ 是未经加工处理的被污染食物所致的摄入量，Bq；

$f$ 是未经加工处理的被污染食物中放射性核素比活度与经过清洗等加工处理后的比活度的比值，一般而言，$f=1$，而对于去皮后食用或易于去污的食物 $f=100$。

对饮用被污染的饮用水后 j 类放射性核素的 $I_{j0}$ 可用以下公式估算：

$$I_{j0} = C_{jw} I_w \frac{1 - e^{-\lambda_{jR} t}}{\lambda_{jR}} \tag{5-54}$$

式中：$C_{jw}$ 是饮用水中 $j$ 类放射性核素在峰值时刻或归一化时刻的比活度，Bq·L$^{-1}$；

$I_w$ 是被污染饮用水的年饮用量；

$\lambda_{jR}$ 是核素 $j$ 的物理衰变常数，a$^{-1}$；

$t$ 是摄入被污染饮用水的持续时间，a。

更详细的估算方法可参考国家标准《核事故应急情况下公众受照剂量估算的模式和参数》（GB/T 17982-2000）。

# 参 考 文 献

1. IAEA Safety Guide，No. RS-G-1.8，Environmental and Source Monitoring for Purposes of Radiation Protection，2005

2. IAEA Safety Standards，No. GSG-2，Criteria for Use in Preparedness and Response for a Nuclear or Radiological Emergency，2011

3. IAEA Safety Reports Series No. 64，Programmes and System for Source and Environmental Radiation Monitoring，2010

4. IAEA TECDOC-1092，Generic Procedures for Monitoring in a Nuclear or Radiological Emergency，1999

5. IAEA IAEA-TECDOC-1401，Quantifying uncertainty in nuclear analytical measurements，2004

6. ICRP 78，Individual Monitoring for Internal Exposure of Workers，Ann. ICRP 27(3-4)，1997.

7. WHO，Guidelines for Drinking-water Quality，Fourth Edition，2011

8. Codex Alimentarius Commission(CAC)，Codex general standard for contaminants and toxins in food，CAC/GL5-2006

9. Codex Alimentarius Commission(CAC)，Guidelines on estimation of uncertainty of results，CAC/GL 59-2006

10. INTERNATIONAL UNION OF PURE AND APPLIED CHEMISTRY，Recommendations in evaluation of analytical methods including detection and quantification capabilities，IUPAC Commission on Analytical Nomenclature，Pure and Appl. Chem. 67(1995)1699-1723

11. ISO 9696，Water quality — Measurement of gross alpha activity in non-saline water — Thick source method，2007

12. 16、ISO 9697，Water quality — Measurement of gross beta activity in non-saline water — Thick source method，2008

13. ISO 9698-2010,《Water quality — Determination of tritium activity concentration — Liquid scintillation counting method》

14. ISO 13160-2012,Water quality — Strontium 90 and strontium 89 — Test methods using liquid scintillation counting or proportional counting

15. L.A.Zhang. A Retrospective Dosimetry Method for Occupational Dose for Chinese Medical Diagnostic X ray Workers,Rad. Prot. Dos,1998,77(1):69

16. GB/T 5750.13-2006,生活饮用水标准检验方法 放射性指标

17. GB/T 5750.2-2006,生活饮用水标准检验方法 水样的采集与保存

18. GB 11713 高纯锗γ能谱分析通用方法

19. GB/T 16140 水中放射性核素的γ能谱分析方法

20. GBT16141 放射性核素的α能谱分析方法

# 第六章 »

## 核和辐射事故现场救援

### 第一节　现场救援概述

核和辐射突发事件现场救援，担负现场伤员搜救，非放射损伤和放射损伤人员的现场急救、伤员初步分类诊断、现场去污处置，内污染人员的阻吸收和促排、过量照射人员的现场处置，样品采集和伤员转送等工作。与在临床医院中的救援工作相比，现场救援有其特殊的要求，无论在仪器装备、人员组成和人员素质等方面，还是在应急救援方案、人员的分工合作和救援人员的自我保护等方面，都存在明显的差异，需要进行深入的研究和精心的准备。

#### 一、现场救援的目的

现场救援不同于医院救治，现场救援"抢"是重点，"防"是关键，"治"则为次。这就要求现场救援时目的明确，措施得当。核和辐射事故现场救援主要有以下目的：

1. 发现伤员，初步分类，分类、分级救治。

2. 保证过量照射和（或）放射性核素体表污染、伤口污染、体内放射核素摄入的患者得到及时而有效的处置。

3. 收集分析事故（事件）医学后果所需要的相关信息，评估事故（事件）的医学后果和现场的医学处置能力，适时向现场应急指挥部提出建议，并向国家或地方核事故医学应急指挥部报告，将事故（事件）的医学后果减轻到最低程度。

4. 建立现场临时救援处置站，做好伤员的分类和转送工作；为后续诊治收集并提供相关信息，采集必要样品。

#### 二、现场救援的基本原则

现场救援遵循快速有效，边发现边抢救，初步分类，分级转送，尽快将伤员撤离事件现场、保护伤员和救援人员的安全。

#### 三、现场救援的基本任务

核和辐射事故的现场救援任务与核和辐射事故的特点密切相关，遵循现场救援的基本原则和目的，通常核和辐射事故现场救援的基本任务有以下几个方面：

1. 应急救援队伍的准备。
2. 现场救援的实施和指导。
3. 医学应急救援队伍的个人防护。
4. 事故（事件）医学后果的评估和建议。
5. 建立现场临时救援处置站。
6. 伤员的初步分类和诊治。
7. 体表污染人员的去污、防护和建议。
8. 放射性核素摄入量的评估、阻吸收治疗及医学预防建议。
9. 疑似过量照射人员的受照剂量评估，预防性治疗和后续诊治建议。
10. 采集现场救治和后续诊治需要的相关样品。
11. 收集事故（事件）医学后果评估需要的相关信息并进行分析、评价和报告。
12. 适时向场外核事故医学应急指挥部报告现场救治情况。
13. 及时评估现场的医学应急救援处置能力和力量，提出支援的意见和建议。
14. 提出终止现场救援活动的建议。
15. 应急医学救援队伍现场救援的总结和报告。

# 第二节 现场救援准备和响应

## 一、现场救援队员集结

1. **集结指令** 国家、地方核事故医学应急指挥部向相应核和辐射应急医学救援队伍待召队员发出明确集结指令。指令包括：集结时间、集结地点、装备要求，并要求待召队员重复指令。

2. **指令回复** 队员接到集结指令后，要对指令进行确认，并明确回复接受指令和到达时间。

3. **队员集结** 队员接到国家或地方核事故医学应急指挥部的指令后，按时到达集结地点，向相应的国家、地方核事故医学应急指挥部报到。

## 二、出发前的准备

1. **救援队队长的准备** 核和辐射事故现场应急医学救援队伍接到指令，集结后，救援队队长要根据核和辐射事故及恐怖事件的不同性质，进行相应的准备。核和辐射事故现场应急医学救援队队长出发前要进行以下准备：

（1）了解核或辐射事故（事件）的相关信息，伤员及其现场救援的基本情况。

（2）明确现场救援的任务。

（3）拟定救援队伍现场救援的实施方案。

（4）检查队员的集结和准备情况。

（5）明确到达现场的联系方式，接口单位和接口人。

2. **救援队队员的准备** 核与辐射事故现场应急医学救援队伍接到指令，集结后，救援队队员要根据核事故、辐射事故、核和辐射恐怖事件的不同性质，以及救援队队长的指令进行相应的准备。核和辐射事故现场应急医学救援队队员出发前要进行以下准备：

（1）向队长报到，领取任务。

（2）检查装备，提出补充意见和建议。

（3）了解现场救援的实施方案并提出补充意见和建议。

（4）完成队长指派的相关工作。

（5）出发。

核和辐射事故现场应急医学救援队伍接到国家、地方相应核事故医学应急指挥部的指令，立即赶赴事故（事件）现场实施现场救援。核和辐射事故现场应急医学救援队伍出发后，要保证路途安全，随时保持与国家、地方相应核事故医学应急指挥部的联系，了解现场事故的变化。

## 三、救援队现场待命

**1. 救援队队长** 核和辐射事故现场应急医学救援队伍到达现场后，如果接到现场待命的指令，核和辐射事故现场应急医学救援队队长要进行以下准备工作：

（1）到达现场后，队长立即向事故（事件）现场应急指挥部报到，了解事故（事件）的相关情况，领取任务。

（2）如果必要，根据现场的实际情况调整现场救援方案，并向国家、地方核事故医学应急指挥部简要报告。

（3）向队员介绍事故的相关情况，救援方案，并分配任务。

（4）和场内医学救援组织，国家或地方应急医学救援组织接口，协调现场救援工作，分工协作。

**2. 救援队队员** 核和辐射事故现场应急医学救援队伍到达现场后，如果接到现场待命的指令，核和辐射事故现场应急医学救援队队员要进行以下准备工作：

（1）到达现场后，立即检查装备。

（2）做好个人防护，佩戴个人剂量计和必要的防护用品，如果必要，服用预防性药物。

（3）监测待命地点的辐射水平，并予以评价，提出意见和建议。

（4）执行队长的指令。

（5）如果必要，建立临时救援处置站。

## 四、现场搜寻伤员

1. 如果现场应急指挥部指令国家或地方核和辐射应急救援队伍到现场搜寻伤员，必须做好个人防护的准备。根据现场的实际情况穿戴防护用品，佩戴个人剂量计；如果必要，服用预防性药物；放射卫生人员做好现场辐射测量的准备。

2. 了解和观察现场环境，保护自身和同伴的生命安全。

3. 持续监测搜寻现场的辐射水平，评估救援队员的受照情况，提出现场可停留时间的意见和建议。

4. 发现伤员，立即撤出事故现场。

5. 如果伤员不能撤离，需要就地抢救，立刻实施现场抢救。

## 五、现场抢救

1. 放射卫生人员监测现场辐射水平，提出现场可允许停留时间的意见和建议。

2. 如果现场不能停留，立刻转移到安全地带，实施急救。

3. 如果现场可以停留，立刻就地急救。

4. 经抢救，伤员可以撤离，立刻撤离。

5. 如果现场安全发生了变化，威胁到伤员和救援人员的生命安全，立刻把伤员和救援人员撤离到安全地带。

## 六、临时处置站的救援行动

**1. 临时处置站的地点选择**　临时处置站的地点选择要考虑下列因素：

（1）现场应急指挥部的意见和指令。

（2）有利于场内应急医学救援组织及国家或地方应急医学救援组织的协作。

（3）有利于现场救援。

（4）临时救援处置站的安全问题。

（5）临时救援处置站的辐射水平。

**2. 临时救援处置站使用过程的安全保障**

（1）队长随时跟踪临时救援处置站的安全环境的变化，及时作出评估。临时处置站的安全环境威胁到伤员和救援人员的生命安全，如果不能停留，队长要立刻向现场应急指挥部报告，请求撤离。

（2）放射卫生人员要持续监测临时救援处置站的辐射水平，及时作出评估。如果临时救援处置站的辐射水平威胁到伤员和救援人员的生命安全，立刻向队长报告，并提出建议。队长经过核实，分析后，及时作出决策。如果需要撤离，立刻向现场应急指挥部报告，请求撤离。

（3）保持与现场应急指挥部的联系，接到现场指挥部要求临时救援处置站撤离的指令后，立刻撤离到指定地点。

# 第三节　伤员分类

## 一、伤员分类概述

伤员分类（triage）是根据伤员受伤严重程度，在医疗资源不足情况下，为使更多伤员得到及时有效治疗而采取区分伤员治疗优先次序的过程。"triage"一词来源于法语中的"trier"，意为"分类、筛选或选择"。

伤员分类最早用于军事医学领域，后逐渐发展成灾害救援和急诊救援中的必须工作程序之一，主要目的是决定哪些伤员需优先治疗，以挽救更多生命，将伤亡降到最低，并提高伤员救治的生存率。伤员分类常用于战场、灾难现场和医院急诊室，这是在有限的医疗设施和人员无法满足所有的患者同时治疗的需要时不得不进行的合理医疗资源分配的举措，是不得已而为之，但同时又必须为之的重要医疗行动。

目前国际上的伤员分类渐趋一致，大致上分为：重伤员，第一优先救治，用红色标签表示；中度伤员，其次优先，用黄色标志；轻伤员，可延期处理，用绿色或者蓝色标志；死亡遗体，最后处理，其标签在不同的国家及地区则不尽相同，大多数国家和地区用黑色，英国则使用白色。

轻伤在整个灾害事故中所占的比例最高，发生率至少为35%～50%。轻伤员的重要部位和脏器均未受到损伤，仅有皮外伤或单纯闭合性骨折，而无内脏伤及重要部位损毁，因此伤员的全部生命体征稳定，不会有生命危险。轻伤的预后很好，一般在1～4周内痊愈，不会遗留后遗症。中度伤的发生率占伤员总数的25%～35%，伤情介于重伤与轻伤之间。伤员的重要部位或脏器有损伤，生命体征不稳定，如果伤情恶化则有潜在的生命危险，但短时间内不会发生心跳呼吸骤停，及时救治和手术完全可以使中度伤员存活，预后良好，治愈时间需1～2个月，可能遗留功能障碍。重伤的发生率占伤亡总数的20%～25%，伤员的重要部位或脏器遭受严重损伤，生命体征出现明显异常，随时有生命危险，呼吸心跳随时可能骤停；常因严重休克而不能耐受根治性手术，也不适宜立即转院（但可在医疗监护的条件下从灾难现场紧急后送），因此重伤员需要得到优先救治。重伤员治愈时间需2个月以上，预后较差，可能遗留终身残疾。死亡占灾害伤亡总数的5%～20%，创伤造成的第一死亡高峰在伤后1小时内，严重的重伤员如得不到及时救治就会死亡。

核和辐射事故除具有其他灾害事故的特点外，还存在放射性的致伤因素，伤员可能有过量外照射，体内放射性核素污染，伤口放射性核素污染，体表放射性核素污染，还有放烧复合伤，放冲复合伤等。核和辐射事故的伤害特点使得伤员的分类更加复杂，特别是体表放射性核素污染，不但可以造成皮肤放射性损伤，还可引起体内放射性核素的吸收，处置不当还能发生放射性核素污染扩散，造成救援人员污染、救援场所污染，间接引起其他人员放射性伤害。因此，核和辐射事故的伤员分类，不仅仅是合理分配医疗资源，优先救治的问题，而且还是核和辐射事故伤害因素特殊性的需要。放射性伤害的治疗还有时限性的要求，放射性核素体内污染一旦失去早期给药的时机，治疗效果便会大大降低甚至无效；过量照射早期不用抗辐射的药品，将会加重辐射损伤；伤口放射性核素污染，随着时间的推移，吸收进入体内放射性核素的量将会大大增加，因此核和辐射事故的伤员分类也是现场救治时限性的要求。核和辐射事故的伤员救治专业性比较强，大部分医院都缺少专业辐射检测设施，没有放射损伤诊断检查设备，专业救治技术比较薄弱，缺乏辐射损伤专业救治人员，需要专科医院诊治，从这一方面讲，核和辐射事故的伤员分类，也是专业救治的需要。

综上所述，核和辐射事故无论从一般灾害事件考虑，还是从核和辐射事故的特点考虑，都必须进行伤员分类。由于核和辐射事故致伤特点的不同，治疗时限性和专科治疗的要求，其伤员分类不同于一般突发灾害事故伤员的分类，也不能由普通医务人员进行分类，必须由经过专业训练的核事故医学应急人员进行特殊分类。

在核和辐射事故情况下，关于现场救援伤员分类问题，ICRP、IAEA以及我国相关的核和辐射应急医学救援规范和标准中都提出了要求，在现场救援时要对伤员进行分类。然而，目前我国还没有核和辐射事故伤员的分类标准，也没有伤员分类的方法，亦没有看到推荐的伤员分类标签或标志，国外情况和我国情形基本相似，只有要求，没有看到具体的分类标准、方法和标签。

## 二、伤员分类的目的和意义

1. **保证核和辐射事故现场应急医学救援合理有序的进行** 核和辐射事件现场伤员多，伤类多，伤情复杂；既有普通伤员，又有放射性受害者，还有复合伤伤员；现场救援人员，既有普通的医疗急救人员，又有核和辐射应急急救人员，还有其他专业的应急急救人员，以及辅助专业人员。如果没有进行伤员分类，就会造成现场救援不便，伤员转送的混乱，转送目标医院不明确，影响伤员的有效救治。

2. **最大限度地减低核和辐射事件的危害** 核和辐射事件既能给受害者造成身体伤害，又能引起巨大的心理影响，还会造成严重的社会危害。伤员分类，保证了现场救援、伤员转送和医院救治同时进行，大大缩短了现场的救援时间，最大限度地减低核和辐射事件给受害者造成的身体和心理伤害，以及社会影响。

3. **最大限度地降低核和辐射事件的死亡率** 通过伤员分类，优先保证了危重伤员得到及时救治，避免重伤员因救治不及时死于现场，从而最大限度地降低核和辐射事件的死亡率。轻伤员由于身体重要部位和脏器未受损伤，没有生命危险，可以等待稍后的延期医疗处理。

4. **实现分级救治，保证医疗资源的合理分配** 面对核和辐射事件，伤员分类可以将众多的伤员分为不同等级，按伤势的轻重缓急有条不紊地展开现场医疗急救和梯队顺序后送，实现了分级救治，保证了医疗资源的合理分配，从而提高灾害救援效率，合理救治伤员，积极改善预后。

5. **保证过量照射和放射性核素污染人员得到及时处置，降低受害者的辐射损伤，减低放射性核素的吸收。**

放射性核素内污染一旦失去早期给药的时机，治疗效果便会大大降低甚至无效；过量照射早期不用抗辐射的药品，将会加重辐射损伤；伤口放射性核素污染，随着时间的推移，吸收进入体内放射性核素的量将会大大增加，通过伤员分类，保证过量照射和放射性核素污染人员得到及时处置，降低受害者的辐射损伤，减低放射性核素的吸收。

6. **保证了核和辐射事件现场医学应急救援行动的正确决策** 通过伤员分类可以从宏观上对伤亡人数、伤情轻重和发展趋势等，作出一个全面、正确的评估，以便及时、准确地掌握灾情变化，指导现场救援，决定是否增援，增援专业，以及后方医院准备等。

7. **保护救援人员，防止放射性污染扩散** 核和辐射事件最主要的致伤因素是放射性核素污染。放射性核素污染不同于其他污染，放射性核素污染看不到，摸不着，无臭无味，必须借助于辐射监测仪器检测，才能甄别。通过伤员分类，能够及时发现体表放射性核素污染，救援人员在现场救援时针对放射性核素污染人员，采取有效的辐射防护措施，防止了污染扩散，保护了现场救援人员。

8. **有助于判断伤员的预后和治愈时间** 通过伤员分类，确定其个人在伤亡群体中的伤情等级，决定是否给予优先救治和转送。当伤员抵达医院后，仍应逐个院内检伤分类完成分诊，并且动态地对照比较创伤评分，有助于准确判断伤情的严重程度，因为某个伤员的全身伤情往往要比其所有局部伤中最重的情况还要严重；检伤分类亦有助于推测每个伤员的预后和治愈时间。

## 三、伤员分类原则

核和辐射事件既有单一的放射性损伤的伤员,又有非放射性损伤的伤员,还有复合性损伤。特别是放射性损伤的判断,专业性要求比较强,除了医务人员外,还需要保健物理专家一起监测、估算剂量,判断伤情。为了简化核和辐射事件的伤员分类过程,避免不同专业的影响,保证现场伤员分类做到快速有效,在核和辐射事件的伤员分类时,遵循下列原则:

1. 非放射性损伤的伤员,按照一般的分类标准进行。
2. 放射性损伤的伤员,按照放射性损伤的伤员分类方法进行分类。
3. 合并放射性照射和放射性核素污染的伤员,分别进行一般分类和放射性损伤的分类,按照其中任一分类的最高一级进行现场处置。
4. 死亡人员要进行有无体表放射性核素污染分类,以免搬运和处理尸体时造成放射性污染扩散。

## 四、伤员分类

目前我国还没有核和辐射事故伤员的分类标准,放射性疾病诊断标准委员会已经提出准备制定核和辐射事故伤员的分类标准,本节以国内某核电站核事故医学应急演练伤员分类的实践,介绍伤员的分类。

### (一)非放射损伤伤员的分类

**1. 分类等级**  非放射性的伤员分类等级按照国际公认的标准进行,现场伤员分类分为四个等级,分别为轻伤、中度伤、重伤与死亡,统一使用不同的颜色加以标志,遵循下列的救治顺序:

(1)第一优先:重伤员(红色标志)。

(2)其次优先:中度伤员(黄色标志)。

(3)延期处理:轻伤员(绿色或者蓝色标志)。

(4)最后处理:死亡遗体(黑色标志)。

**2. 分类方法**  伤员分类有模糊定性法与定量评分法两大类。其中模糊定性法简单方便,不用记忆分值和评分计算,即可迅速完成现场检伤分类,但缺乏科学性与可比性,仅适用于救援现场对灾害事故的快速检伤分类。而定量评分法通过量化打分,用数字直观地评价,因此具有科学性、符合标准化;但必须记忆分值并进行评分计算,比较烦琐、复杂和费时,目前已有几十种定量评分方法,各有其特点。

考虑到伤员分类不同方法的优缺点,特别是现场救援伤员分类要快速有效,我们推荐在没有合并放射性损伤时,伤员分类按照以下标准进行:

(1)第一优先:重伤员(红色标志):

1)呼吸停止或呼吸道阻塞。

2)动脉血管破裂或无法控制的出血。

3)稳定性的颈部受伤。

4)严重的头部受伤伴有昏迷。

5)开放性胸部或腹部创伤。

6)大面积烧伤。

7）严重休克。

8）呼吸道烧伤或烫伤。

9）压力性气胸。

10）股骨骨折。

（2）其次优先：中度伤员（黄色标志）：

1）背部受伤（无论是否有脊椎受伤）。

2）中度的流血（少于两处）。

3）严重烫伤。

4）开放性骨折或多处骨折。

5）稳定的腹部伤害。

6）眼部伤害。

7）稳定性的药物中毒。

（3）延期处理：轻伤员（绿色或者蓝色标志）：

1）小型的挫伤或软组织伤害。

2）小型或简单型骨折。

3）肌肉扭伤。

（4）最后处理：死亡遗体（黑色标志）。

对于死亡遗体要区分体表有无放射性核素污染，体表受到放射性核素污染的尸体要特殊处理，体表没有受到放射性核素污染的尸体按常规处理。

**（二）放射性损伤伤员的分类**

1．**分类等级** 放射性损伤的伤员，现场伤员分类分为四个等级，统一使用不同的颜色加以标志，遵循下列的救治顺序：

（1）立即处理，用红色标志。

（2）其次处理，用黄色标志。

（3）延期处理，用绿色标志。

（4）最后处理，用黑色标志。

2．**分类方法** 核和辐射事件的主要致伤因素是放射性危害，事件可能引起过量外照射，伤口放射性核素污染，体内放射性核素污染，体表放射性核素污染。过量照射处理不及时，可以加重放射性损伤，引起放射病，甚至可造成死亡；伤口放射性核素污染，处置不及时，可以增加体内放射性核素的吸收，引起内照射放射病，吸收剂量超过致死剂量，可发生伤员死亡，如果伤口处理不及时还可影响伤口愈合，后期导致伤口组织和靶器官癌变。体表放射性核素污染，处置不及时，可以增加皮肤的受照剂量，引起皮肤放射性损伤。发生核和辐射恐怖事件，可以造成放射性核素空气污染，场所污染，体表污染，伤口污染等，放射性核素可以通过呼吸道、消化道、伤口和皮肤进入体内，摄入量达到一定程度时，处置不及时，可以增加体内放射性核素的吸收，引起内照射放射病，同样，吸收剂量超过致死剂量，可发生伤员死亡。

综上所述，核和辐射事件伤员分类标准的制定要考虑外照射、放射性核素摄入、体表和伤口放射性核素污染的危害特点，放射性损伤的发生和发展规律，近期和远期效应。据此，放射性损伤的伤员，现场分类按照以下要求进行：

（1）立即处理（红色标志）：

1）外照射剂量可能大于 2Sv。

2）放射性核素摄入可能大于 10 倍的年射入量限值。

3）伤口有活动性出血伴有放射性核素污染。

4）体表放射性核素污染可能造成皮肤的吸收剂量大于 5Gy。

5）放烧复合伤。

6）放冲复合伤。

（2）其次处理（黄色标志）：

1）外照射剂量可能大于 1Gy，小于 2Gy。

2）放射性核素摄入可能大于 5 倍，小于 10 倍的年摄入量限值。

3）伤口放射性核素污染。

4）体表放射性核素污染可能造成皮肤的吸收剂量大于 3Gy，小于 5Gy。

（3）延期处理（绿色标志）：

1）外照射剂量大于 0.2Gy，小于 1Gy。

2）放射性核素摄入大于 1 倍，小于 5 倍的年摄入量限值。

3）体表放射性核素污染可能造成皮肤的吸收剂量小于 3Gy。

（4）最后处理（黑色标志）：

1）死亡人员最后处理。

2）对于死亡遗体要区分体表有无放射性核素污染，体表受到放射性核素污染的尸体要特殊处理，体表没有受到放射性核素污染的尸体按常规处理。

**（三）合并放射性损伤伤员的分类**

**1. 分类等级**　核和辐射事件非放射性损伤和放射性损伤的伤员分类等级相同，都分为四个等级，分别为轻伤、中度伤、重伤与死亡，统一使用的标签颜色也相同，遵循救治顺序也相同。合并放射性照射和放射性核素污染的伤员具有两种损伤的特点，也分为如下四个等级：

（1）第一优先。

（2）其次优先。

（3）延期处理。

（4）最后处理。

**2. 分类处置**

（1）第一优先：

1）非放射性损伤分类为第一优先，放射性损伤也分类为第一优先，先处置非放射性伤情，再处置放射性损伤伤情。

2）非放射性损伤分类为其次优先，放射性损伤也分类为第一优先，先处置放射性损伤伤情，再处置非放射性损伤伤情。

3）非放射性损伤分类为第一优先，放射性损伤分类为其次优先，先处置非放射性伤情，再处置放射性损伤伤情。

（2）其次优先：

1）非放射性损伤分类为其次优先，放射性损伤也分类为其次优先，先处置非放射性伤情，再处置放射性损伤伤情。

2）非放射性损伤轻伤，分类为延期处理，放射性损伤分类为其次优先，先处置放射性损伤伤情，再处置非放射性损伤伤情。

3）非放射性损伤分类为其次优先，放射性损伤分类为延期处理，先处置非放射性损伤，再处置放射性损伤。

（3）延期处理：非放射性损伤和放射性损伤都是轻伤，分类为延期处理，先处置放射性损伤伤情，再处置非放射性损伤伤情。

（4）最后处理死亡遗体：对于死亡遗体要区分体表有无放射性核素污染，体表受到放射性核素污染的尸体要特殊处理，体表没有受到放射性核素污染的尸体按常规处理。

## 五、检伤方法

### （一）非放射性损伤现场分类检伤方法

现场检伤通常采用"五步检伤法"和"简明检伤分类法"，前者强调检查内容，后者将检伤与分类一步完成。

**1. "五步检伤法"**

（1）气道检查：首先判定呼吸道是否通畅、有无舌后坠、口咽气管异物梗阻或颜面部及下颌骨折，并采取相应的救护措施，保持气道通畅。

（2）呼吸情况：观察是否有自主呼吸、呼吸频率、呼吸深浅或胸廓起伏程度、双侧呼吸运动对称性、双侧呼吸音比较以及患者口唇颜色等。如怀疑有呼吸停止、张力性气胸或连枷胸存在，须立即给予人工呼吸、穿刺减压或胸廓固定。

（3）循环情况：检查桡动脉、股动脉和颈动脉搏动，如可触及，则收缩压估计分别为10.7kPa（80mmHg）、9.3kPa（70mmHg）、8.0kPa（60mmHg）左右；检查甲床毛细血管再灌注时间（正常为2秒钟）以及有无活动性大出血。

（4）神经系统功能：检查意识状态、瞳孔大小及对光反射、有无肢体运动功能障碍或异常、昏迷程度评分。

（5）充分暴露检查：根据现场具体情况，短暂解开或脱去伤病员衣服充分暴露身体各部，进行望、触、叩、听等检查，以便发现危及生命或正在发展为危及生命的严重损伤。

**2. "简明检伤分类法"** 此法可快捷地将伤员分类，最适于初步检伤。目前被很多国家和地区采用。通常分四步：

（1）行动能力检查：对行动自如的患者先引导到轻伤接收站，暂不进行处理，或仅提供敷料、绷带等让其自行包扎皮肤挫伤及小裂伤等，通常不需要医护人员立即进行治疗。但其中仍然有个别患者可能有潜在的重伤或可能发展为重伤的伤情，故需复检判定。

（2）呼吸检查：对不能行走的患者进行呼吸检查之前须打开气道（注意保护颈椎，可采用提颌法或改良推颌法，尽量不让头部后仰）。检查呼吸须采用"一听、二看、三感觉"的标准方法。无呼吸的患者标示黑标，暂不处理。存在自主呼吸，但呼吸次数每分钟超过30次或少于6次者标示红标，属于危重患者，需优先处理；每分钟呼吸6～30次者可开始第三步检伤——血液循环状况检查。

（3）循环检查：患者血液循环的迅速检查可以简单通过触及桡动脉搏动和观察甲床毛细血管复充盈时间来完成，搏动存在并复充盈时间＜2秒者为循环良好，可以进行下一步检查；搏动不存在且复充盈时间＞2秒者为循环衰竭的危重症患者，标红标并优先进行救治，并需立即检查是否有活动性大出血并给予有效止血及补液处理。

（4）意识状态：判断伤病者的意识状态前，应先检查其是否有头部外伤，然后简单询问并命令其做诸如张口、睁眼、抬手等动作。不能正确回答问题、进行指令动作者多为危重患者，应标示红标并予以优先处理；能回答问题、进行指令动作者可初步列为轻症患者，标示绿标，暂不予处置，但需警惕其虽轻伤但隐藏内脏的严重损伤或逐渐发展为重伤的可能性。

**（二）放射性损伤伤员现场分类检伤方法**

**1. 剂量测量**　物理测量和剂量估算参照 GBZ 128 职业性外照射个人监测规范，GBZ 129 职业性内照射个人监测规范，GB/T 16148 放射性核素摄入量及内照射剂量估算规范进行现场快速判断。

（1）如果有人佩戴个人剂量计，可由剂量计读取剂量数据。

（2）通过监测现场的剂量率，估算受害者的受照剂量。

（3）通过空气监测，估算体内摄入量。

（4）通过伤口放射性核素污染监测，估算伤口污染水平。

（5）通过伤口放射性核素污染监测，估算体内摄入量。

（6）通过体表放射性核素污染监测，估算皮肤受照剂量。

**2. 临床判断**　急性大剂量放射性照射后患者可依据受照剂量不同，出现不同的临床症状，如恶心、呕吐等，大剂量照射后还可出现其他严重症状，如低血压、颜面充血、腮腺肿大等。局部受照可出现早期红斑、感觉异常等。受照剂量不同，出现临床症状的时间早晚不同。依据早期临床症状判定辐射损伤可参照 GBZ 113 核与放射事故干预及医学处理原则，GBZ 96 内照射放射病诊断标准，GBZ 104 外照射急性放射病诊断标准，GBZ 106 放射性皮肤疾病诊断标准，GBZ 103 放烧复合伤诊断标准，GBZ 102 放冲复合伤诊断标准，GB/T 18197 放射性核素内污染人员的医学处理规范。

**（三）检伤注意事项**

1. 最先到达现场的医护人员应尽快进行检伤、分类。对放射性损伤的伤员检伤必须依据现场的监测，由辐射防护人员和临床医师共同作出判断。

2. 检伤人员须时刻关注全体伤病员，而不是仅检查、救治某个危重伤病员，应处理好个体与整体、局部与全局的关系。

3. 伤情检查应认真、迅速，方法应简单、易行。

4. 现场检伤、分类的主要目的是救命，重点不是受伤种类和机制，而是创伤危及生命的严重程度和致命性并发症。

5. 对危重伤病患者需要在不同的时段由初检人员反复检查、记录并对比前后检查结果。通常在患者完成初检并接受了早期急救处置、脱离危险境地进入"伤员处理站"时，应进行复检。复检对于昏迷、聋哑或小儿伤病员更为需要。初检应注重发现危及生命的征象，病情相对稳定后的复检可按系统或解剖分区进行检查，复检后还应根据最新获得的病情资料重新分类并相应采取更为恰当的处理方法。对伤病员进行复检时，还应该将其性别、年龄、一般健康状况及既往疾病等因素考虑在内。

6. 检伤时应选择合适的检查方式，尽量减少翻动伤病者的次数，避免造成"二次损伤"（如脊柱损伤后不正确翻身造成医源性脊髓损伤）。还应注意，检伤不是目的，不必在现场强求彻底完成，如检伤与抢救发生冲突时，应以抢救为先。

7. 检伤中应重视检查那些"不声不响"、反应迟钝的伤病患者,因其多为真正的危重患者。

8. 双侧对比是检查伤病患者的简单有效方法之一,如在检查中发现双侧肢体出现感觉、运动、颜色或形态不一致,应高度怀疑有损伤存在的可能。

## 六、伤员分类标签

### (一)标签的基本要求

1. **使用方便,易填写** 核和辐射事件现场救援要做到快速有效,伤员分类是关键,特别是分类标签的使用,直接影响伤员的分类速度。因此标签设计要保证使用方便。填写文字少,标记简单,佩戴方便;

2. **标签醒目,易识别** 核和辐射事件医学应急救援要现场抢救、伤员转运和后方医院救治同时进行。实现这一目标,现场伤员分类和分类标签是关键,不但要现场分类人员使用标签要准确,而且要转运人员、后方医院要能正确、快速识别,因此标签设计要简单,做到一目了然。

3. **信息完整,易统计** 核与辐射事件伤员多、伤类多、伤情复杂,救援人员多,可能参与的医疗单位多,为了掌握事故的伤害情况,宏观上对伤亡人数、伤情,事故发展趋势等,作出一个全面、正确的评估,以便及时、准确地掌握灾情变化,指导现场救援。伤员分类标签设计要保证伤员、伤情信息完整,便于统计。

### (二)标签使用说明

1. **伤员分类标签的佩戴部位** 设计标签佩戴在受害者手腕,根据手腕粗细不同,手腕式表带上有多个孔眼,按扣连接。为防止脱落,按扣为一次性按扣。

2. **伤员分类标签的颜色** 颜色代表伤势和优先处置级别。按照国际标准,现场的抢救分类可分为四个等级:轻伤、中度伤、重伤与死亡,统一使用不同的颜色加以确认。在抢救中必须遵循一定的救治顺序,分别以醒目的红色标志代表重伤员,第一优先处理;黄色标志代表中度伤员,其次优先处理;绿色标志代表轻度伤员,可延期处理;黑色标志代表死亡遗体,最后处理。依据此标志伤员处置的次序为"红色-黄色-绿色-黑色"。

3. **伤员分类标签的内容** 根据核和辐射事件伤员的特点,伤员分类标签的内容包括超剂量照射,伤口放射性核素污染、体内放射性核素摄入和体表放射性核素污染的严重程度。

### (三)分类标签式样(图6-1A、B~图6-4A、B)

## 七、现场分类实施

1. **分类条件** 如果现场伤员少,或者伤类单一,不需要进行分类。只有出现下列情况,才需要进行分类:

(1)现场伤员多,需要保证危重伤员得到及时救治。

(2)现场伤员伤情复杂,需要分级救治。

(3)伤类多,需要转送到不同的专科医院。

(4)现场救援、伤员转送和后方救治要同时进行。

(5)过量照射人员,需要及时预防性治疗;放射性核素内污染人员,需要进行阻吸收治疗。

(6)体表放射性核素污染,需要防止污染扩散。

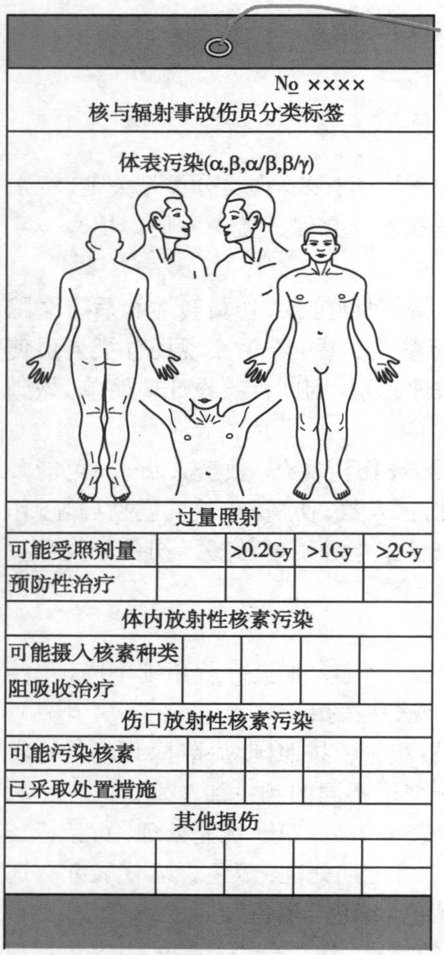
No ××××

核与辐射事故伤员分类标签

体表污染(α,β,α/β,β/γ)

过量照射

| 可能受照剂量 | | >0.2Gy | >1Gy | >2Gy |
| --- | --- | --- | --- | --- |
| 预防性治疗 | | | | |

体内放射性核素污染

| 可能摄入核素种类 | | | | |
| --- | --- | --- | --- | --- |
| 阻吸收治疗 | | | | |

伤口放射性核素污染

| 可能污染核素 | | | | |
| --- | --- | --- | --- | --- |
| 已采取处置措施 | | | | |

其他损伤

图 6-1 A. 红色分类标志的核与辐射事故伤员分类标签正面

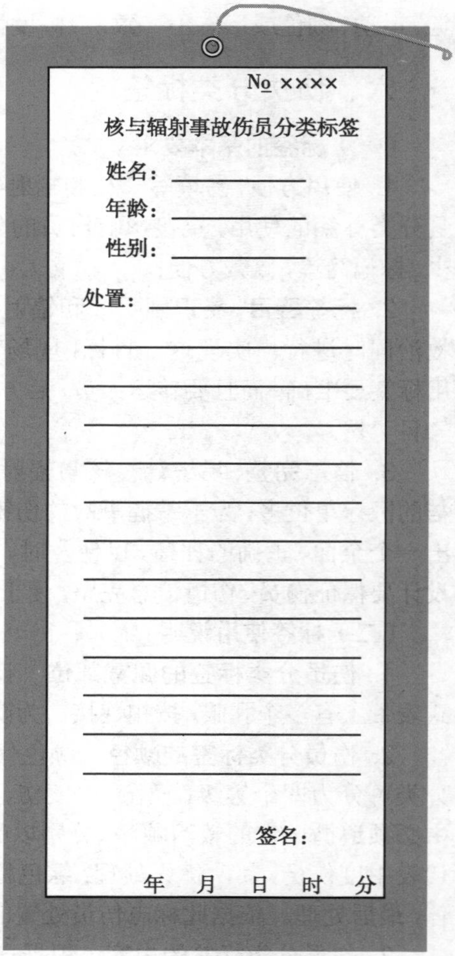
No ××××

核与辐射事故伤员分类标签

姓名：

年龄：

性别：

处置：

签名：

年 月 日 时 分

图 6-1 B. 红色分类标志的核与辐射事故伤员分类标签背面

**2. 分类准备**

（1）分类标签准备。

（2）分类登记表准备。

（3）受照剂量估算准备。

（4）体表、伤口放射性核素污染监测准备。

（5）放射性核素摄入评估准备。

（6）救援队伍分类分工准备。

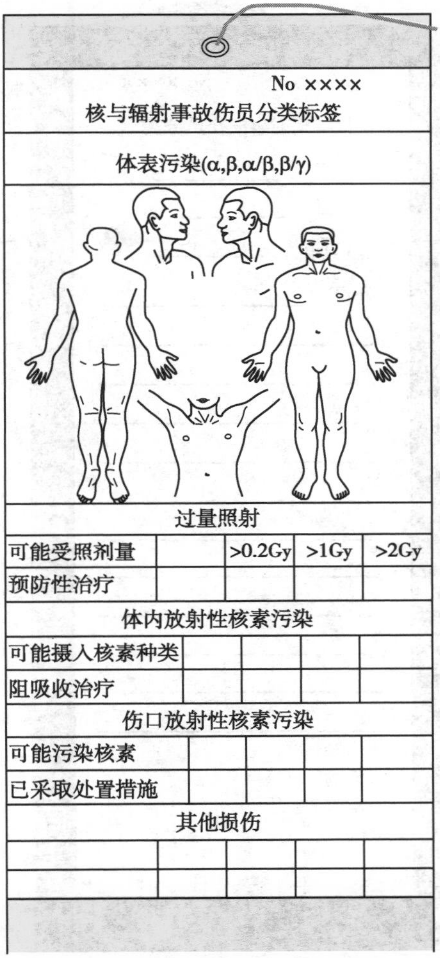

图 6-2　A. 黄色分类标志的核与辐射事故伤员分类标签正面

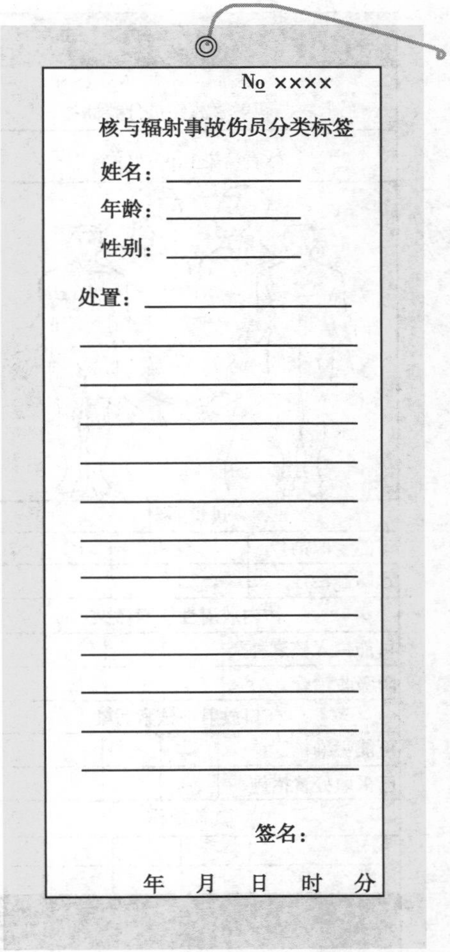

图 6-2　B. 黄色分类标志的核与辐射事故伤员分类标签背面

### 3. 分类实施

（1）首先分类现场需要紧急处置和不需要紧急处置的伤员。需要紧急处置的伤员，现场立即进行抢救；不需要紧急处置的伤员分类、分级转送。

（2）其次要分类有无过量照射或放射性核素污染。没有过量照射或放射性核素污染，按照通用的伤员分类方法分类，转普通医院诊治；有过量照射或放射性核素污染，再进行分类。

（3）分类有无体表放射性核素污染的疑似放射性损伤的伤员。有放射性核素体表、伤

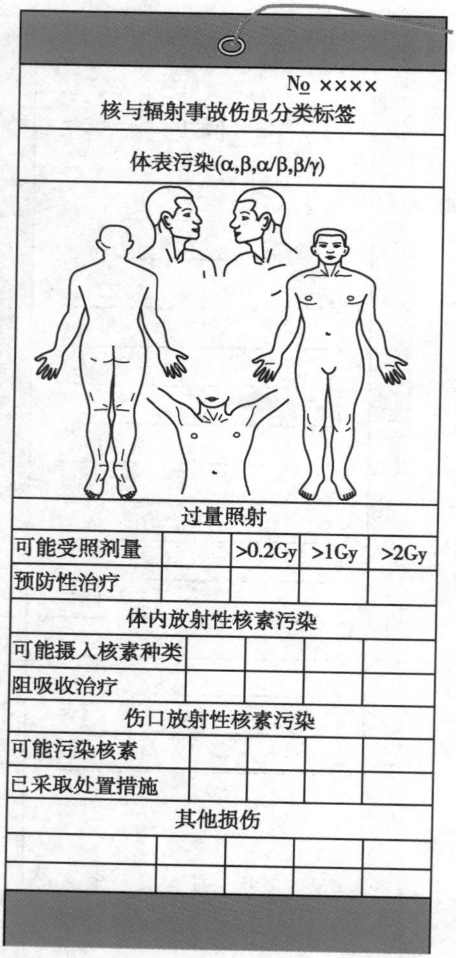

图 6-3　A.绿色分类标志的核与辐射事故
伤员分类标签正面

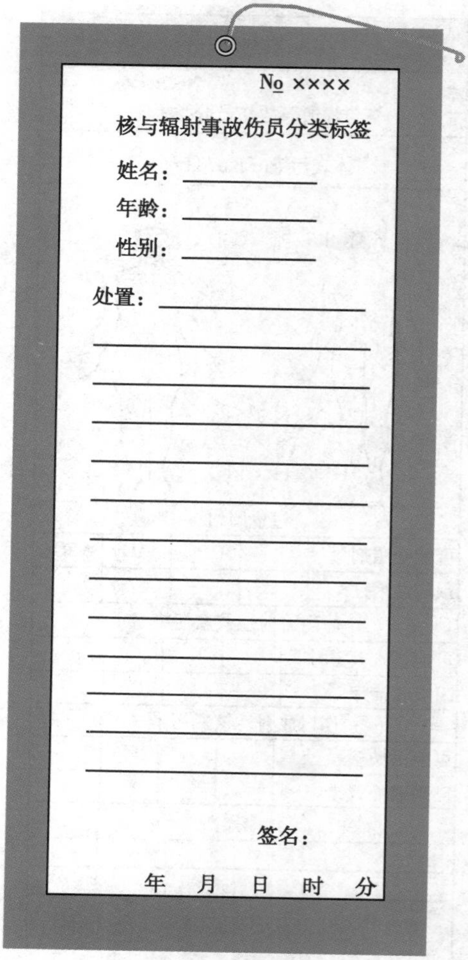

图 6-3　B.绿色分类标志的核与辐射事故伤
员分类标签背面

口污染的伤员,如果现场条件允许,立刻去污;如果现场条件不允许,做好防止污染扩散的防护措施,转送到后方去污站处理。没有体表、伤口污染的疑似放射性损伤的伤员再行分类处理。

(4)疑似放射性损伤没有放射性核素体表或伤口污染的伤员,分类有不需要 / 要现场预防性治疗。不需要现场预防性治疗,立刻转送到专科医院进一步诊治;需要现场预防性治疗的伤员,预防性给予抗辐射药,或阻吸收药品后再行转送。

(5)所有分类转送的伤员,都要在伤员身体统一部位佩挂分类标签,并进行登记。

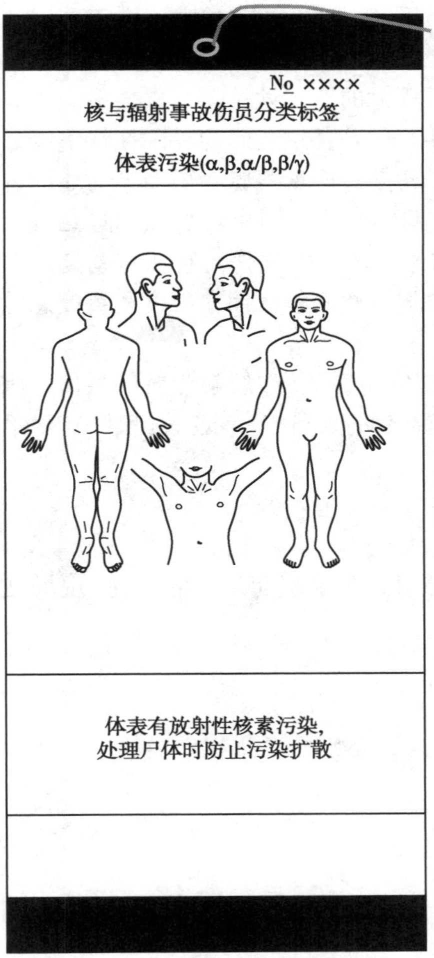

图 6-4　A.黑色分类标志的核与辐射事故
伤员分类标签正面

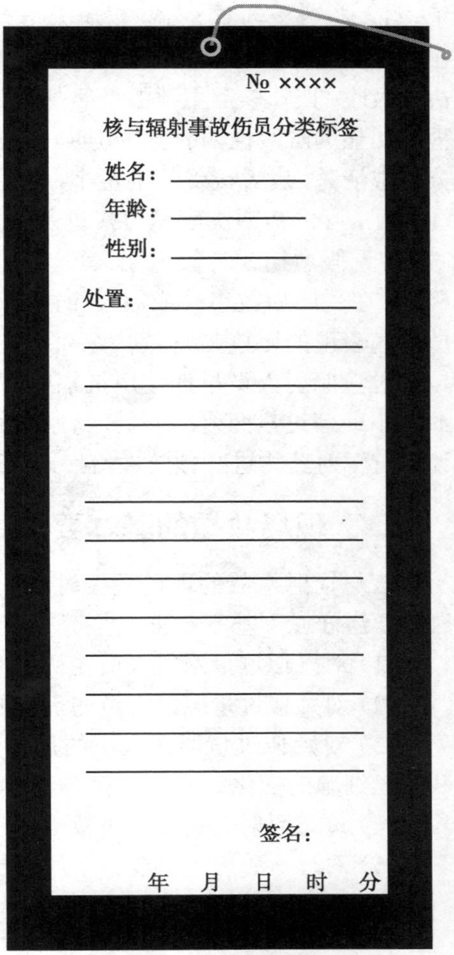

图 6-4　B.黑色分类标志的核与辐射事故伤
员分类标签背面

# 第四节　过量照射人员的现场处置

## 一、一般概念

核和辐射事故情况下，一次或短时间内受到超过年剂量限值且低于 1Gy 的照射称为过量照射。过量照射视其受照剂量不同，临床表现不同，实验室检查结果不同。受照剂量小于 0.1Gy，一般无明显的临床症状，外周血象基本上在正常范围内波动；受照剂量大于 0.1Gy，小于 0.25Gy，临床上一般也看不到明显的症状，白细胞数量的变化不明显，淋巴细胞数量可有暂时性的下降；受照剂量大于 0.25Gy，小于 0.50Gy，临床上约有 2% 的受照人员有症状，表现为疲乏无力，恶心等，白细胞、淋巴细胞数量略有减少；受照剂量大于 0.50Gy，小于 1Gy，临床上约有 5% 的受照人员有症状，表现为疲乏无力，恶心等，白细胞、淋巴细胞和血小板数量轻度减少；受照剂量大于 1Gy，可引起急性放射病。急性放射病的严重程度取决于吸收剂量，以及主要的受照部位、受照范围，个体对辐射的敏感性等。急性放射病的病程有明显的阶段性，可分为初期、假愈期、极期和恢复期。但是各期之间的界限往往不能划分得很清楚，患者接受的剂量小，急性放射病的病程短，初期反应期症状轻微而无明显的客观体征，可由初期反应期直接进入恢复期，整个病程分期不明显。当患者受照剂量比较大时，常无假愈期或者假愈期极短，特别是极重度以上的急性放射病损伤可直接从初期进入极期，在受照后数小时或数天死亡。通常急性放射病的阶段性病程分期在中度和重度急性放射病表现的比较典型。

过量照射人员早期使用抗辐射药物能有效地减低辐射损伤效应，缓解患者的病情。因此对于疑似过量照射的人员，特别是有可能遭受大剂量照射的人员，在现场救援时，需尽早使用抗辐射药物进行预防性治疗，减轻患者的病情。

## 二、现场救援的基本要求

核与辐射事故的现场救援时，对分类为疑似过量照射人员要引起足够的重视，现场处置时要遵守以下基本要求：

（1）对疑似过量照射人员要初步估算受照剂量。

（2）对疑似过量照射人员的剂量要偏保守估算。

（3）对疑似过量照射人员的剂量估算要采用多种方法，特别是要重视伤员的临床症状和淋巴细胞的变化。

（4）过量照射人员要分级救治，及时后送。

（5）对过量照射人员要尽早使用抗辐射药物。

## 三、过量照射人员的现场处置

过量照射人员现场进行合理、有效的处置能大大地缓解患者的辐射损伤效应，延缓病情的发展，降低死亡率，有利于患者恢复。过量照射人员现场救援时要按照以下程序处置：

**1. 初步估算受照剂量**　核与辐射事故情况下，发生过量照射，要引起足够的重视，如果受照射的人员带有剂量计，可以直接读取剂量数据。如果受照射的人员没有佩戴个人剂量计，就要估算剂量。要根据受照的时间、地点、受照射的人员所处的体位、姿势、与放射源的距离、停留时间、放射源或射线装置的种类和强度、受照方式、有无屏蔽和防护措施等因素进行初步估算。在初步估算剂量时，除进行物理剂量估算外，还要观察受照射人员的临床变化，观察受照射人员的精神状态，询问有无恶心、呕吐、腹泻，及其出现的时间、持续的时间和严重程度等。特别要注意受照射人员的皮肤变化，有无红斑和温度改变，这些临床症状和体征都会为初步估算受照剂量提供依据。

**2. 留取血液样品**　受照射人员的早期症状和血象变化是判断病情的重要依据。一般情况下，受照剂量小于 0.1Gy，受照射的人员无症状，血象基本在正常范围内波动；受照剂量大于 0.1Gy，受照射的人员一般也没有症状，白细胞数的变化不明显，淋巴细胞数可有暂时性的下降；受照剂量大于 0.25Gy，受照射的人员约有 2% 的人员有临床症状，白细胞数、淋巴细胞数略有下降；受照剂量大于 0.50Gy，受照射的人员约有 5% 的人员有临床症状，白细胞数、淋巴细胞数和血小板轻度减少;受照剂量大于 1.0Gy,受照射的人员多数有临床症状,白细胞数、淋巴细胞数和血小板明显减少。血象变化和受照剂量的大小有着明显的关系,对早期临床诊断和处理有着积极意义,因此,对过量照射人员处置时要注意留取血液样品。

3. 留取可供个人剂量估算的其他样品 对过量照射人员,临床上采取合理、有效的早期处理,对放射性损伤的恢复和预后有着非常重要的作用。早期处理的判断有赖于尽可能正确的剂量估算,因此,收集尽可能多的样品,用于个人剂量估算,对临床诊断和治疗非常重要。

4. 疑似受照剂量可能大于 0.5Gy,尽早使用抗辐射药物 抗辐射药物能有效地减轻患者的辐射损伤,有利于患者恢复和预后,因此,现场救援时,对初步估算剂量可能大于 0.5Gy 的受照射人员要尽可能早的使用抗辐射药物,减轻辐射损伤,缓解病情,为临床进一步救治打好基础。

5. 给伤员佩戴分类标签,立刻后送 分类标签不但是现场救援的先后次序问题,而且提供了伤员的伤害状况和严重程度,以及现场采取的相应措施,对临床诊断和处置都有很大的帮助,因此在伤员后送时,要注意给伤员佩戴分类标签。

6. 做好伤员转送记录 伤员的转送记录,标明了伤员的去向,转运单位,转运人员等信息,对伤员的进一步跟踪有着重要的意义,因此,现场过量照射人员处置时,要做好伤员的转送记录,以便进一步跟踪和其他后续处理。

# 第五节 放射性核素内污染人员的现场处理

## 一、一般概念

放射性核素内污染是指体内的放射性核素超过其自然存在量,它是一种状态而不是疾病,其生物学损伤效应和可能的健康后果取决于下列因素:进入方式;分布模型;放射性核素在器官内的沉积部位;污染核素的辐射性质;放射性核素污染量;污染物的理化性质等。内照射是指进入人体内的放射性核素作为辐射源对人体的照射。辐射源沉积的器官,称为源器官;受到从源器官发出辐射照射的器官,称为靶器官。均匀或比较均匀地分布于全身的放射性核素引起全身性损害。选择性分布的放射性核素以靶器官的损害为主,靶器官的损害因放射性核素种类而异,例如放射性碘可引起甲状腺损伤,镭、钇等亲骨性放射性核素可导致骨组织的损伤,稀土元素和以胶体形式进入体内的放射性核素可导致单核 - 吞噬细胞系统的损伤。由于各种器官或组织的放射敏感性不同,内照射空间、时间分布的问题就非常重要。

放射性核素可经由呼吸道、消化道、皮肤和伤口进入体内导致内污染。如果发现可能导致放射性核素内污染的情况,如环境中放射性核素气体、放射性气溶胶浓度升高、体表放射性核素严重污染等,应立即着手调查污染核素种类,收集有关样品,对放射性核素摄入量作初步估计。

内污染由于常常难以清除且会在体内滞留很长时间,所以比外污染的处置要难得多。因此,在确定消除污染的步骤时,应当尽量减少或防止患者及工作人员受到内污染。放射性核素内污染医学处理的根本目的在于减少体内沉积的放射性核素，减小受照剂量和由此带来的远期健康效应。

## 二、放射性核素内污染医学处理原则

1. 尽快脱离污染现场。

2. 对放射性核素内污染及时、正确的医学处理是对内照射损伤的有效预防。应尽快清除初始污染部位的污染；阻止人体放射性核素的吸收；加速排出人体的放射性核素，减少其在组织和器官中的沉积。

3. 放射性核素加速排出治疗的原则应权衡利弊，既要减小放射性核素的吸收和沉积，以降低辐射效应的发生率，又要防止加速排出措施可能给机体带来的毒副作用。特别要注意因内污染核素的加速排出加重肾损害的可能性。

4. 一般而言，估计放射性核素摄入量小于5倍年摄入量限值时，不考虑促排；对放射性核素摄入量可能超过5倍的年摄入量限值以上的人员，要认真估算摄入量和剂量，采取阻吸收和促排治疗措施；并对其登记，以便追踪观察；超过20倍年摄入量限值的受害者属于严重内照射，应进行长期、严密的医学观察和积极治疗，注意远期效应。

## 三、减少放射性核素的吸收

1. **减少放射性核素经体表**（特别是伤口）**的吸收** 首先应对污染放射性核素的体表进行及时、正确的洗消；对伤口要用大量生理盐水冲洗，必要时尽早清创。切勿使用促进放射性物质吸收的洗消剂。

2. **减少放射性核素经呼吸道的吸收** 首先用棉签拭去鼻孔内污染物，剪去鼻毛，向鼻咽腔喷洒血管收缩剂。然后，用大量生理盐水反复冲洗鼻咽腔。必要时给予祛痰剂。

3. **减少放射性核素经消化道吸收** 首先进行口腔含漱、机械或药品催吐，必要时用温水或生理盐水洗胃，放射性核素入体3～4小时后可服用沉淀剂或缓冲剂。对某些放射性核素可选用特异性阻吸收剂：如铯的污染可用亚铁氰化物（普鲁士蓝）；褐藻酸钠对锶、镭、钴等具有较好的阻吸收效果；锕系和镧系核素可口服适量磷酸铝凝胶等。摄入放射性核素锶等二价元素，可酌情服用下列一种：硫酸钡50～100g，用温水混合成稀糊状口服或磷酸铝凝胶50ml口服。也可服医用药用炭（10g与水混合口服，能吸附多种离子）。在服用以上药品后约半小时，口服泻剂如硫酸镁10g或硫酸钠15g等，以加速被吸附沉淀的放射性核素的排出。勿用蓖麻油作泻剂，避免增加放射性核素吸收。摄入的放射性核素已超过4小时，应首先使用泻剂。

## 四、加速排出体内的放射性核素

根据体内放射性核素的种类和代谢途径，可使用一些特殊的促排方法，包括封闭、稀释和置换剂。促排开始越早，其效果越好。

对于放射性碘，因其大部分浓集在甲状腺，用稳定性碘（碘化钾）封闭甲状腺可阻止放射性碘的吸收。必要时可用抑制甲状腺素合成的药品，如甲巯咪唑。

对锕系元素（$^{239}$Pu、$^{241}$Am、$^{252}$Cf等），镧系元素（$^{140}$La、$^{144}$Ce、$^{147}$Pm等）和$^{90}$Y、$^{60}$Co、$^{59}$Fe等均可首选二乙烯三胺五醋酸（DTPA）。DTPA可全身或局部使用，也可用于皮肤或肺灌

洗。早期促排宜用钙钠盐,晚期连续间断促排宜用其锌盐,以减低 DTPA 毒副作用。也可选用喹胺酸盐,其对钍的促排作用优于 DTPA。

对 $^{210}Po$ 内污染则首选二巯丙磺钠。也可用二巯基丁二酸钠。

铀的内污染可给予碳酸氢钠进行促排治疗。

在摄入氚的情况下,应大量给予大量液体(水、茶水)作为稀释剂,要持续一周,同时也可给利尿剂。

激活(置换)剂是增加自然转换过程的化合物,可增加放射性核素从体内组织的排出。如果污染后很快服用这种制剂,其效果更好。但有些制剂在数周内服用还是有效的。肺灌洗只有在确定有大量毒性较高的核素污染时才考虑采用,并应由训练有素的专家进行。

## 五、放射性核素内污染现场处置的基本要求

核与辐射事故的现场救援时,对分类为放射性核素内污染的人员要引起重视,现场处置时要遵守以下基本要求:

1. 明确摄入放射性核素的种类。
2. 初步估算放射性核素的摄入量。
3. 对疑似体内放射性核素摄入人员的剂量估算要偏保守估算。
4. 在救援现场要尽早使用阻吸收药物。
5. 使用阻吸收药物前要留取生物样品。
6. 现场要分类、分级救治,及时后送。

## 六、放射性核素内污染的现场处置行动

放射性核素内污染的人员在现场经过合理、有效的处置能大大地缓解患者体内放射性核素的吸收和沉积,加速放射性核素的排泄,减低辐射损伤效应。放射性核素内污染人员现场救援时要按照以下程序处置:

1. **了解和判断摄入放射性核素的种类、摄入方式和时间** 放射性核素的种类不同,使用的阻吸收和促排药物不同;摄入方式不同,放射性核素在体内的代谢过程不同;摄入时间直接影响放射性核素在体内的沉积和促排的难易程度。因此,核事故情况下,放射性核素内污染的现场处置首先要了解和判断受害者摄入的放射性核素种类,摄入方式和摄入时间等。

2. **初步估算摄入量** 摄入量是决定放射性核素内污染现场处置行动的重要依据,因此,现场发现人员可能摄入放射性核素,一定要进行初步的摄入量估算,估算时一定要偏保守,这样可以保证过量摄入放射性核素的人员都能得到及时的现场处置,给予阻吸收或促排治疗,预防和减少放射性核素的体内沉积量。

3. **疑似体内放射性核素的摄入量大于干预水平,尽早使用阻吸收药物** 阻吸收药物的使用直接影响放射性核素在体内的沉积和治疗效果,用药愈早效果愈好,超过 24 小时,效果就明显降低。因此,在核事故和辐射事故现场,如果怀疑放射性核素摄入可能超过了干预水平,要尽早使用阻吸收药物,减少放射性核素在体内的沉积,加速放射性核素的排出。

4. **使用阻吸收药物前留取生物样品** 阻吸收药物明显影响放射性核素在体内的沉积,加速放射性核素从体内的排出,其代谢规律发生了明显的变化,因此,要了解初始的放射性

核素的摄入量，就要在使用阻吸收药物前留取生物样品。

**5. 给伤员佩挂分类标签，立刻后送**　分类标签不但是现场救援的先后次序问题，对于放射性核素摄入人员标签上还标明了摄入放射性核素的种类，及初步估算的摄入量大小，以及现场采取的相应措施，对临床诊断和处置都有很大的帮助，因此在伤员后送时，要注意给伤员佩戴分类标签。

**6. 做好伤员的转送记录**　伤员的转送记录，标明了伤员的去向，转运单位，转运人员等信息，对伤员的进一步跟踪有着重要的意义，因此，现场对放射性核素摄入人员处置时，要做好转送记录，以便受害者进一步跟踪和其他后续处理。

## 七、常用放射性核素阻吸收和加速排除药品及其用法

### （一）阻吸收药

**1. 褐藻酸钠**　对锶较特异阻吸作用，在胃肠道内不被吸收，并能选择性的对锶离子络合，形成褐藻锶盐随粪便排出。对锶的阻吸收效果可达 40%～70%。用法：对单次摄入者，首次 5～10g（可配成 2% 褐藻酸钠糖水 250～500ml 饮用），此后每次 3g，每天 3 次，连用 3～5 天。对多次摄入者，每次 3g，每天 3 次，连用 7 天。一般无不良反应，可能有一时腹胀、便秘。

**2. 普鲁士蓝**　对铯较特异阻吸作用，普鲁士蓝是目前公认的减少铯吸收较好的药品。该药品毒性低，基本上不被胃肠道吸收，在肠道内能与放射性的铯选择性的结合形成稳定性的亚铁氰化物，随粪便排出体外。它还可以阻止肠腺分泌铯的再吸收，不断阻止铯的肠循环，使再吸收减少，从而增加铯从粪中的排出。因此说，普鲁士蓝不仅能阻止铯的吸收，还能加速铯的排出。普鲁士蓝的可缩短 $^{137}$Cs 的生物半排期到正常值的 1/3～1/2。普鲁士蓝促排效果随剂量的加大而增加，但随用药时间的后移促排效果下降。临床观察表明，摄入铯后 9 个月，开始服普鲁士蓝仍可使铯的生物半排期明显缩短。因此有人提出不管用药长短，只要用药就有粪铯排出增加。所以普鲁士蓝促排铯以长期、连续用药为宜。

普鲁士蓝的用法：每次 1g（溶于水中），每天 3 次，5～6 天为一疗程，停 3～6 天再行第二疗程，可连用数个疗程，也有连续服用数月。临床应用期间未见不良反应，可能发生便秘。

**3. 碘化钾**　稳定性碘（$^{127}$I）可阻止吸收入血的放射性碘进入甲状腺，可减少放射性碘在甲状腺吸收和蓄积。必要时可用抑制甲状腺合成的药品，如甲巯咪唑，提高排出的速率，减少甲状腺的吸收剂量。一般服碘化钾后 5～30 分钟就有阻止甲状腺对放射性碘的吸收作用。此法运用得当可使甲状腺吸收剂量降低 70 倍。切尔诺贝利核电站事故后，对核电站附近的居民发放碘化钾口服，使甲状腺吸收剂量降低 5～20 倍。但要注意是服碘化钾的时机和剂量很重要，直接影响对甲状腺的防护效果。

使用碘化钾的一般原则：凡确定、估计或预计体内放射性碘污染量可能超过 1 个年摄入量限值（ALI），或怀疑体内放射性碘污染量较高的人员，必须尽早服用碘化钾。对婴儿和妊娠妇女，必须慎用碘化钾。确需服用时，须严密观察，如有不良反应或副作用，应立即停药。对碘过敏者以及严重肾脏、心脏疾病及肺结核患者，不宜服用碘化钾。

服用碘化钾的时机：在摄入放射性碘前或摄入后立即服用碘化钾的防护效果最佳。最迟应在放射性碘进入体内 6 小时之内服用碘化钾。但在放射性碘持续或多次进入体内的情况下，服用碘化钾的时间可不受上述限制。

服用剂量：成人一次服用量以 130mg（相当于稳定性碘 100mg）为宜，每日 1 次，连续服用不应超过 10 次；或每日 2 次，每次 130mg，总量不超过 1.3g。儿童和青少年用药量为成人用药量的 1/2。婴儿用药量为成人的用药量的 1/4。新生儿用药量为成人的用药量的 1/8～1/4（可碾碎混在果汁或牛奶中）。

保存要求：碘化钾必须密闭、防潮及避光保存。

**（二）促排药（用 WHO 的 EPR-2005）**

1. **二乙烯三胺五醋酸三钠钙和二乙烯三胺五醋酸三钠锌**　二乙烯三胺五醋酸三钠钙（DTPA-CaNa$_3$），二乙烯三胺五醋酸三钠锌（DTPA-ZnNa$_3$）是高效广谱的促排剂，使用得最多，对稀土族元素（$^{190}$Y、$^{140}$La、$^{144}$Ce、$^{147}$Pm）和锕系核素（$^{239}$Pu、$^{241}$Am、$^{252}$Cf 等）的促排效果明显，对 $^{60}$Co、$^{65}$Zn、$^{95}$Zr、U、Th 也有一定的促排效果。

影响 DTPA-CaNa$_3$ 疗效的因素主要是用药时间和途径，受污染后立即用药效果较好。污染初期以静脉点滴效果最好；吸入致污染者，雾化吸入 DTPA-CaNa$_3$ 更佳。口服 DTPA-CaNa$_3$ 的吸收率低，其疗效不佳。

用法：在内污染初期，立即静脉点滴，1g 溶于 250ml 生理盐水中，每天 1 次，或 0.5g，肌内注射，每天 2 次，连续 3 天，停 4 天为一疗程。同时注意肾功能变化。如果用量较大，可能出现不良反应，如咽干、喉痛、口腔溃疡、毛囊炎等。这主要是体内的微量元素（Zn、Cu、Mn、Co 等）也被络合排出所致。停药后可自行消退，DTPA-ZnNa$_3$ 较 DTPA-CaNa$_3$ 毒性低。最近国内研究表明，局部注射络合剂后，能有效地降低局部组织 $^{144}$Ce 残留量。增加尿 $^{144}$Ce 排出，并不增加 $^{144}$Ce 的体内含量。

DTPA-CaNa$_3$ 1%～10% 水溶液 100ml 雾化吸入，每天雾化吸入 15～30 分钟，对体内可溶性锕系核素（尤其是吸入的）均有促排作用。

2. **碳酸氢钠**　铀酰离子和碳酸根有较强的亲和力，使通过肾小管的铀量增加，因此在铀中毒时给予碳酸氢钠有利于体内铀的排出。在临床上应用碳酸氢钠治疗铀中毒病例获得良好的效果。

3. **二巯丙磺钠**　二巯丙磺钠（DMPS）商品名为（Unithiol），对钋（$^{210}$Po）有较好的促排效果。

用法：5% 二巯丙磺钠（DMPS）5ml，肌内注射，每天 2 次，连用 3～4 天为一疗程。

4. **二巯基丁二酸钠**（Na-DMS）　为我国首创，毒性低，水溶性好。能加速 $^{210}$Po、$^{147}$Pm、$^{144}$Ce 等核素的排除。

用法：1g 溶于 10ml 注射用水或生理盐水，静脉缓慢注射，每天 2 次，连用 3～4 天，停 4 天，为一疗程，同时注意肾功能变化。

5. **增加骨质代谢的药品**　对亲骨性放射性核素（锶、钡、镭等）内污染早期给高钙饮食，或给钙剂，利用钙对放射核素的稀释和竞争作用，达到减少核素吸收和在骨内的沉积。一般在中毒 2 周后用低钙饮食配合脱钙疗法，脱钙疗法可用副甲状腺素、甲状腺素来实现。副甲状腺素使骨质中钙溶解，血钙增加；甲状腺素使基础代谢增高的同时，使骨钙释放，以上方法均能使沉积于骨的放射性锶、钡、镭等释放到血液，随尿排出。有报道脱钙疗法使尿镭排除增加 4～8 倍。服致酸剂氯化铵（2g，每天 4 次，可连用 6 天），导致轻度酸中毒，促使骨质分解代谢加强，促使骨内放射性亲骨性核素经尿排出。

常见的促排药物见表 6-1。

表6-1 常用的促排药物

| 放射性核素 | 促排操作 | 注意 | 备注 |
|---|---|---|---|
| 镅（Am），锎（Cf）锔（Cm），镎（Np），钚（Pu），钌（Ru）钍（Th），铁（Fe），钴（Co），锆（Zr） | **药物**：Ca-DTPA（二乙基三胺五醋酸三钠钙）<br>**给药量**：1g Ca-DTPA，通过最适合途径<br>**给药途径**：<br>静脉输注：未稀释液 3～4 分钟，或稀释于 100～250ml 生理盐水或 5% 葡萄糖<br>喷雾器吸入：吸入气溶胶 30 分钟，气溶胶由 5ml 20% 浓度溶液或 4ml 25% 浓度溶液组成 | 在药物输注时，要监测血压。在肾炎综合征或骨髓抑制时，禁用 Ca-DTPA。如用于治疗妊娠妇女，应使用 Zn-DTPA。在大量铀污染情况下，不能使用 DTPA，因为肾中铀突然下降有导致急性肾炎的危险 | 如没有 Ca-DTPA，可用 Zn-DTPA。但在最初 24 小时内，Ca-DTPA 的效果大约是 Zn-DTPA 的 10 倍。在摄入可溶性化合物后 4 小时内给 DTPA，可减少约 80% 的剂量，但摄入不溶性化合物后的效果小于 25% |
| 铯（Cs） | **药物**：普鲁士蓝（六氰基铁酸盐）<br>**给药量**：每次 1g 普鲁士蓝，每日 3 次<br>儿童：每日 1～1.5g，分 2～3 次给药。持续几天<br>**给药途径**：<br>口服：用液体将胶囊完整咽下，或用温水把药冲开喝掉 | 基本无禁忌证。只有胃肠动力未受损伤才有效。患者会出现淡蓝色便，应予告知 | 普鲁士蓝可降低 2～3 倍的剂量。如临床需要，可用于妊娠妇女。德国 HEYL GmbH 可供应 0.5g 胶囊普鲁士蓝（Radiogardase®-Cs）。普鲁士蓝也通常称为柏林兰或三价铁的亚铁氰化物 |
| 钴（Co） | **药物**：Co-EDTA（钴 - 乙二胺四醋酸）<br>**给药量**：0.6g Co-EDTA（两安瓿，每安瓿 300mg/20ml）<br>**给药途径**：静脉注射：缓慢注射 40ml Co-EDTA 溶液后立即注射 50ml 高渗葡萄糖液<br>**药物**：葡萄糖酸钴<br>**给药量**：0.9mg 葡萄糖酸钴（两安瓿，每安瓿 0.45mg/2ml）<br>**给药途径**：舌下服：不能稀释溶液 | 用药期间监测血压 | Serb Labs（Kelocyanor®）可供应 Co-EDTA<br>如无 Co-EDTA，可用 Ca-EDTA<br><br><br>Labcatal Labs（Cobalt Oligosol®）供应葡萄糖酸钴 |
| 铁（Fe） | **药物**：去铁胺（Desferal®, Novartis Pharma 公司产）<br>**给药量**：1g 去铁胺（两瓶，每瓶 500mg）<br>**给药途径**：静脉输注：用无菌水再配制（每瓶 5ml），至少用 100ml 生理盐水稀释，要缓慢注入此溶液 [15mg/(kg·h)]<br>药物：胶体磷酸铝<br>**给药量**：5 包，每包 20g<br>**给药途径**：口服：每包含磷酸铝 2.5g | 输液太快可能导致虚脱：给药时应有医师在场<br><br>适用于食入情况 | 去铁胺也称为 DFOA<br><br><br><br>举例，胶体磷酸铝可由 Yamanouchi Pharma 公司供应（Phosphalugel®） |

续表

| 放射性核素 | 促排操作 | 注意 | 备注 |
|---|---|---|---|
| 镭（Ra） | **药物**：氯化铵（Chlorammonic®，Chiesi）<br>给药量：每天 6g 氯化铵，分三次服（每次 4 片）<br>**给药途径**：口服：每片含 500mg 氯化铵 | 禁忌证：代谢性酸中毒、尿道结石、肾衰竭、肝衰竭、伴有氮血症的肾炎 | |
| | **药物**：硫酸钡（Micropaque®，Guerbet）<br>给药量：一次 300g 硫酸钡<br>**给药途径**：口服：每瓶 Micropaque® 装有含 100g 硫酸钡的溶液 | 治疗可能伴有轻度便秘 | |
| 钌（Ru） | **药物**：胶体磷酸铝<br>**给药量**：5 包，每包 20g<br>**给药途径**：口服：每包含磷酸铝 2.5g | 适用于食入情况 | 举个例子，磷酸铝由 Yamanouchi Pharma 供应。（Phosphalugel） |
| 锶（Sr） | **药物**：氯化铵（Chlorammonic®，Chiesi）。<br>**给药量**：每天 6 克氯化铵，分三次服（每次四片）<br>**给药途径**：口服：每片含 500mg 氯化铵 | 禁忌证：代谢性酸中毒、尿道结石、肾衰竭、肝衰竭、伴有氮血症的肾炎 | 葡萄糖酸钙是一种替代疗法：在 5～15 分钟内静脉注射 1 克<br>葡萄糖酸钙注射过快可导致血压下降 |
| 锶（Sr） | **药物**：藻酸钠（Gaviscon®，SmithKline Beecham）<br>**给药量**：10g 藻酸钠，分一次或两次服用<br>**给药途径**：口服：喝 200ml 溶液，每 100ml 溶液含 5g 藻酸钠 | | 如无药液，用半杯水或其他液体送下几粒药片（每片药含 0.26g 藻酸钠） |
| 钍（Th） | **药物**：胶体磷酸铝<br>**给药量**：5 包，每包 20g 胶体磷酸铝<br>给药途径：口服：每包含磷酸铝 2.5g | 适用于食入情况 | 举例，胶体磷酸铝可由 Yamanouchi Pharma 公司供应（Phosphalugel®） |
| 氚（$^3$H） | **药物**：水<br>**给药量**：每天 3～4L<br>**给药途径**：口服 | | 喝达到耐受量的液体，将使生物半衰期降至正常值的 1/3～1/2 |
| 铀（U） | **药物**：等张碳酸氢钠（1.4% NaHCO$_3$）<br>**给药量**：250ml 等张碳酸氢钠<br>**给药途径**：静脉输注，缓慢输注，根据污染的严重程度要持续几天 | 碳酸氢钠溶液是碱性。需监测血的 pH 值和电解质。使用碳酸氢钠有加重或暴露已有的低钾血症的风险。要避免向有钠滞留体质的患者给予钠离子 | 另外，也可每隔四小时服两粒碳酸氢盐片，直到尿 pH 值达到 8～9。如果是通过皮肤的污染，也可用 1.4% 的等张碳酸氢钠溶液冲洗皮肤 |

# 第六节　放射性核素体表污染的现场处置

## 一、一般概念

**1. 放射性核素皮肤污染**　放射性核素外污染是指放射性核素沾附于人体表面（皮肤或黏膜），或为健康的体表，或为创伤的表面。所粘附的放射性核素对污染的局部构成外照射源，同时可经过皮肤吸收进入血液构成内照射。在事故条件下，放射性尘埃、液体或气体释放到环境中，就可能沉积于人体表面而造成放射性核素外污染，人员直接接触辐射源，只要此类物质仍然存在于人体表面或体内，照射就会持续发生。

放射性核素皮肤沾污有四种形式，一是机械性结合（机械沉着），放射性核素疏松地沉积于表皮或皮肤皱纹处；二是物理性结合（物理吸附），放射性核素通过静电引力或皮肤表面张力固着于皮肤表面；三是化学性结合，放射性核素与表皮蛋白质结合（物理化学作用所致，结合牢固）；四是多种方式结合，既有物理结合，又有化学结合。

**2. 放射性核素伤口污染**　放射性核素伤口污染是放射性核素体表污染的一种特殊形式。放射性核素污染的伤口不同于一般单纯创伤，其危害有以下几个方面：放射性核素能够影响伤口的愈合；放射性核素可通过伤口吸收进入体内，引起内照射，诱发靶器官癌变；放射性核素伤口污染，放射性核素可长期沉积在伤口局部组织，产生远期效应，导致局部组织癌变；伤口放射性核素污染组织手术切除后，如果在功能部位可致残，在面部可导致患者毁容；伤口放射性核素污染的人员往往会有产生严重的心理影响，给患者造成心理伤害。因此，伤口放射性污染处理不同于一般伤口的处理，除要进行一般的伤口处理外，还要进行需要特殊处理，也就是要进行放射性核素的伤口污染处理。特殊医学处理的目的就是要降低放射性污染物对伤口的影响，降低放射性污染物对邻近组织的辐射剂量，减少放射性核素经伤口吸收，预防远期效应，包括伤口局部组织癌变和靶器官癌变。

核和辐射事故救援现场发生的任何皮肤损伤都要进行伤口放射性污染测量，伤口放射性核素污染测量时要正确选择测量仪表。伤口中能发射高能 β、γ 射线的辐射体，可用 β、γ 探测仪测量；伤口污染物能发射特征 X 射线的 α 辐射体，可用 X 射线探测器测量；伤口受到多种放射性核素污染时，应选用有能量甄别本领的探测器测量；伤口探测器应配有良好的准直器，以便对放射性污染物定位。

## 二、放射性核素体表污染现场处置的基本要求

**1. 放射性核素皮肤污染**　核和辐射事故现场体表放射性核素去污不同于医院内的污染处置，目的主要是防止放射性核素污染扩散，预防放射性核素对现场救援人员污染，救援场所的设施、设备和器材的污染；其次现场进行体表放射性核素去污，可以减少患者的皮肤受照剂量，预防皮肤放射性损伤；同时现场进行体表放射性核素去污，也可以减少放射性核素通过皮肤吸收进入体内，减轻内污染。因此，在核与辐射事故的现场救援时，对分类为放射性核素体表污染的人员也要引起重视，现场处置时要遵守以下基本要求：

（1）一般情况下，体表放射性核素污染要在现场去污染站处理。

（2）现场去污只需要去除疏松沾污，难以去除的固定污染不在现场处置。

(3) 难以去除的固定的体表污染人员要及时后送。

(4) 避免放射性核素经眼、口、鼻、耳进入体内。

(5) 防止污染扩散。

**2. 放射性核素伤口污染**　核和辐射事故放射性核素污染伤口的现场处置不同于医院内的伤口污染处置，目的主要是减少伤口放射性核素污染水平，减少放射性核素通过伤口吸收进入体内，减轻内污染。因此，在核和辐射事故的现场救援时，对分类为伤口放射性核素污染的人员要引起足够的重视，现场处置时要遵守以下基本要求：

(1) 不能因为处理伤口污染影响伤员的健康和生命安全。

(2) 明确伤口污染的放射性核素种类。

(3) 尽早进行伤口去污，并使用阻吸收药物，防止放射性核素的进一步摄入。

(4) 使用阻吸收药物前要留取生物样品。

(5) 按照分类、分级救治的原则，及时后送。

## 三、伤口放射性核素污染的现场处置行动

### （一）放射性核素皮肤污染

体表放射性核素污染现场进行合理、有效的处置，能大大地减少患者的皮肤受照剂量，减少放射性核素通过皮肤的吸收，降低内照射剂量。体表放射性核素污染人员现场救援时要按照以下程序处置：

**1. 体表放射性核素污染监测**　体表放射性核素污染必须借助于表面污染检测仪器发现，使用的检测仪器的探头必须和污染的放射性核素相一致，如果可能是 α/β 放射性核素污染，探头要选择 α/β 表面污染检测探头；同样如果可能是 β/γ 放射性核素污染，检测探头要选择 β/γ 表面污染检测探头。检测时要注意检测仪器的量程，要从低量程开始。

**2. 记录污染部位、面积、污染水平**　表面污染检测时要记录污染部位，污染面积，用于指导人员去污。同时也要记录污染水平和可能的污染时间，便于估算皮肤剂量时使用。

**3. 如果必要，估算皮肤剂量**　皮肤放射性核素污染的危害之一是皮肤受照，如果皮肤受照剂量达到一定水平，就可能引起皮肤损伤。因此，对于严重的放射性核素皮肤污染，要注意放射性皮肤损伤的发生，估算皮肤剂量。

4. 头面部的去污要防止放射性核素进入眼、耳、鼻、口，防止沾染到身体其他部位。

5. 眼部污染要用洗眼壳冲洗，防止损伤眼部组织。

6. 鼻腔污染要剪去鼻毛，湿棉签擦洗，去污时要注意防止鼻腔组织的损伤。

7. 全身污染，首先要去除局部高污染的部位，再进行全身淋浴、冲洗。

8. 每次去污后要监测去污效果，并记录。

9. 经三次去污，不能去除的皮肤污染，视为固定污染，做好皮肤防护，给伤员佩挂分类标签，立刻后送；做好伤员的转送记录。

### （二）放射性核素伤口污染

伤口放射性核素污染现场进行合理、有效的处置，能大大地减少患者的伤口局部组织的受照剂量，减少放射性核素通过伤口的吸收，降低内照射剂量。伤口放射性核素污染人员现场救援时要按照以下程序处置：（描述的细一点）

1. **脱掉或剪下衣服，暴露创面** 放射性核素伤口和其他创伤的处理一样，要脱去或剪除穿戴的衣物，充分暴露创面，有利于伤口去污和创面的处理。

2. 失血不多时，不要急于止血；如果伤口出血严重，立刻止血。

3. 压迫伤口处回流的静脉，及时用敷料沾除伤口流出的血液，或渗出的液体，统一收集。

4. **冲洗伤口，清除伤口可见的异物** 现场伤口去污的有效方法之一就是伤口冲洗。放射性核素污染伤口冲洗时，用 0.9% 生理盐水缓慢冲洗，同时要注意污染扩散的问题，不要把冲洗液流到身体的其他部位。伤口的异物，要及时清除，特别是放射性核素污染的异物，清除后要对异物进行放射性核素测量，放射性核素污染异物的清除也是减少伤口放射性核素吸收的重要措施之一。

5. **放射性核素污染检测** 放射性核素伤口污染要及时进行污染检测，评价污染水平，指导伤口去污。每次伤口冲洗去污后要进行伤口放射性核素污染检测，了解去污效果。如果反复冲洗后，经过放射性核素污染检测，再冲洗没有明显的去污效果，就要停止冲洗。

6. 如果必要，且现场条件允许，尽早清创，并保留切除组织，留作样品，以便剂量估算。

7. **使用阻吸收药物** 阻吸收药物的使用直接影响放射性核素在体内的沉积和治疗效果，用药愈早效果愈好，超过 24 小时，效果就明显降低。因此，在核事故和辐射事故现场，如果发现伤口放射性核素污染，要尽早使用阻吸收药物，减少放射性核素从伤口吸收后在体内的沉积，加速放射性核素的排出。

8. **如果必要，在使用阻吸收药物前，留取其他生物样品** 阻吸收药物明显影响放射性核素在体内的沉积，加速放射性核素从体内的排出，其代谢规律发生了明显的变化，因此，要了解初始的放射性核素的摄入量，就要在使用阻吸收药物前留取生物样品。

9. **给伤员佩挂分类标签，立刻后送** 分类标签和现场救援的先后次序有关，也标明了伤口放射性核素污染的种类，现场采取的处理措施，初步估算的剂量大小，对临床诊断和处置都有很大的帮助，因此在伤员后送时，要注意给伤员佩戴分类标签。

10. **做好伤员的转送登记** 伤员的转送记录，标明了伤员的去向，转运单位，转运人员等信息，对伤员的进一步跟踪有着重要的意义，因此，现场对伤口放射性核素污染的人员转送时，要做好转送记录，以便对受害者进一步跟踪和其他后续处理。

# 第七节 生物样品采集

## 一、一般概念

为估算受照射者的剂量和病情判断，需采集核和辐射突发事件受害者身体的生物材料及随身或现场的有关样品，供生物剂量（包括电子自旋共振波谱）、热释光剂量测量和中子活化分析用。收集的样品要分类、编号、造册、封存。

对于中子、γ 或 X 射线照射，受照人员佩戴的个人剂量计一般都可用于事故个人剂量测量。如果受照人员没有佩戴个人剂量计（在受照时）则剂量估算将需事故重建。在以往发生的事故中，多数受照者都没有佩戴个人剂量计，或虽已佩戴但所受剂量值超出了量程范围。因此，事故后剂量重建对减少剂量估计中的误差，具有重要意义。同时为估算剂量必须对受照人详细询问情况。

事故后测量 γ 剂量,可供选择的主要技术途径是热释光(TLD)和电子自旋共振(ESR)波谱两种方法。

热释光方法可选择的待测样品有:手表红宝石、牙齿、骨骼、陶瓷、砖瓦等。但目前从实用性和可靠性来说,手表红宝石作为辐射突发事件个人剂量计较为成熟。

在电子自旋共振(ESR)方法中,通过测定样品中由辐射引起的足够长寿命的自由基浓度变化来确定受照剂量。可供选择的样品有塑料制品、手表玻璃、含糖食品、药品、骨组织、牙釉质、毛发和衣物等。为了剂量重建,对受照人员没有放射性核素污染的衣服应当保留,以便剂量重建时作为样品。

若存在中子照射,采集有关人员的头发、血液样品、指甲及其佩戴的珠宝首饰、硬币、眼镜金属框、腰带扣、手表、羊毛衫等样品等进行感生放射性活度测量可能是重要的。这些物质应尽快取样、保存,以备由有能力的实验室分析。这种分析时间是重要因素,越早分析灵敏度越高。

## 二、血液样品的采集

血液样品的采集时间、采集量和用途一定要明确。第一天采取血样 20~30ml,主要用于以下几个用途的分析:①全血细胞计数;②细胞遗传学分析;③生物化学分析(血清淀粉酶);④放射性核素的分析。

第一天血样可分两次采取,无菌采血后置于肝素抗凝消毒真空管中,轻轻倒置以固定血样、抗凝,凝固的血样将不能使用,每管贴上标签。第一次应在照后 3 小时内采取,主要做全血细胞计数和生物剂量(染色体畸变分析、微核试验等)检测用;第二次可在第一次取样后 3~6 小时采取,再进行血细胞计数和 HLA 配型等,但都应标明采集样品的日期和时间。以后每天取血做全血细胞计数检查。

血样收集后和运输途中必须冷藏,但不能冻结;单个真空管用保护性材料包好后放入保温容器中;用纸或其他包装材料包好以防运输途中破损;贴上醒目的标志:"生物样品,易损,防损坏,避免 X 射线"。

血清样品(不抗凝)主要用于放射性核素分析和生化指标检测用。

外周血淋巴细胞是对辐射最敏感的细胞系之一,淋巴细胞绝对数降低是早期观察确定全身受照射水平的最好、最有用的实验室检查方法。中性粒细胞绝对值在事故早期升高的幅值,亦同样与剂量相关。

在生物剂量估算方法中,外周血淋巴细胞染色体畸变分析是一种最广泛采用的可靠方法。我国有些实验室已建立了良好的剂量 - 效应关系曲线和计算模式。在电离辐射外照射的情况下,用淋巴细胞染色体畸变分析作剂量估计的范围一般在 0.1~5.0Gy。用这种细胞遗传学方法探测的剂量下限,对 X 及 γ 射线约为 0.1Gy,裂变中子为 10~20mGy。一般说来,事故后取血时间越早越好。根据报道,照后 1~2 个月内,双十环频率变化不大,3 个月后明显下降,因此最好在受照射后 48 小时内取血,最迟不宜超过 2 个月。使用这种技术在身体局部受照时受到限制,因染色体畸变虽然可表明有放射损伤,但不能准确估计剂量。另外,对体内辐射源所致剂量,由于不同放射性核素分布不同,不能都估算出它们的剂量。染色体结果分析需要 3 天,因为淋巴细胞培养必须 48 小时才能获得足够的中期分裂细胞,以便估算出染色体畸变率。

### 三、身体局部受照时的样本采集

身体局部受照时，物理剂量非常重要，因为局部放射损伤的早期没有可利用的生物剂量方法。应详细询问事故经过并记录。在局部损伤情况下，应尽可能使用事故时受照的牙齿、衣服、纽扣、耳环或其他任何有机物，利用电子自旋共振（ESR）估算受照剂量。事故后第一周内，每天的血细胞计数有助于排除全身受照的可能性，因为局部损伤只可观察到某些非特异性改变，如轻度白细胞增多或血沉加快。染色体畸变只在少数局部受照 5~10Gy 人员的淋巴细胞中发现，而且它只能提供定性资料，而不是定量资料。

有两种诊断方法可用来估计局部过量照射的严重程度：热成像技术和放射性同位素方法。当受照部位与相对应的非受照射区可比较时，这两种方法都是可靠的。

热成像技术可用来鉴别任何损伤，并确定其严重程度，它是探测局部放射损伤有用而灵敏的技术，特别是在临床症状尚未出现的早期和潜伏期。另外，触点温度记录法和红外遥测温度法都是有用的，后者对身体局部受照的诊断，特别是四肢受照射时要比前者好。用放射性同位素方法可记录器官或身体部分血管的循环情况，即用高锝酸 $^{99m}Tc$ 静脉注射，以闪烁照相法监测锝的分布。热成像技术和放射性同位素法是互补的。这些方法虽不能准确估算剂量，但能判断临床损伤的严重程度。

### 四、人员可能受到外污染时的样本采集与处理

在进行去污处理前将耳道、鼻孔、口角及伤口用棉签擦拭，并将擦拭物和切除的受污染组织置于试管中；脱下衣物、口罩等应放置在密闭容器中（例如塑料袋），每一个容器都应贴上标签，写有患者的姓名、地点、样品名称、收集时间和日期，并且醒目地标注："放射性，请勿扔掉"，以便进一步鉴定放射性核素或进行粒度分析。

### 五、人员可能受到内污染时的样本采集与处理

放射性核素可经由呼吸道、消化道、皮肤伤口甚至完好的皮肤进入体内导致内污染。如果发现可能导致放射性核素内污染的情况，如环境中放射性核素外溢或放射性气溶胶浓度升高、工作人员口罩内层污染、体表放射性核素严重污染等，应立即着手调查污染核素种类，收集有关样品，对放射性核素摄入量作初步估计。

1. 在沐浴前进行鼻拭子的测量。

2. 留存口罩作放射化学分析。

3. 收集并分析测量尿样品，事故最初几次尿样可分别留存，以后几天连续收集 24 小时尿样。

4. 收集并分析测量粪便样品，至少收集最初 3~4 天的样品。

5. 取呼吸带气溶胶样品，做放射性气溶胶粒谱的测量。

6. 必要留取血、唾液、痰、呕吐物其他样品供放射性分析用。

7. 摄入镭（Ra）和钍（Th）时需要收集呼出气，做氡及其子体的测量。

每个样品应有清楚的标记，包括患者姓名、地点、取样类型、取样日期和时间，并置于合适的容器中。醒目地标注："放射性，请勿扔掉"。

有条件时可做全身放射性测量，必要时进行甲状腺测量和肺部测量。

### 六、现场样品采集的基本要求

现场样品的采集对估算患者的受照剂量，放射性损伤的诊断，制订治疗方案非常重要，因此，在核和辐射事故的现场救援时，对样品的采集要引起足够的重视，现场样品采集时要遵守以下基本要求：

1. 样品采集的目的要明确。
2. 样品采集的时间要适时。
3. 样品能够妥善保管。
4. 采集样品不能损害到伤员健康，不能延误抢救时间。

### 七、现场样品的采集实施

在核和辐射事故的现场救援时，现场样品采集要合理，及时，按照以下程序实施：

1. 医师根据伤员的诊治需要提出采样种类，护士实施。
2. 放射卫生人员根据估算剂量的需要提出采样要求，并实施，如果是生物样品，由护士实施。
3. 采集的样品要妥善保管。
4. 做好样品采集记录。

### 八、现场样品的处置

核和辐射事故现场救援时，现场样品采集后，要针对不同的用途合理处置采集的样品，通常样品处置按以下程序进行：

1. 如果需要，样品随伤员一起转送到后方医院。
2. 样品由救援队伍保存。
3. 做好样品的处置记录。

## 第八节 伤员转运和救援终止

### 一、一般概念

核与辐射现场救援，伤员的转运是现场救援的一项重要内容，也是决定现场救援能否成功的关键活动。伤员转送时，应将全部临床资料（包括检查结果、留采的物品和采集的样品等）随损伤人员同时后送；重度和重度以上损伤人员后送时，需有专人护送并注意防止休克。

运送损伤人员的方式应当适合每个伤员的具体情况。疏散被照射的患者，一般不需要特别防护，但应避免有的患者可能造成污染扩散，特别是在核设施现场没有进行全面辐射监测和消除污染的情况下，要注意放射性核素污染扩散和交叉污染。应将伤员适当地用床单或毯子包裹。带有隔离单可隔绝空气的多用途担架、内衬为可处理塑料内壁的救护车等，是运送污染人员最理想的设备。

安全转运伤员的一个重要条件是通讯联络，应当保证通讯联络通畅可靠，包括车载电话和专用无线电台。指挥中心除了随时向急救车护送人员发布指令外,还要及时通知事件情况变化、道路交通拥堵情况并指点迷路司机;护送人员也需要及时向指挥中心汇报伤员伤情变化和任务完成情况,并需提前联络接收医院。目前部分急救车还安装了卫星定位系统(GPS),有利于指挥者随时了解掌握车辆转运情况并就近调度派车。

转运陪护医务人员在出发前务必仔细了解前期抢救情况,聆听经治医师介绍,并认真阅读及携带早期病历。在转运过程中须随时记录伤情的变化、所给处理及反应结果和仍然存在的主要问题。到达指定医院后须向接诊医师认真交代病情,包括口头介绍和转交所有病历资料,交接双方还都应该在病历或记录表格上签字。

## 二、伤员转送的基本要求

核和辐射现场救援,伤员的转运是现场救援的一项重要内容,伤员转运时要遵守以下基本要求:

1. 分类、分级转送。
2. 明确转送地点。
3. 做好转送途中的防护。
4. 做好转送途中的安全保障。
5. 伤员的分类标签,留取的样品,伤员的资料要随伤员一起转送。

## 三、伤员转送的实施

核和辐射事故现场医学应急救援要快速、有效地进行,同时伤员的转送是实现分类、分级救治的关键。伤员转送要保证转送的次序正确,确保第一优先的伤员首先得到抢救;保证转运安全,做好伤员的防护,防止放射性核素污染扩散和交叉污染,保护伤员和转运人员;伤员转运要保证接受的医院正确,因为辐射损伤的伤员需要专科救治,只有转送的医院正确,才能保证伤员得到有效的专科救治。因此,核与辐射事故现场伤员转送时,要按以下程序进行:

1. 建立伤员转送接口关系。
2. 临时救援处置站要根据分类结果分类、分级转送。佩挂伤员分类标签,把伤员的资料和样品交给转送急救人员。
3. 做好转送伤员的个人防护,防止污染扩散。
4. 做好伤员转送记录。

## 四、伤员运输途中的注意事项

1. 严密观察伤员生命体征的改变,包括神志、血压、呼吸、心率、口唇颜色等。
2. 随时检查具体损伤和治疗措施的改变情况,例如外伤包扎固定后有无继续出血、肢体肿胀改变及远端血供是否缺乏、脊柱固定有否松动、各种引流管是否通畅、输液管道是否安全可靠、氧气供应是否充足、仪器设备工作是否正常等。
3. 对发现的问题及时采取必要的处理和调整,目的在于维持伤员在途中生命体征平稳。
4. 在严密监控下适当给予镇静或止痛治疗,防止伤员坠落或碰伤,适当保暖或降温,酌情添加补液或药品支持。

5. 对于有特殊需要的伤病员采取防光、声刺激或颠簸等措施。

6. 必要时停车抢救。

7. 注意与清醒伤员的语言交流，除能了解伤员意识状态以外，还可以及时给予心理治疗，帮助缓解紧张情绪，有利于稳定伤员生命体征。

## 五、现场救援终止条件

核和辐射事故现场医学应急救援是否终止必须满足一定的条件，通常核和辐射事故现场医学应急救援终止要满足以下条件：

1. 现场应急指挥部的指令。

2. 现场救援活动结束。

3. 救援队伍接到其他支援指令。

## 六、现场撤离

**1. 撤离前的准备** 核和辐射事故现场医学应急救援终止后，要进行撤离前的准备。

（1）撤离装备准备：对污染的设备、仪器仪表不需要带走的，要封存，做好污染标记。需要携带的设备、仪器仪表，视有无污染要分别进行处理，污染的设备、仪器仪表要做好防护，防止放射性核素污染扩散。

（2）撤离交通准备：核和辐射事故现场医学应急救援终止后，撤离前要进行交通工具准备。交通工具要进行辐射防护，特别是要进行放放射性核素污染扩散防护，保证救援人员的安全。

（3）撤离接口关系准备：核和辐射事故现场医学应急救援终止后，撤离前要注意接口关系，明确报告渠道，核实撤离目的地及其接口。

**2. 撤离准备报告** 完成现场撤离准备后，向有关应急指挥部报告，报告撤离的准备情况，请求撤离。

（1）向现场应急指挥部报告撤离准备情况；请求撤离。

（2）向救援队派出部门报告撤离准备情况，请求撤离。

**3. 撤离行动** 接到撤离指令后，立刻撤离到指定地点；撤离过程中要做好队员的安全保障。

## 七、现场救援终止后的行动

**1. 报告** 到达撤离指定地点后，立刻向现场应急指挥部和救援队派出部门报告。报告撤离情况，撤离地点，并请求进一步的行动。

**2. 行动** 根据有关部门的命令采取相应行动。

## 参 考 文 献

1. GBZ/T191-2007放射性疾病诊断名词术语. 北京：人民卫生出版社，2007

2. 吕祖铭. 灾难现场的院前急救. 中华急诊医学杂志，2009，18（7）：780-782

3. IAEA. Generic procedures for medical response during a nuclear or radiological emergency. Vienna: IAEA，Epr-Medical，2005：70-72

4. GBZ/T 234-2010 核事故场内医学应急响应程序

5. GBZ 215-2009 过量照射人员医学检查与处理原则

6. GBZ/T 171-2006 核事故场内医学应急计划与准备

7. GBZ/T 170-2006 核事故场外医学应急计划与准备

8. GB/T 16148-2009 放射性核素摄入量及内照射剂量估算规范

9. GB/T 18197-2000 放射性核素内污染人员的医学处理规范

10. GBZ 104-2002 外照射急性放射病诊断标准

11. 刘长安,刘英,苏旭,等. 核与放射突发事件医学救援小分队行动导则. 北京:北京大学医学出版社, 2005

# 第七章 >>>

## 放射损伤的临床救治

## 第一节　外照射急性放射病

### 一、定义

1. **外照射急性放射病**　是指人体一次或短时间（数日）内受到大剂量照射引起的全身性疾病。当受到大于 1Gy 的均匀或比较均匀的全身照射即可引起急性放射病。临床上根据其受照剂量大小、临床特点和基本病理改变，分为骨髓型急性放射病、肠型急性放射病、脑型急性放射病三种类型。

2. **骨髓型急性放射病**　又称造血型急性放射病，是以骨髓造血组织损伤为基本病变，以白细胞和血小板数减少、感染、出血等为主要临床表现，具有典型阶段性病程的急性放射病。按其吸收剂量的大小及病情的严重程度，又分为轻、中、重和极重度四度；具有初期、假愈期、极期和恢复期四阶段病程的急性放射病。

3. **肠型急性放射病**　是以胃肠道损伤（肠黏膜坏死脱落）为基本病变，以频繁呕吐、严重腹泻、腹痛以及水电解质代谢严重紊乱为主要临床表现，具有初期、假愈期和极期三阶段病程的严重的急性放射病。

4. **脑型急性放射病**　是以脑组织损伤为基本病变，以意识障碍、定向力丧失、共济失调、肌张力增强、抽搐、震颤等中枢神经系统症状为主要临床表现，具有初期和极期两阶段病程的极其严重的急性放射病。

### 二、病因

急性放射病是由于电离辐射引起组织及器官大部分细胞死亡，从而导致组织及器官的功能障碍，属确定效应，存在剂量阈值，其损伤程度随剂量阈值的增加而加重（详见第二章辐射生物效应）。

### 三、临床表现

急性放射病的临床表现，主要取决于照射所致的机体的基本损伤病变，一般的规律是照射剂量越大，病情越严重，临床表现越多，程度越重、持续时间越久。根据其受照剂量大小、临床特点和基本病理改变，分为骨髓型、肠型、脑型三种类型。

**（一）外照射骨髓型急性放射病**

**1. 骨髓型轻度急性放射病**　一般发生在人员受到 1～2Gy 全身照射后，患者的临床症状较少，一般不太严重。照后头几天可能会出现头昏、乏力、失眠、轻度食欲缺乏等症状。

（1）临床表现：一般无脱发、出血和感染等临床表现，约有 1/3 的患者可无明显症状。

（2）造血组织损伤程度：损伤程度较轻，有些患者在照后 1～2 天白细胞总数可一过性升高，可达 $10 \times 10^9$/L，此后逐渐减低，照后 30 天前后可降至（3～4）$\times 10^9$/L；血小板、红细胞数和血红蛋白无明显变化。照后 2～3 个月白细胞数可恢复致受照前的水平或有小幅度波动。

（3）预后：轻度急性放射病预后较好。

**2. 骨髓型中度和重度急性放射病**　照射剂量达到 2～4Gy 和 4～6Gy 时，可发生中度和重度骨髓型急性放射病。两者临床经过相似，只是病情的严重程度有所不同。造血组织损伤是其基本病理改变。其临床经过可分为初期、假愈期、极期、恢复期。

（1）初期（受照当日至照后 4 天）：患者可有疲乏无力、头昏、食欲减退、恶心呕吐，中度患者呕吐多发生在照射后数小时后，而重度患者呕吐多发生在照射后 2 小时后，有的患者还可出现心悸、失眠、发热等表现，早期呕吐一般持续 1 天，呕吐 3～5 次，呕吐物为胃内容物。头面部照射剂量偏大者，还可出现颜面潮红、腮腺肿大、眼结膜充血、口唇肿胀等局部表现。

（2）假愈期（照后 5～20 天）：初期症状明显减轻或消失。此期一般持续 2 周左右，但是造血组织损伤仍在继续发展，表现在白细胞和血小板数持续减少，其下降速度与受照剂量和病情有关；一般于照后 7～12 天白细胞数降至第一个低值，之后白细胞出现一过性回升，回升的峰值与病情有关；外周血血小板数下降较白细胞稍缓慢，红细胞数和血红蛋白的含量可无明显变化。

在假愈期末开始有脱发表现，开始脱发的时间和脱发的多少随受照剂量的增加提早和加重。假愈期的长短是病情轻重的重要标志之一，中度急性放射病病例假愈期一般延续至照后 20～30 天，重度放射病病例一般延续至照后 15～25 天。

（3）极期（照后 20～35 天）：极期是急性放射病各种临床表现明显出现的阶段。在造血组织严重受损的基础上，出血感染是威胁患者生命的主要因素，同时还伴有电解质紊乱，极期持续时间越长，表明病情严重。

1）极期的临床表现：全身一般状况恶化，再度出现精神变差、明显的疲乏、食欲不佳，全身衰竭明显，重度放射病病例可发生明显的拒食、呕吐、腹泻等，患者体重进行性下降。

2）造血组织严重损伤：骨髓的红系、粒系、巨核系的幼稚细胞极度减少，淋巴细胞、浆细胞等非造血细胞的比例增高；骨髓造血祖细胞体外培养无或很少细胞集落生长。外周血白细胞、血小板数目再度进行性下降并达最低水平，血涂片检查可见中性粒细胞比例减少并有核右移，胞浆内可出现空泡、中毒颗粒；还可出现核固缩、核溶解、核肿胀、核分叶过多等退行性变化。

3）感染也是极期的主要症状，口咽部是最常见的感染部位，患者如原有中耳炎、鼻窦炎，足癣等慢性感染，极期时可出现急性发作。局部感染如果处理不当可能发展为全身感染，极期还可能发生肺炎、尿路感染和肠道感染等，易发生败血症。重症患者不治疗或治疗不当时，感染是造成死亡的主要原因。

4）出血是骨髓型急性放射病极期另一种常见的临床表现，也是常见的死亡原因。

（4）恢复期（照后 35～60 天）：经治疗后一般都能度过极期而步入恢复期。骨髓造血组织损伤开始恢复。白细胞数（含中性粒细胞）、血小板回升。临床上发热、出血得以改善。但性腺损伤恢复的最慢，骨髓型重度急性放射病生育能力恢复较困难。

**3. 骨髓型极重度急性放射病**　当人体受到 6Gy 以上照射时可发生骨髓型极重度急性放射病。其临床经过和临床表现与骨髓型重度放射病大致相似，只不过临床症状更多更重、体征出现的更早。死亡率高，至今还没有临床救治成功的文献报道。

**（二）肠型急性放射病的临床表现**

受照剂量在 10Gy 以上时，肠道上皮损伤特别突出，表现为肠道症状严重，腹部疼痛，出现拒食、频繁呕吐、重者呕吐胆汁，腹泻，出现血水便，泻出物中含有肠黏膜脱落物，大便失禁等。可出现脱水、血液浓缩、电解质紊乱、虚脱等。部分患者可发生肠套叠、肠梗阻等严重并发症。肠型患者的造血损伤非常严重，已不能自身恢复。虽然经过给予很好的治疗和护理，最终仍死于造血功能衰竭、感染、出血及多脏器功能衰竭的并发症。

**（三）脑型急性放射病的临床表现**

当受照剂量 >50Gy 时，以脑部损伤为突出。骨髓造血和肠道损伤均不能恢复。受照后出现站立不稳、步态蹒跚等共济失调表现，眼球震颤、强直抽搐，角弓反张、定向力障碍等征象；患者均在 2～3 天内死亡。当照射剂量 >100Gy 时出现意识丧失、瞳孔散大，二便失禁，休克，昏迷，患者很快死亡。实验室检查：血液浓缩、白细胞数升高后急剧下降。骨髓穿刺物为水样，细胞很少。

## 四、诊断与鉴别诊断

外照射急性放射病的诊断主要依据：受照史、主要临床表现、实验室检查、除外具有相似临床表现的其他疾病。

**（一）受照史**

收集放射源的种类、活度、不同距离的剂量率、接触放射源距离与累积时间、受照者的体位、射源屏蔽情况，有无佩戴个人剂量计等，用于估算受照剂量。

**（二）临床表现**

早期诊断非常重要，临床上主要依据疲乏、恶心、呕吐、腹泻、发热等和外周血淋巴细胞急剧减少等作出初步判断，其严重程度、症状特点与剂量大小、剂量率、受照部位和范围及个体情况有关，早期分类诊断在受照后即刻进行，主要依据如下：

1. 初期的症状和体征如呕吐、腹泻等症状；面部潮红、口唇疱疹、肿胀、腮腺肿大等体征。

**2. 淋巴细胞早期变化**　急性放射病可见表 7-1 和图 7-1 作出初步的分度诊断。

在全面检查和严密观察病情发展的过程中，可见表 7-2 进行综合分析，进一步确定临床分度及分期诊断。

**（三）实验室检查**

**1. 白细胞数的变化**　参照表 7-3。

**2. 淋巴细胞绝对值的变化**　随着受照剂量的增加照后 1～2 天的淋巴细胞绝对值也明显的减少，见表 7-1。

**3. 血小板数也随着照射剂量的增加而明显减少**　常与白细胞减少数大致平行。

**4. 照后早期血红蛋含量升高有助于肠型和脑型的诊断。**

表7-1 各型急性放射病的初期反应和受照剂量下限

| 分型 | | 初期表现 | 受照后1~2天淋巴细胞绝对数量最低值（×10⁹/L） | 受照剂量下限（Gy） |
|---|---|---|---|---|
| 骨髓型 | 轻度 | 乏力，不适，食欲减退 | 1.2 | 1.0 |
| | 中度 | 头昏，乏力，食欲减退，恶心，1~2小时后呕吐，白细胞数短暂上升后下降 | 0.9 | 2.0 |
| | 重度 | 1小时后多次呕吐，可有腹泻，腮腺肿大，白细胞数明显下降 | 0.6 | 4.0 |
| | 极重度 | 1小时内多次呕吐和腹泻，休克，腮腺肿大，白细胞数急剧下降 | 0.3 | 6.0 |
| 肠型 | | 频繁呕吐和腹泻，腹痛，休克，血红蛋白升高 | <0.3 | 10.0 |
| 脑型 | | 频繁呕吐和腹泻，休克，共济失调，肌张力增加，震颤，抽搐，昏睡，定向和判断力减退 | <0.3 | 50.0 |

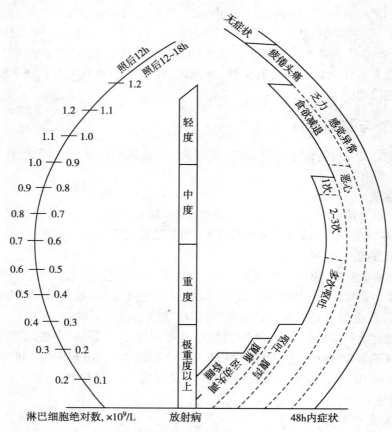

图 7-1 急性放射病早期诊断图

注：按照后12小时或24~48小时内淋巴细胞绝对值和该时间内患者出现过的最重症状（图右柱内侧实线下角）作一连线通过中央柱，柱内所标志的程度就是患者可能的诊断；如在照后6小时对患者进行诊断时，则仅根据患者出现过的最重症状（图右柱内侧实线的上缘）作一水平横线至中央柱，依柱内所标志的程度加以判断，但其误差较照后24~48小时判断时大。第一次淋巴细胞检查应在使用肾上腺皮质激素和抗辐射药物前进行

表7-2 骨髓型急性放射病的临床诊断依据

| 分期和分度 | | 轻度 | 中度 | 重度 | 极重度 |
|---|---|---|---|---|---|
| 初期 | 呕吐 | − | + | ++ | +++ |
| | 腹泻 | − | − | −～+ | +～++ |
| 极期 | 照后，天 | 极期不明显 | 20～30 | 15～25 | <10 |
| | 口咽炎 | − | + | ++ | ++～+++ |
| | 最高体温（℃） | <38 | 38～39 | >39 | >39 |
| | 脱发 | − | +～++ | +++ | +～+++ |
| | 出血 | − | +～++ | +++ | −～+++ |
| | 柏油便 | − | − | ++ | +++ |
| | 腹泻 | − | − | ++ | +++ |
| | 拒食 | − | − | ± | + |
| | 衰竭 | − | − | ++ | +++ |
| | 白细胞最低值（×10⁹/L） | >2.0 | 1.0～2.0 | 0.2～1.0 | <0.2 |
| 受照剂量下限，Gy | | 1.0 | 2.0 | 4.0 | 6.0 |

注：+、++、+++ 分别表示轻、中、重

表7-3 骨髓型急性放射病白细胞变化

| 分度 | 减少速度 [×10⁹/(L·d)] | +7天值 (×10⁹/L) | +10天值 (×10⁹/L) | <1×10⁹/L 时间 (+d) | 最低值 (×10⁹/L) | 最低值时间 (+d) |
|---|---|---|---|---|---|---|
| 轻度 | | 4.5 | 4.0 | | >3.0 | |
| 中度 | <0.25 | 3.5 | 3.0 | 20～32 | 1.0～3.0 | 35～45 |
| 重度 | 0.25～0.6 | 2.5 | 2.0 | 8～20 | <1.0 | 25～35 |
| 极重度 | >0.6 | 1.5 | 1.0 | <8 | <0.5 | <21 |

**5. 骨髓象的变化** 骨髓变化的程度与照射剂量有关，受照剂量大者，造血细胞严重缺乏，以至完全消失，骨髓呈严重抑制现象。

**6. 淋巴细胞染色体畸变分析及微核率测定** 人体受到一定剂量照射后早期，即可引起染色体的畸变，且畸变率与照射剂量有较好的量效关系，通过刻度曲线回归方程估算人体所受的剂量 - 即生物剂量，在早期诊断中十分有意义。微核率是与染色体畸变有同样意义的一项指标，且更简便。

**（四）除外具有相似临床表现的其他疾病**

急性放射病曾被误诊为"食物中毒""蜂窝织炎""急性再生障碍性贫血"等疾病，因此，内科、外科、烧伤科或急诊科医师首诊遇到原因不明的呕吐、腹泻、皮肤红斑或急性全血细胞减少等患者时应提高诊断急性放射病的警惕性。

骨髓型，肠型和脑型急性放射病的鉴别诊断：急性放射病分型诊断的要点是肠型、脑型与极重度骨髓型放射病的鉴别。根据受照后患者的临床表现、受照剂量及病程即可区分三型放射病，见表7-4。

表7-4 三型急性放射病的临床鉴别诊断要点

| 项目 | 极重度骨髓型 | 肠型 | 脑型 |
|---|---|---|---|
| 共济失调 | − | − | +++ |
| 肌张力增强 | − | − | +++ |
| 肢体震颤 | − | − | ++ |
| 抽搐 | − | − | +++ |
| 眼球震颤 | − | − | ++ |
| 昏迷 | − | + | ++ |
| 呕吐胆汁 | ± | ++ | +～++ |
| 稀水便 | − | +++ | + |
| 血水便 | − | +++ | + |
| 柏油便 | +++ | −～++ | ± |
| 腹痛 | − | ++ | + |
| 血红蛋白升高 | − | ++ | ++ |
| 最高体温（℃） | >39 | ↑或↓ | ↓ |
| 脱发 | +～+++ | −～+++ | − |
| 出血 | −～+++ | −～++ | − |
| 受照剂量（Gy） | 6～10 | 10～50 | >50 |
| 病程（天） | <30 | <5 | <5 |

注：+++ 表示严重，++ 为中度，+ 为轻度，− 为不发生
表 7-1、7-2、7-3、7-4，图 7-1 引自（GBZ104-2002 急性放射病诊断标准）

## 五、治疗

### （一）治疗原则

不同外照射剂量所致的各型放射病应采取不同的治疗措施。急性放射病分期不同也各有侧重，应针对各期的主要矛盾采取不同的治疗。

1. **骨髓型急性放射病的治疗原则** 早期应用辐射防治药物、改善微循环和造血微环境等；合理应用造血生长因子，促进造血组织损伤的恢复；根据不同分度与分期的特点，合理采用抗感染、抗出血、防止和纠正电解质代谢紊乱等综合对症支持治疗。对估计受照剂量 >8Gy，自身造血不能恢复的患者，做造血干细胞移植的准备与实施。

2. **肠型急性放射病的治疗原则** 早期应用可以减轻肠道损伤的药物；纠正脱水、电解质紊乱和酸碱平衡失调，积极给予合理的抗感染等综合对症治疗；尽早实施造血干细胞移植，以便重建造血功能。

3. **脑型急性放射病的治疗原则** 早期镇静解痉、抗休克、强心、改善微循环等综合对症治疗。

### （二）治疗措施

1. **早期治疗**

（1）辐射防治药物应用：辐射损伤预防和照后早期治疗药物雌三醇（肌注）和尼尔雌醇（口服）等药物。射后1天给药物，能提高存活率。

（2）改善微循环和造血微环境：照后1～3天给予静点低分子右旋糖酐、复方丹参注射液、维生素C、山莨菪碱等药物。用于防止红细胞聚集和微血栓形成，减轻微循环障碍。

**2. 对症综合治疗**

（1）感染是急性放射病主要并发症和致死原因之一，因此抗感染是急性放射病的重要环节。根据急性放射病不同的分型、分期、分度建立不同的抗感染措施。

1）全环境保护隔离：全环境保护隔离包括层流病房和层流罩。根据病情建立不同的消毒隔离制度，这是对抗外源性感染的有力措施之一：可分为简易保护性隔离、环境灭菌消毒隔离、全环境保护隔离，后两种分别适用于中度偏重、重度偏重的骨髓型急性放射病患者。

2）抗感染：感染主要是内源性致病菌感染为主。疾病早期以皮肤、口腔及呼吸道革兰阳性菌居多，疾病后期多为革兰阳性菌，也常见混合感染，后期体内菌群失调可出现一种或多种真菌感染，还可发生病毒、卡氏肺囊虫及结核菌感染。抗感染治疗方案中早期应用以抗革兰阳性菌为主的抗生素，在后期应用以抗革兰阴性菌为主的抗生素和抗真菌药物治疗。

3）增强免疫功能：重症感染的患者在抗感染早期应使用大剂量丙种球蛋白，输注经过γ射线照射15～25Gy的全血、血浆也有助于增强免疫功能和抗感染。

（2）防治出血：急性放射患者的大出血，也是引起患者死亡的重要原因之一，尤其是重要脏器的大出血。临床实践表明，出血大致分为3个阶段：①初期出血主要与微循环障碍和微血管损伤有关；②中期出血，发生在假愈期，主要与血小板减少和功能改变、微血管损伤和血液凝固状态改变有关；③极期的出血尤其在感染发热后，可能是在造血功能衰竭、微血管损伤和血凝障碍基础上，因严重感染诱发而加重。目前有效的止血措施是输注新鲜全血或血小板，可尽量固定少量血小板供者，减少抗体形成机会。可以给予止血药物。

（3）特殊治疗：

1）造血生长因子（HGF）的应用：造血因子种类有重组人粒 - 巨噬细胞系集落刺激因子（rhGM-CSF）、重组人粒系集落刺激因子（rhG-CSF）、巨核细胞系集落刺激因子（Meg-CSF）、红细胞生成素（EPO）等，其中以rhG-CSF、rhGM-CSF临床应用较成熟。

适用对象：全身或身体大部分吸收剂量3～10Gy；合并多处创伤或烧伤，吸收剂量2～6Gy；小于12岁和大于60岁的患者吸收剂量2Gy。

使用时间：受照当天尽早使用。

停用时间：中性粒细胞绝对数（ANC）大于$1.0 \times 10^9$/L，如果停用造血因子后ANC重新降至$0.5 \times 10^9$/L，可再用造血因子治疗。

使用剂量：rhG-CSF（或rhGM-CSF）300μg/d[6～10μg/（kg·d）]，使用前注意做过敏试验，以免发生过敏性休克等过敏反应。

2）造血干细胞移植的应用：①适应证：极重度骨髓型急性放射病和轻度肠型急性放射病是造血干细胞移植的适应证，在照射7～10Gy后，没有明显烧伤和其他重要器官损伤可以考虑造血干细胞移植，如果照射后6天粒细胞计数仍>$0.5 \times 10^9$/L，血小板计数>$100 \times 10^9$/L，说明体内有残存造血而不适宜造血干细胞移植。②预处理方法：有清髓性与非清髓性造血干细胞移植两种方法。前者为传统的方法，临床应用的多，已积累了许多有益的经验。后者是近几年才在临床开展，其中关键是预处理中使用免疫抑制剂的剂量和种类如何掌握。③治疗急性放射病的时机：应当是越早越好，但由于选择供授者HLA配型和对供者进行造血干细胞动员、采集干细胞等需要一定的时间等原因,应选择照后 7 天内进行造血干细胞移植。而肠型急性放射病整个病程短仅约两周,因而更应在照后头几天内进行。④移植造血干细胞的数量:移植足够数量的造血干细胞是移植成功或失败的关键条件,自身骨髓移植输注的骨髓有核细胞以(3～5)× 10/kg 为宜,同种骨髓移植一般为(2～3)× 10/kg。HLA 单倍体相合或不全相合骨髓移植时采量宜更多。为确保移植骨髓细胞的质量,宜采用多点穿刺少量抽吸的采髓方法,以尽量减少外周血的混入。

3)预防早期并发症:在急性放射病基础上实施造血干细胞移植,势必会影响多种组织器官,造成各种并发症。最常见的早期表现为恶心、呕吐、黏膜炎,以下并发症并不常见,但可以是导致早期死亡的重要原因。第一是出血性膀胱炎(HC),第二是急性移植物抗宿主病(aGVHD)。除上述常见并发症外还有移植后感染、移植后神经系统并发症、肾脏并发症、心脏并发症、口腔黏膜炎等。

## 六、转归及预后

事故照射导致的急性放射病的病情和临床特点不但与受照剂量大小、剂量率有直接量效关系,且与均匀照射程度密切相关。全身各部位受照射的均匀程度可以大致分为均匀照射或比较均匀照射、不均匀照射和极不均匀照射三大类。一般从国内外资料看重度以下骨髓型急性放射病经过积极治疗均能存活,但到目前为止,无论移植或是细胞因子治疗,受照射剂量大于 8Gy 的放射病病例尚无长期存活的报道,肠型放射病存活时间 10～15 天死亡。脑型放射病病情危重,患者一般在 2～3 天内死亡。

# 第二节  放射复合伤

## 一、定义

人员同时或相继受到两种以上致伤因素作用而发生的损伤,称为复合伤。放射复合伤是指同时存在放射损伤和非放射损伤。放射复合伤是核恐怖事件与平时核事故等条件下发生的主要的、特殊的伤类之一。一般包括放冲复合伤和放烧复合伤,其中放冲复合伤是指人体同时或相继发生的放射损伤为主、复合冲击伤的一类复合伤;放烧复合伤是指人体同时或相继发生放射损伤为主、复合烧伤的一类复合伤。放射复合伤类型主要以放烧复合伤多见。

## 二、病因

放射复合伤是平时核事故与战时核爆炸等条件下发生的特殊伤类之一。在核事故中则多见放射损伤与烧伤等的复合伤,爆炸事故中,常发生烧伤和冲击伤、创伤的复合伤。前苏联切尔诺贝利核电站事故中,重度以上伤员均合并有放射损伤。核爆炸时也常发生放烧复合伤,日本遭原子弹袭击后,广岛和长崎 20 天生存的伤员中,复合伤约占 40%;如将早期死亡者包括在内,估计全部伤员中有 60%～85% 为复合伤。在核恐怖事件中,常可并发烧伤,造成放烧复合伤。放烧复合伤伤类复杂、伤势严重,诊断和救治非常困难,是造成伤亡的主要原因。

## 三、临床表现

### （一）放射复合伤的分度

放射复合伤的伤情是以单一损伤为基础，并参照各种损伤之间的相互影响和加重作用分为四度。以放射损伤为主的复合伤，其病程与单纯急性放射病的特点相同，有明显的阶段性，可分为四期：即初期、假愈期、极期和恢复期。主要临床表现为胃肠功能紊乱，造血障碍，感染和出血，病变严重程度主要取决于辐射剂量，现就各度放射复合伤的临床经过简述如下：

1. **轻度放射复合伤**　受照剂量一般在 1Gy 以上，合并轻度烧伤或机械伤，伤情互相加重不明显。伤后数天内可出现疲乏、头晕、失眠、恶心和食欲减退等一般症状，个别患者在伤后 3～4 周可见体表皮肤出血点，烧伤创面早期可发生感染，伴有一过性发热，通常在数天内降至正常。造血组织损伤轻微，伤后白细胞数可轻度降低，整个病程约 2 个月。

2. **中度放射复合伤**　受照剂量一般在 2Gy 以上，合并轻度烧伤与机械伤。临床经过呈阶段性，初期主要表现疲乏、头晕、失眠、恶心和食欲减退等一般症状。感染发热比单纯放射病出现早，持续时间可超过一周，极期可发生呕吐、腹泻、皮肤黏膜出血。白细胞于早期可有 3～5 天增高，随后减少，白细胞下降速度比同剂量单纯放射病缓慢，且下降程度也较轻，说明造血组织对创面的感染有一定的反应能力。淋巴细胞在伤后一天即有明显下降，血红蛋白轻度减少。整个病程约 3 个月。

3. **重度放射复合伤**　受照剂量一般在 3Gy 以上，合并中度以上烧伤与机械伤。病程具有阶段性，且有明显加重作用，发展快、假愈期缩短，极期提前并延长，发热开始早，持续时间长，厌食、恶心、呕吐等胃肠症状更为严重，皮肤和黏膜出血，便血都比同剂量单纯放射病出现早而重，伤后细胞下降速度与单纯放射病大致相似，但白细胞降至最低值时间早，值更低。全身感染如肺炎、败血症等也容易发生，其他如水电解质平衡失调，代谢紊乱等也明显。

4. **极重度放射复合伤**　受照剂量一般在 4Gy 以上，合并中度以上烧伤与机械伤，病情极重，发展极快，无明显的假愈期。平均伤后 2 天开始发热，牙龈、扁桃体很快发生感染，厌食、呕吐、腹泻等消化道症状也同时出现。脑型和肠型的放射复合伤，由于射线剂量极大，放射损伤在复合机械伤中的地位尤为突出，此时虽有烧伤或机械伤，但是由于病程短暂往往表现不出明显加重的影响，患者进入极重阶段以致死亡。

### （二）放烧复合伤

放烧复合伤是指人体同时或相继发生放射损伤为主复合烧伤。受照剂量超过 1Gy，烧伤多为皮肤烧伤，也可以同时发生呼吸道烧伤及眼烧伤。放烧复合伤的伤情可分为轻度、中度、重度及极重度四级，烧伤深度判定均取三度四分法。

1. **Ⅰ度（红斑性烧伤）**　照后 3～5 小时局部出现瘙痒和灼热感，继而逐渐出现轻度肿胀和充血性红斑，表皮完整，创面呈红斑状，无渗出及水疱，局部肿胀轻微。3～5 天后，脱屑愈合，不留瘢痕，短期内有色素沉着。

2. **浅Ⅱ度（水疱性烧伤）**　照后 24～48 小时后相继出现红斑、灼痛和肿胀等症状。在反应期受照射局部再次出现红斑，色泽较前加深，呈紫红色，肿胀明显，疼痛加剧，并逐渐形成水疱，开始为小水疱；3～5 小时后，逐渐融合成大水疱，疱皮较薄，疱液呈淡黄色。水疱破溃后形成表浅的糜烂创面，不留瘢痕，多有色素沉着。

3. **深Ⅱ度**　受照射局部色泽深,呈紫红色,肿胀明显,疼痛加剧,表皮苍白或蜡黄,创面有小水疱,红白相间,可见扩张或栓塞的小血管支,质韧,痛觉迟钝,皮温较低。无感染的可在20天左右自愈,留瘢痕。

4. **Ⅲ度**(焦痂性烧伤)　创面干燥,呈苍白或蜡黄炭化状,见粗大树枝状栓塞血管网,质地呈皮革样,痛觉消失,皮温低,重者可累及深部肌肉、骨骼、神经干或内脏器官。

### (三)放冲复合伤

放冲复合伤是指人体同时或相继发生的放射损伤为主复合冲击伤的一类复合伤。放冲复合伤的伤情可分为轻度、中度、重度及极重度四级。病程一般可经休克期、局部感染期、极期及恢复期四个期。

1. **轻度**　可发生轻度脑震荡、听器损伤、内脏出血点或擦皮伤等。临床可表现有一过性神志恍惚、头痛、头昏、耳鸣、听力减退、鼓膜充血或破裂,一般无明显全身症状。

2. **中度**　可发生脑震荡、严重听器损伤、内脏多处斑点状出血、肺轻度出血、水肿、软组织挫伤和单纯脱白等。临床可表现有一时性意识丧失,头痛、头昏、耳痛、耳鸣、听力减退、鼓膜破裂、胸痛、胸闷、咳嗽、痰中带血,偶可听到啰音,伤部肿、痛,活动障碍。

3. **重度**　可发生明显的肺出血、水肿,腹腔脏器破裂,重要骨骼骨折等。临床可表现胸痛、呼吸困难、咯血性痰,胸部检查有浊音区和水泡音,腹痛、腹壁紧张及压痛,血压下降,呈弥漫性腹膜炎体征,有不同程度休克或昏迷征象,并有骨折局部的相应症状和体征。

4. **极重度**　可发生严重肺出血、肺水肿、肝脾严重破裂、颅脑严重损伤。临床可表现呼吸极度困难、发绀、躁动、抽搐,胸部检查有浊音区,干、湿性啰音,喷出血性泡沫样液体,有危重急腹症表现,处于严重的休克或昏迷状态。

## 四、诊断

### (一)早期分类诊断

早期分类的主要任务是在于迅速正确地区分伤类,判断伤情,为救治后送提供依据。

1. **从早期症状和体征判断伤类、伤情**　大面积严重烧伤而无明显放射病初期症状时如恶心、呕吐、腹泻等,可能是以烧伤为主的放射复合伤或单纯烧伤;伤后有明显恶心、呕吐、腹泻,同时有烧伤或创伤,可能是放射损伤为主的复合伤。

2. **判断受照剂量和污染水平**　应根据人员受照的具体情况(如辐射源情况、所处位置、活动范围和时间等)、事故现场辐射检测情况、个人剂量仪读数、体表测量结果,判断所受外照射剂量和体内、体表放射性物质污染水平进行综合分析。

3. **根据白细胞数变化进一步判断伤类、伤情**　白细胞数增加、淋巴细胞减少者,可能是以烧伤为主的放射复合伤;白细胞数和淋巴细胞数均减少、中性粒细胞所占百分数也减少(进入极期时)者,可能是以放射损伤为主的复合伤。

### (二)临床诊断

1. **放烧复合伤**　根据烧伤临床分度红斑、水疱和焦痂性烧伤的临床特点、烧伤深度和面积大小判定烧伤严重程度进行诊断(见本节放射复合伤临床表现)。

放烧复合伤患者体表面积估算方法:①手掌法:伤员手指并拢,手掌面积为体表面积的1%;②中国九分法:成人的头颈部占全身体表面积的 $1 \times 9\%$,双上肢占 $2 \times 9\%$,躯干(含会阴部1%)占 $3 \times 9\%$,双下肢(含臀部)占 $5 \times 9\% + 1\%$,共为 $11 \times 9\% + 1\% = 100\%$。

2. **放冲复合伤** 放冲复合伤的诊断应以单一伤为基础，并充分考虑复合伤的特点，依据爆炸时伤员的伤类和伤情诊断。既充分利用各方面的间接依据，又要依靠对每一伤员的直接观察。在现场、早期救治机构和专科医院，按不同条件和不同要求作出临床诊断。

（1）根据伤情、临床表现和实验室检查结果，结合健康档案进行综合分析。

（2）诊断重点是有无冲击波所致的内脏损伤，或是否合并放射损伤及其严重程度。

（3）冲击伤应做好分度诊断（参考本节放冲复合伤分度）：

1）有多处（多脏器、多部位）伤时，应确定主要损伤及其伤势的程度。

2）受伤条件和环境：根据爆炸现场的情况如爆炸方式、伤员距爆炸中心的距离、冲击波压力值和屏蔽条件、周围物体破坏等情况，推断冲击伤伤情。

3）根据武器、技术装备、工事破坏程度及冲击波压力值可间接推断同一地点和开阔地人员冲击伤的伤情程度。冲击波造成物体破坏程度和冲击波压力值与人员冲击伤伤情关系等作出诊断见表。

## 五、处理

放射复合伤救治的首要任务是积极抢救危及伤员生命的主要损伤，如出血，休克等。一般说来，治疗急性放射病的方案和药物同样适用于放射复合伤，根据伤情和病期不同，采取综合救治措施。根据复合伤的特点，在治疗主要损伤的同时，必须兼顾次要损伤；局部处理必须注意全身情况和病程阶段，使两方面起相辅相成作用，不同时期的治疗各有侧重。

**（一）急救**

急救包括止血，敷盖创面、镇静、止痛、保暖、口服补液防止休克、骨折固定、防止窒息和口服抗菌药物预防感染等。如在放射污染区，对放射性物质污染的伤口，应先用纱布或棉花填塞后再予包扎，以保护伤口和减少放射性物质的吸收。尽早地收集各种生物样品以供监测，迅速撤离污染区。

**（二）治疗**

放射复合伤的治疗要充分考虑到既不同于单纯放射病，又不同于单纯烧伤、创伤等伤害，因而比单一伤治疗复杂，难度大，依据急性放射病的治疗原则，应积极地进行综合对症治疗，防止休克，早期使用抗放射药物，适时进行外科处理，控制感染，防止出血，促进造血和纠正水、电解质紊乱等。在治疗过程中特别注意以下几点。

1. **休克的防治** 按休克的抢救原则采取平卧位，给予镇静、止痛剂，注意补充营养，纠正水电解质紊乱。维持呼吸功能，保持呼吸道通畅，若有心功能不全、肺水肿时，可酌情应用毛花苷丙等强心药物。

2. **早期采用抗放措施** 伤后应尽早给予抗辐射药物；重度以上伤情，当天尽早静脉输注低分子右旋糖酐以改善微循环。有放射性物质内污染者，应尽早采取阻吸收或加快排出措施。

3. **控感染和调节免疫功能** 放射损伤后机体对厌氧杆菌的敏感性增加，在放射复合伤时尽早注射破伤风抗毒素。在中度以上放射复合伤时，感染发生早而重，伤后早期即应开始用抗感染措施。中度以上伤员，消毒措施要严密，根据需要和可能使用层流洁净病房。

4. **改善造血功能，防止出血** 在中度以上放射复合伤时，造血功能障碍和出血较单纯急性放射病发生得早而重。

（1）血小板低于 $20 \times 10^9/L$ 或有严重出血时，应输注血小板悬液，血红蛋白低于80g/L，可少量多次静脉输注新鲜血,速度不宜太快,以防止输血反应。

(2)白细胞 $1.0 \times 10^9/L$ 以下可给予 Gm-CSF、G-CSF、IL-3,血红蛋白降低时可给予 EPO,血小板低于 $20 \times 10^9/L$ 时可给予 TPO 等。在输注全血、血小板前须经 $15\sim25$Gy $\gamma$ 射线照射处理。

(3)对中、重度伤员可进行胎肝细胞移植。对极重伤员,如有条件可考虑同种异基因骨髓移植,并注意抗宿主病的防治。

5. **外科处理**　在放射复合伤中的烧伤、冲击伤的外科处理基础上与一般外科治疗原则相同,只是由于急性放射病影响,治疗时应注意以下几点:

(1)手术时机:除初期因严重休克不能实施手术外,外科手术应及早在初期,假愈期进行,争取在极期前伤口愈合,变复合伤为"单纯伤"。在极期除了应急抢救外,一般禁止实施外科手术,因为这时患者耐受性很差,常见出血和感染,手术会使症状加重,出血不止,伤口不愈,出现败血症或中毒休克。当恢复期全身情况好转,能耐受手术时,方可进行手术,但仍须作充分准备,谨慎进行,防止引起严重反应。

(2)麻醉问题:局部麻醉在伤后各个时期均可使用。乙醚麻醉和硫喷妥钠静脉麻醉,在初期和假愈期可以使用。有严重肺损伤者,不宜用吸入麻醉。

(3)手术注意点:软组织或内损伤的初期外科处理及其他有关手术,要根据外科救治原则尽早完成。手术时应注意保存健康组织,严密止血,术前做好充分准备,尽量缩短手术时间。骨折应争取时间作复位,骨折固定时间应根据临床及 X 射线检查结果适当延长。

(4)局部处理:在抗休克的过程中,注意对烧伤创面的保护以防感染。休克缓解后,在镇痛与无菌条件下清洗创面,清除游离表皮,然后根据具体情况,采用包扎、暴露或湿润疗法。创面止痛除口服或注射止痛药外,局部可采用呋喃西林、硼酸液冷敷;也可用维斯克溶液外敷。以各种生物敷料(异体皮、辐射猪皮、人工皮等)暂时覆盖创面,可以收到良好的止痛效果。

## 六、预后

恢复期后,作器官修复和整形手术。尽早可利用的器械作自动或被动运动,也可作局部或全身浸浴等,维护伤部关节功能。深度烧伤愈合后,宜用弹性绷带压迫瘢痕。同时可按相关标准制定远后效应医学随访计划,进行定期医学随访观察。

# 第三节　放射性皮肤疾病

## 一、定义

放射性皮肤疾病是指身体皮肤或局部受到一定剂量的某种射线(X、$\gamma$ 及 $\beta$ 射线等)照射后所产生的一系列生物效应,包括人体皮肤、皮下组织、肌肉、骨骼和器官的损伤。

急性放射性皮肤损伤是指身体局部受到一次或短时间(数日)内多次大剂量(X、$\gamma$ 及 $\beta$ 射线等)外照射所引起的急性放射性皮炎及放射性皮肤溃疡。

慢性放射性皮肤损伤是由急性放射性皮肤损伤迁延而来或由小剂量射线长期照射后引起的慢性放射性皮炎及慢性放射性皮肤溃疡。

## 二、病因

随着科学技术的进步,核与辐射技术已广泛地应用于工农业生产、军事和医学事业等各行各业中,极大地促进了社会进步与经济发展。然而,核与辐射技术在造福于人类的同时,核与辐射事故时有发生,由此造成的放射性皮肤疾病日渐增多。

平时多见于应用放射线诊断和治疗某些疾病过程中的失误和后遗效应,也可见于核工业生产、工业探伤、辐照加工、放射性实验室、原子能反应堆和核电站等意外事故。

在核战争条件下,主要是体表受到放射性落下灰沾染而未及时洗消或洗消不彻底而引起的放射性皮肤疾病;在核恐怖事件中,主要是使用能释放放射性物质的装置或袭击核设施引起放射性物质的释放,使人体受到放射性物质的沾染。

## 三、临床表现

### (一)急性放射性皮肤损伤

急性放射性皮肤损伤根据病变发展,分为4度,每度的临床表现又可以分为4期:初期反应期、假愈期、反应期和恢复期。

1. **Ⅰ度损伤**(脱毛)　初期局部无任何症状,24小时后可出现轻微红斑,但很快就消失。3～8周后出现毛囊丘疹和暂时脱毛。恢复期局部无任何改变,毛发可再生。

2. **Ⅱ度损伤**(红斑)　受照射当时局部可无任何症状,有的经3～5小时局部仅出现轻微的瘙痒和灼热感,继而逐渐出现轻度肿胀和充血性红斑;1～2天后,红斑和肿胀暂时消退。2～6周后,局部皮肤又出现轻微的瘙痒、灼热和潮红,并逐渐加重,直到又出现明显红斑和轻微灼痛。一般持续4～7天后转为恢复期,上述症状逐渐减轻,灼痛缓解,红斑逐渐转为浅褐色,出现粟粒状丘疹,皮肤稍有干燥、脱屑和脱毛,或伴有轻微的瘙痒等症状。以上症状一般2～3个月后可以消失,毛发可再生,无功能障碍或不良后遗症。

3. **Ⅲ度损伤**(水疱或湿性皮炎)　受照射当时可一过性灼热和麻木感,24～48小时后相继出现红斑、灼痛和肿胀等症状。在反应期受照射局部再次出现红斑,色泽较前加深,呈紫红色,肿胀明显,疼痛加剧,并逐渐形成水疱,开始为小水疱;3～5小时后,逐渐融合成大水疱,疱皮较薄,疱液呈淡黄色。水疱破溃后形成表浅的糜烂创面。

4. **Ⅳ度损伤**(坏死、溃疡)　受照射当时或数小时后,即出现明显的灼痛、麻木、红斑及肿胀等症状,且逐渐加重。红斑反应明显,红斑颜色逐渐加深,常呈紫褐色,肿胀加重,疼痛剧烈,并相继出现水疱和皮肤坏死区,坏死的皮肤大片脱落,形成溃疡。面积大而深的溃疡逐渐扩大、加深,容易继发细菌感染。重者可累及深部肌肉、骨骼、神经干或内脏器官。

### (二)慢性放射性皮肤损伤

1. **Ⅰ度损伤**　由急性放射性皮肤损伤迁延而来的慢性放射性皮炎及慢性放射性皮肤溃疡。轻者,损伤区皮肤干燥、粗糙、轻度脱屑、皮肤纹理变浅或紊乱、轻度色素沉着和毛发脱落。重者,局部皮肤萎缩、变薄和干燥,并可见扩张的毛细血管,色素沉着与脱失相间,呈"大理石"样改变,瘙痒明显,皮下组织纤维化,常出现皲裂或疣状增生。

2. **Ⅱ度损伤**　硬化水肿多见于四肢,常发生在照射后半年或数年,受损部位皮肤四周色素沉着,中央区色素减退,皮肤萎缩变薄,失去弹性。局部常逐渐出现非凹陷性水肿,触之有坚实感,深压时又形成不易消失的凹陷,有时局部疼痛明显。

**3. Ⅲ度损伤** 慢性放射性溃疡是在受照射局部的病变基础上，出现大小不一、深浅不等的溃疡，其轻重与照射量和感染程度有关。此类溃疡的特点是溃疡边缘不整齐，呈潜行性；基底凹凸不平，肉芽生长不良、污秽，常有一层黄白色纤维素样物覆盖；此类溃疡多伴有不同程度的细菌感染。溃疡四周色素沉着、皮肤及深层组织纤维化，形成瘢痕，使局部硬似"皮革状"。

## 四、诊断与鉴别诊断

### （一）诊断

**1. 急性放射性皮肤损伤诊断**

（1）根据患者皮肤受照史、临床表现及皮肤受照剂量进行综合分析作出诊断。

（2）皮肤受照后的主要临床表现和预后，因射线种类、照射剂量、剂量率、射线能量、受照部位、受照面积和身体情况等而异。依据表7-5作出分度诊断。

**表7-5 急性放射性皮肤损伤分度诊断标准**

| 分度 | 初期反应期 | 假愈期 | 临床症状明显期 | 参考剂量（Gy） |
|---|---|---|---|---|
| Ⅰ | | | 毛囊丘疹、暂时脱毛 | ≥3 |
| Ⅱ | 红斑 | 2～6周 | 脱毛、红斑 | ≥5 |
| Ⅲ | 红斑、烧灼感 | 1～3周 | 二次红斑、水疱 | ≥10 |
| Ⅳ | 红斑、麻木、瘙痒、水肿、刺痛 | 数小时至10天 | 二次红斑、水疱、坏死、溃疡 | ≥20 |

注：引自国家职业卫生标准GBZ106-2002放射性皮肤疾病诊断标准

**2. 慢性放射性皮肤损伤诊断**

（1）由急性放射性皮肤损伤迁延而来，排除其他皮肤疾病，进行综合分析作出诊断。

（2）慢性放射性皮肤损伤可依据表7-6作出分度诊断。

**表7-6 慢性放射性皮肤损伤诊断标准**

| 分度 | 临床表现（必备条件） |
|---|---|
| Ⅰ | 皮肤色素沉着或脱失、粗糙，指甲灰暗或纵嵴、色条甲 |
| Ⅱ | 皮肤角化过度，皲裂或萎缩变薄，毛细血管扩张，指甲增厚变形 |
| Ⅲ | 坏死溃疡，角质突起，指端角化融合，肌腱挛缩，关节变形，功能障碍（具备其中一项即可） |

注：引自国家职业卫生标准GBZ106-2002放射性皮肤疾病诊断标准

**3. 诊断步骤**

（1）病史采集：要注意详细询问伤病员受照史，包括伤病员近期或以往接触放射性物质的情况、核素的种类、射线的种类和能量、受照射时间、放射源距离及个人防护用品使用情况等。在原子能反应堆、核电站事故、突发核辐射恐怖事件或核战争条件下，主要考虑放射性物质沾染和受照史，尤其要注意患者在当时所处的位置、风向、环境情况、在沾染区停留的时间、洗消情况及是否合并有其他损伤等。

（2）体格检查：观察局部皮肤改变情况，早期皮肤是否出现红斑、瘙痒和灼痛，是否出现毛囊丘疹、脱毛及二次红斑、水疱，是否出现糜烂和溃疡。晚期注意观察局部皮肤色素沉着或脱失、粗糙，皮肤是否有角化过度、皲裂或萎缩变薄、毛细血管扩张及指甲增厚变形等。

检查肢体活动情况,局部是否有压痛等。

(3)辅助检查:随着科技的不断发展,各种物理和化学检测技术的发展和应用,如红外线热成像技术、同位素标记、血流图、CT、磁共振、高频超声和皮肤温度测定等无创技术,以及组织学和免疫化学等检测方法,对局部辐射损伤程度和范围能作出较确切的诊断,提高了对局部放射损伤的诊断水平。

**4. 诊断要点**

(1)病史:要注意详细询问伤病员皮肤受照史,包括伤病员近期或以往接触放射性物质的情况、核素的种类、射线的种类和能量、受照射时间、放射源距离以及个人防护用品使用情况等。

(2)剂量:已往的研究大多是通过动物模型得出实验剂量,与临床有较大差异。通过20多年来国内外辐射事故中人体急性放射性皮肤损伤的物理剂量的检测,总结出了各类射线、不同剂量和不同损伤程度的剂量值,见表 7-5。在事故条件下物理剂量的测定,主要根据事故现场、射线的种类和能量、受照射时间及放射源距离等综合测算出受照射量。

**(二)鉴别诊断**

急性放射性皮肤损伤早期某些临床改变与一般热烧(烫)伤及某些皮肤疾病也有相似之处,应注意鉴别。此外,还应与日光性皮炎、过敏性皮炎、药物性皮炎、甲沟炎和丹毒等相区别,主要鉴别要点是急性放射性皮肤损伤有受照史。

## 五、处理原则

**1. 一般处理原则**

(1)立即脱离辐射源或防止被照区皮肤再次受到照射或刺激。疑有放射性核素沾染皮肤时应及时予以洗消去污处理。对危及生命的损害(如休克、外伤和大出血),应首先给予抢救处理。皮肤损伤面积较大、较深时,不论是否合并全身外照射,均应卧床休息,给予全身治疗。

(2)给予镇静止痛药物。疼痛严重时,可使用哌替啶类药物,但要防止成瘾。

(3)注意水、电解质和酸碱平衡,必要时可输入新鲜血液。加强营养给予高蛋白和富含维生素及微量元素的饮食。

(4)加强抗感染措施,选用有效的抗生素类药物。

**2. 特殊治疗**

(1)大面积重度损伤伴有全身放射病的情况下,争取在放射病极期之前使创面得以覆盖或大部分愈合,为放射病的治疗创造良好的条件。可进行简单的坏死组织切除,以游离皮片或生物敷料覆盖,消灭创面。待恢复期后再施行完善的手术治疗。

(2)位于功能部位的Ⅳ度损伤或损伤面积大于 25cm 的溃疡,经久不愈的溃疡或严重的皮肤组织增生或萎缩性病变,应尽早手术治疗。

(3)应进行早期手术治疗。

## 六、预后

急性放射性皮肤损伤后期往往迁延为慢性放射性皮肤损伤改变。凡身体局部受到一定剂量的射线外照射后,要进行远后效应医学随访观察。对于局部皮肤长期受到超过剂量限值的照射，皮肤及其附件出现慢性病变，更应该注意远后效应医学随访观察，对于角化过度或长期不愈的放射性溃疡应警惕放射性皮肤癌的发生。

# 第四节　内照射损伤临床救治

## 一、概述

1. **基本概念**　放射性核素经呼吸道、胃肠道、皮肤或伤口进入体内，或者体内放射性核素的含量超过自然量，称为体内放射性核素污染，简称内污染。进入人体内的放射性核素构成内照射源，它对人体产生的持续性照射，称为内照射；放射性核素进入体内选择性地沉积在人体的某些器官，这些辐射源沉积的器官，称为源器官；受到从源器官发出辐射照射而值得关注的器官，称为靶器官。

核设施单位，放射工作人员操作开放性放射性物质时，放射性核素可能通过污染的空气，被吸入进入体内，或皮肤接触放射性核素污染的设施、设备和物品而通过皮肤吸收进入体内。核电站的反应堆芯及一些冷却系统包含有大量的裂变产物和活化产物，这些放射性物质一般密封在工艺设备和系统之内，但在检修情况下，也会有少量逸出，造成空气污染，与此同时，检修人员可能要接触放射性核素污染的设备、工具、物品等，如果防护不当，放射性核素可通过呼吸道、皮肤或伤口进入体内。核设施单位发生事故，可以造成放射物质的释放，引起人员内污染。

2. **内照射的特点**　内照射辐射效应的特点是进入体内的放射性核素对机体产生持续性照射；内照射有电离辐射作用所致的全身表现，也有该放射性核素作用于特异性靶器官损伤的表现。

内照射具有以下特点：①放射性核素在体内具有选择性的分布、吸收、代谢、排泄和生物半减期等复杂问题；②在体内的主要危害取决于 α 和 β 粒子在组织内的电离密度；③持续性照射，只要放射性核素在体内尚未排除，就成为一种持续的放射源对机体照射，直到全部被排除或衰变尽为止；④原发反应和继发效应同时存在并交错地发展。内照射放射损伤是放射性核素在体内长时间持续作用，新旧反应或损伤与修复同时并存。靶器官损伤明显，如骨髓、单核 - 吞噬细胞系统、肝、肾、甲状腺等。另外，某些放射性核素本身的放射性虽很弱，但具有很强的化学毒性，如铀对机体的损伤就是以化学毒性为主。此外，内污染还可能造成远期效应，对人体健康产生更为深远的危害。因此，内照射放射病比外照射放射病更为复杂和难以诊断。

急性和慢性内照射所致的确定性效应，其生物学本质都是较大剂量辐射对细胞群体的损伤作用。当损伤细胞达到一定份额，发生病理变化，出现结构和功能的改变，临床上可有可察觉的体征和化验指标的变化。由于不同靶器官或组织的辐射敏感性及功能的差异，其临床表现也各不相同。

放射性核素一次或较短时间（数日）内进入人体，使全身在较短时间内，均匀或比较均匀地受到照射，使其有效累积剂量当量可能大于 1.0Sv 时，可引起急性内照射放射病。如果在相当长的时间内，放射性核素多次进入体内或较长有效半衰期的放射性核素一次或多次进入体内，致使机体放射性核素摄入量超过相应的年摄入量限值几十倍以上，也可引起慢性放射性损伤。内照射放射病一般较少见，临床上见到的多为放射性核素的体内污染。

## 二、放射性核素在人体的代谢基础

放射性核素在人体内的代谢是指放射性核素通过呼吸道、消化道皮肤或伤口进入体内，在人体的吸收、分布、沉积和排出等一系列动态过程。沉积在体内的放射性核素所致的生物效应取决于沉积的放射性核素的量、辐射类型、物理半衰期、生物半排期以及滞留的器官和组织等。放射性核素进入体内，其初期的照射剂量率是最大的，它的化合物的化学属性决定了它在体内的行为，包括吸收、转运、沉积、分布和排除等。

放射性核素主要通过呼吸道、胃肠道和伤口进入人体。少数核素亦可透过完整的皮肤进入体内。放射性气体，例如，氡以及氚水和碘的蒸气极易经呼吸道进入血液；放射性气溶胶在呼吸道内的沉积、转移和吸收过程则是一个十分复杂的过程，它既取决于呼吸道的解剖生理因素（如解剖学特征、肺容量、肺活量、吸入量和呼吸频率等），又取决于放射性气溶胶的理化性质（粒子大小、密度和溶解度等）。一般的规律是，大粒子在鼻咽部沉积多，在肺部沉积少，小粒子则相反。活性中值空气动力学直径在 $0.2\sim10\mu m$ 范围内的气溶胶，其沉积率在胸外气道部为 5%～80%，在肺泡间质部为 2%～20%，在气管支气管部为 3%～6%，由肺部吸收进入血液的份额在 5%～80% 范围。劳动强度的改变会使上述沉积率有一定变化。

随食物和饮水食入的放射性核素主要在小肠吸收，未被吸收的放射性核素则随粪便排出，吸收的放射性核素进入血液和淋巴系统，吸收的程度取决于个体的代谢与营养状况以及食入放射性核素的化合物性质。放射性核素经胃肠道的吸收率随其化学属性而有很大差异。像钠、钾、铯、氚、碘等放射性核素 100% 吸收进入血液，而像钍、钇等这类锕系元素经胃肠道的吸收率仅在 0.001%～0.01% 范围。

完整的皮肤可构成一个有效的屏障，阻止放射性物质进入体内。一些气态或蒸气状态的放射性核素，以及溶于有机溶液或酸性溶液的化合物可通过无损伤皮肤进入体内。

放射性核素在体内器官的代谢与年龄的关系，一般规律是沉积率随器官增重率的增加而增多，生物半排期随器官质量增大而延长。换言之，儿童时期器官质量小而生长快，放射性核素在他们的器官内沉积较多，转移较快。以年龄为 1 岁、5 岁、10 岁和 15 岁分组，碘在这 4 组人员甲状腺内生物半排期分别为 25 天、30 天、44 天和 50 天；铯为全身分布，在 4 组人员中代谢参数分别为 16 天、32 天、52 天和 96 天。放射性核素被吸收入血液后，随血液循环分布到体内各器官或组织中去。分布到某器官或组织中活度的多少以滞留分数（器官或组织中放射性核素含量占全身滞留量的分数）表示。

分布类型大体上分为两种，一种是相对均匀型分布，例如钠、钾、铯等放射性核素吸收入血液后均匀地分布于全身；另一种是亲器官型分布，如钍等三价和四价阳离子元素的放射性核素亲肝型分布，钙、钡和锶等元素的放射性核素亲骨型分布，铀等五价到七价的放射性核素多为亲肾型分布，碘的放射性核素是亲甲状腺型分布。亲骨型放射性核素依据它的微细定位，还可区分为骨体积沉积型和骨表面沉积型，前者均匀分布于骨体积中，后者沉积于骨质表面。亲器官分布的特点决定了体内某些器官或组织易受到较多的辐射照射剂量，从而导致较重的损伤。凡化合价态相同的放射性核素，一般说来在体内分布的类型基本相同。对稀土族核素来说，还存在下列规律性，即离子半径越大，在肝内沉积越多，骨内沉积越少；离子半径越小，则相反。

进入人体内的放射性核素可通过呼吸道、肾、胃肠道、胆汁、汗腺、唾液腺和乳腺等多种途径从人体内排除，排除速率视放射性核素的理化性质和进入人体的途径而异。

气态和挥发性放射性核素主要经呼吸道排除，排除率高，速率也快。如在鼻咽部或气管支气管部沉积的放射性气溶胶大部分于 2～3 天内被咳出或清除到胃肠道。在肺部沉积的放射性气溶胶，视其化合物溶解度的不同，以不同的速率被吸收，ICRP 1994 年发布的供辐射防护剂量估算用的肺模型按吸入粒子的廓清速率分为快速（F）、中速（M）和慢速（S）吸收三类，它们的初始（10 天内）转移入血的份额依次约为 20%、2% 和 0.02%。

进入胃肠道内不易吸收的放射性核素 99% 以上自粪便排除；它们在胃、小肠、大肠上段和下段的平均停留时间有较大的差别，典型的数值依次为 1 小时、4 小时、15 小时和 24 小时。

那些选择性沉积在肝脏内的放射性核素亦可通过胆汁自肠道排除；吸收入血液的可溶性核素，主要经肾脏随尿排出；而那些吸收入血液后易在体内水解的放射性核素，如 $^{239}$Pu 等，随尿的排出率要低得多。

反应堆事故时易释放到环境中的放射性碘，进入人体或草食动物体内后可通过乳腺、汗腺和皮肤等途径排出。

描述放射性核素自器官或体内排除过程的两个代谢参数是生物半排期和排除函数。生物半排期是由于代谢因素使已进入体内的放射性核素的含量自体内排除一半所需的时间。从实际效果而论，结合核素的放射性衰变，使体内放射性核素活度减少一半所需的时间称为有效半减期。匀分布型或亲软组织（肝、肾和甲状腺等）型放射性核素的生物半排期一般为十余天至百余天，而亲骨型放射性核素的生物半排期则以数年甚至近百年计。排除函数用于表达放射性核素的排除随时间的动态变化过程。当排出速率不随时间改变时，可用指数函数表示。少数情况下，可用单一指数函数表达排除的全过程. 但大多数放射性核素在体内各代谢隔室的排出速率不同，故以几个指数函数之和表示。对多数亲骨型放射性核素来说，排出速率随时间后延而降低，此时用幂函数取代多项指数函数和来表达其时相的特点。

## 三、临床表现

### （一）过量内污染

放射性核素内污染不属于内照射放射病。放射性核素内污染是内照射放射病的致病因素，是内照射放射病的前提和基础，只有内污染达到一定的剂量才能诱发内照射放射病。过量内污染，通常没有临床表现。职业性放射工作人员，发生过量内污染，部分人员可有非特异性神经衰弱综合征的表现，其表现和放射性核素的摄入量没有明显关系。

### （二）内照射放射病

不同的放射性核素具有不同的理化特性，进入体内后，可引起全身的和（或）局部紧要器官损害的双重表现。因此内照射放射病的临床表现可能发生在放射性核素初始进入体内的早期（几周内）和（或）晚期（数月至数年），或以产生与外照射急性放射病相似的全身性表现为主，或以该放射性核素靶器官的损害为主，并往往伴有放射性核素初始进入体内途径的损伤表现。归结起来，有以下几点：

1. 均匀或比较均匀地分布于全身的放射性核素如氚、钠等，可引起全身性的放射性污染，其临床表现和实验室检查所见与外照射放射病相似或大体相同，可有不典型的初期反应、造血障碍和神经衰弱综合征等。

2. 选择性分布的放射性核素则以靶器官的损害为主要临床表现，同时伴有神经衰弱综合征和造血功能障碍等全身表现。

3. 靶器官的损害因放射性核素种类而异，如放射性碘，主要集中在甲状腺，可引起甲状腺功能低下，结节形成等；放射性镭、锶等为亲骨性核素，可沉积在骨骼而引起骨痛、骨质疏松，病理骨折、骨坏死等；稀土元素和以胶体形式进入人体的放射性核素，可引起单核-吞噬细胞系统、肝、脾、骨髓等的损害；铀主要沉积在肾脏，损伤肾脏，铀矿工人长期吸入氡及其子体，可发生肺癌，可引起相应的临床表现。

## 四、实验室检查

### 1. 内照射剂量检测
（1）体内活度直接测量：直接测量全身或身体某一部位的放射性核素活度。
（2）排泄物和其他生物样品的放射性核素测量：包括尿、粪、血、呼出气、毛发、鼻拭物等样品。

### 2. 针对放射性核素在体内选择性蓄积的脏器，做相应的脏器功能检查
（1）对亲骨性核素进行骨髓、血象检查和骨骼的 X 射线影像学检查。
（2）对亲肾性核素进行肾功能检查。
（3）对亲甲状腺核素进行甲状腺功能检查。

## 五、诊断

### 1. 诊断原则
（1）经物理、化学等手段证实，有过量放射性核素进入人体，受照情况符合下述条件之一：
1）一次或短时间（数日）内进入体内的放射性核素，使全身在比较短的时间（几个月）内，均匀或比较均匀地受到照射，使其有效累积剂量当量可能大于 1.0Sv（依据个人剂量档案）。
2）在相当长的时间内，放射性核素连续多次进入体内；或者较长有效半减期的放射性核素一次或多次进入体内，致使机体放射性核素摄入量超过相应的年摄入量限值几十倍以上。
（2）内照射放射病的临床表现，或以与外照射急性放射病相似的全身性表现为主；或以该放射性核素靶器官的损害为主，并往往伴有放射性核素初始进入体内途径的损伤表现。
1）均匀或比较均匀地分布于全身的放射性核素引起的内照射放射病，其临床表现和实验室检查所见与外照射急性放射病相似，可有不典型的初期反应、造血障碍和神经衰弱综合征。
2）选择性分布的放射性核素则以靶器官的损害为主要临床表现，同时伴有神经衰弱综合征和造血功能障碍等全身表现。
3）靶器官的损害因放射性核素种类而异：放射性碘引起的甲状腺功能低下、甲状腺结节形成等。锶、镭、钇等亲骨放射性核素引起的骨质疏松、病理性骨折等。稀土元素和以胶体形式进入体内放射性核素引起的单核-吞噬细胞系统的损害。

### 2. 临床诊断要点　内照射放射病是极少见的疾病。其诊断的成立首先需要确认放射

性核素短期内致机体比较高的照射剂量；其次，要有该放射性核素所致的特征性效应；此外还要有类似外照射放射病的全身性表现。经综合分析，方能作出诊断。

（1）一次或短时间内进入体内的放射性核素待积有效剂量当量大于1.0Sv。

（2）长期连续多次进入体内或较长时间有效半减期的核素以多次进入体内，体内核素量超过年摄入限值几十倍。

（3）临床表现可以与外照射急性放射病相似，以不典型的初期反应，造血功能障碍和神经衰弱综合征为主。

（4）以该核素靶器官损伤为主，伴有核素进入体内途径损伤的表现。

（5）排除其他类似的疾病。

## 六、治疗

**1. 过量内污染的院内处置** 大多数情况下，体内放射性核素污染医学处理的意义在于预防体内放射性核素污染可能引起的远期危害。低于可能引起远期危害的体内放射性核素污染水平，不需要进行医学处理；有些医学处理的药物和措施，在一定的条件下可能会带来副作用，危害患者的身体健康。一般情况下，当摄入量低于1倍年摄入量限值时，不考虑治疗；当摄入量可能超过2倍年摄入量限值时，就应估算摄入量，并考虑治疗；当摄入量大于5倍年摄入量限值时，必须治疗。

（1）放射性核素内污染医学处理原则：

1）疑有放射性核素内污染，应尽快收集样品和有关资料，做有关分析和测量，以确定污染放射性核素的种类和数量。

2）对放射性核素内污染及时、正确的医学处理是对内照射损伤的有效预防。应尽快清除初始污染部位的污染；阻止入体放射性核素的吸收；加速排出入体的放射性核素，减少其在组织和器官中的沉积。

3）对放射性核素入体可能超过2倍年摄入量限值以上的人员，宜认真估算摄入量和剂量，采取加速排出治疗措施；其对其登记，以便追踪观察。

4）放射性核素加速排出治疗的原则应权衡利弊，既要减少放射性核素的吸收和沉积，以降低辐射效应的发生率；又要防止加速排出措施可能给机体带来的毒副作用。特别要注意因内污染核素的加速排出加重肾脏损害的可能性，必要时应在肾脏损害极期到来之前，早期促排。

（2）放射性核素入体前的处理：放射性核素入体前的处理主要是减少放射性核素的吸收。

1）减少放射性核素经呼吸道的吸收：首先用棉签拭去鼻腔内污染物，剪去鼻毛，向鼻咽腔喷洒血管收缩剂。然后，用大量生理盐水反复冲洗鼻咽腔。必要时给予祛痰剂。

2）减少放射性核素经胃肠道的吸收：首先漱口，机械或药物催吐，必要时用温水或生理盐水洗胃，放射性核素入体3～4小时后可服用沉淀剂或缓泻剂。对某些放射性核素可选用特异性阻吸收剂；如清除铯的污染可用亚铁氰化物（普鲁士蓝）；褐藻酸钠对锶、镭、钴等具有较好的阻吸收效果；锕系和镧系核素尚可口服适量氢氧化铝凝胶等。

3）减少放射性核素经体表（特别是伤口）的吸收：首先应对污染放射性核素的体表进行及时、正确的洗消；对伤口要用大量生理盐水冲洗，必要时尽早清创。切勿使用促进放射性物质吸收的洗消剂。

（3）放射性核素入体后的处理：放射性核素进入体内后的治疗药物大体上可分为以下几类：阻断剂、稀释剂、置换剂、动员剂、络合剂。

1）阻断剂：使特定组织中的稳定元素代谢处于饱和后降低相应的放射性核素摄入的一种制剂。最典型的例子是稳定性碘阻止甲状腺吸收放射性碘，详见第六章第6节。

2）稀释剂：是指摄入大量稳定性元素或化合物对摄入的放射性核素起稀释作用，从而降低放射性核素沉积量的一种制剂。最典型的例子是饮水使摄入氚的半减期缩短；稳定性锶是能降低放射性锶的吸收的稀释剂。

3）置换剂：是指不同原子序数的非放射性元素在吸收部位成功地与放射性核素竞争，从而降低放射性核素的沉积。最典型的例子是静脉点滴或口服钙可增加尿中放射性锶和钙的排出。

4）动员剂：是指那些通过增加自然转化速率而使放射性核素从体内释放的一类制剂。在摄入放射性核素后立即使用动员剂效果最好，随着时间的延长，效果降低。常用的动员剂有抗甲状腺制剂、利尿剂、甲状旁腺素制剂、祛痰剂、激素等。

5）络合剂：一些有机化合物通过它在体内与金属络合作用而增加其排除，络合剂多为有机酸，能与有毒金属络合成稳定的非解离的复合物，这些可溶性的复合物迅速经过肾脏排除体外。理想的络合剂应具备条件：水溶性、毒性低、在体内不参加代谢、稳定性好、亲脂性强，易出入细胞内外、可与组织中的有毒金属络合、使用方便、价钱低廉等。常用络合剂有巯基络合剂：MPS（二巯丙磺钠）、DMS（二巯基丁二酸钠）；氨羧基络合剂：EDTA（乙二胺四醋酸）、DTPA（二乙烯三胺五醋酸）；其他络合剂：PA（青霉胺）、DFOA（去铁酰胺）。具体用药方法见第六章第6节。络合剂使用时注意事项：络合剂选药要适当；用药途径要合理；早使用，短疗程，间歇给药，防止过络合反应；注意补充微量元素；注意肾功能的变化；用药前后留尿测量放射性量。当摄入放射性核素是使用络合剂的时间越早效果越好，因为大多数的络合剂仅仅与处于细胞外液中的金属离子结合，对已经沉积于细胞内的放射性核素不起作用。

**2. 内照射放射病治疗** 内照射放射病的治疗不同于外照射放射病的是体内放射性核素污染的处理。体内放射性核素污染的处理通过放射性核素入体前减少吸收和入体后的促排来降低内照射剂量。其他治疗措施参照外照射放射病，对症处理。

对放射性核素进入体内造成严重内照射者，应进行长期系统的医学观察，特别是该放射性核素主要沉积的器官和系统，对发现的损害进行有效的治疗，并注意恶性疾病发生的可能性，做到早期诊断和促排治疗。在长期医学观察中，特别应对放射性核素诱发有关器官或组织恶性疾病发生率的增高予以注意。收集完整的剂量、临床及病理资料，积累放射远期效应的人类证据。

内照射放射病患者原则上调离放射性工作，系统监测体内放射性核素的变化，视病情和治疗情况适当休息和疗养。

## 参 考 文 献

1. 外照射急性放射病诊断标准,国家职业卫生标准 GBZ104-2002 2002-04-08 发布

2. 郭力生,葛忠良. 核辐射事故的医学处理. 北京：原子能出版社,1990

3. 放烧复合伤诊断标准 国家职业卫生标准 GBZ103-207 2007-04-27 发布

4. 放冲复合伤诊断标准 国家职业卫生标准 GBZ102-207 2007-04-27 发布

5. 郭梅, 艾辉性. 全身外照射急性放射病的诊断 // 邢家骝, 王桂林, 罗卫东. 辐射事故临床医学处理. 北京: 军事医学科学出版社, 2006: 181

6. 王桂林, 罗庆良, 陈虎, 等. 一例中度骨髓型急性放射病合并局部极重度放射性损伤病人的临床报告. 中华放射医学与防护杂志, 1997, 17: 12-18

7. 姜恩海, 江波, 陈子齐, 等. 河南"4.26" $^{60}$ Co 源辐射事故 3 例中重度骨髓型急性放射病临床报告. 中华放射医学与防护杂志, 2001, 21: 168-173

8. 姜恩海, 陈子齐, 江波, 等. 河南"4.26" $^{60}$ CO 源辐射事故的中、重度骨髓型急性放射病分型、分度、分期的探讨. 中华放射医学与防护杂志, 2001, 21: 180-181

9. 毛秉智, 陈家佩. "急性放射病基础与临床" 中第二章、第三章、第五章、第六章、第七章. 北京: 军事医学科学出版社, 2002

10. Mettler FA Jr, Voelz GL, nenot JC, et al. Criticality accidents//Gesev IA, Guskova AK, Mettler FA Jr, et al. Medical management of radiation accidents. 2$^{nd}$ ed. Boca Radon: CRC Press, 2001: 173-194

11. 叶根耀. 国内外辐射事故的临床诊治新进展. 中华放射医学与防护杂志, 2004, 24 (1): 81

12. 过量照射人员医学检查与处理原则. 国家职业卫生标准 GBZ215-2009 2009-03-06

13. 刘长安, 姜恩海, 贾廷珍. 对我国放射性疾病诊断标准现状的讨论. 中国卫生监督杂志, 2006, 13 (1): 36-40

14. 罗成基, 粟永萍. 复合伤. 北京: 军事医学科学出版社, 2006

15. 放射性皮肤疾病诊断标准 国家职业卫生标准 GBZ102-2002 2002-04-08 发布

16. GBZ/T191-2007 放射性疾病诊断名词术语. 北京: 人民卫生出版社, 2007.12.2

17. GBZ96—2002 内照射诊断标准及处理原则. 北京: 法律出版社, 2005

18. Tochner ZA, Lehavi O, Glastein E. Radiation bioterrorism//Kasper DL, Braunwald E, Fauci AS. Harrison's Principles of Internal Medicine. 16th ed. NY: McGraw-Hill, 2005: 1294-1300

19. IAEA. Generic procedures for medical response during a nuclear or radiological emergency. Vienna: IAEA, Epr-Medical, 2005: 70-72

# 第八章 »»

## 核和辐射事故案例分析

## 第一节 概 述

　　放射性核素和核技术的广泛应用，在给人类带来巨大利益的同时，也会因为某些人为和技术的影响，发生危及人类生命和财产的核和辐射事故，有时还会给社会造成重大影响。表 8-1 给出了 1949—1999 年世界主要辐射事故情况。本章通过对日本福岛核事故、前苏联切尔诺贝利核事故、美国三哩岛核事故、巴西戈亚尼亚铯源事故、山西忻州辐射事故、山东济宁 $^{60}$Co 辐射事故、河南新乡"4.26"$^{60}$Co 源辐射事故、河南杞县放射源卡源事件等案例的分析，总结核和辐射事故的医学应急和管理经验，为减少和防治事故的发生及医学应急处理提供具体和生动的培训参考资料。

**表 8-1　1949—1999 年世界主要辐射事故**

|  | 年份 | 地点 | 源项 | 剂量或摄入量 | 过量照射人数 | 死亡人数 |
|---|---|---|---|---|---|---|
| 1 | 1945/46 | 美国 Los Alamos | 超临界 | 高达 13Gy，混合照射 | 10 | 2 |
| 2 | 1952 | 美国 Argonne | 超临界 | 0.1～1.6Gy，混合照射 | 3 | |
| 3 | 1953 | 前苏联 | 实验堆 | 3.0～4.5Gy，混合照射 | 2 | |
| 4 | 1953 | 澳大利亚 Melbourne | $^{60}$Co | 不明 | 1 | |
| 5 | 1955 | 美国 Hanford | $^{239}$Pu | 不明 | 1 | |
| 6 | 1958 | 美国 Oak Ridge | 临界装置，Y-12 工厂 | 0.7～3.7Gy，混合照射 | 7 | |
| 7 | 1958 | 南斯拉夫 Vinca | 实验堆 | 2.1～4.4Gy，混合照射 | 8 | |
| 8 | 1958 | 美国 Los Alamos | 临界装置 | 0.35～45Gy，混合照射 | 3 | |
| 9 | 1959 | 南非 Johannessburg | $^{60}$Co | 不明 | 1 | |
| 10 | 1960 | 美国 | 电子束 | 7.5Gy（局部） | 1 | |
| 11 | 1960 | 美国 Madison | $^{60}$Co | 2.5～3.0Gy | 1 | |
| 12 | 1960 | 美国 Lockport | X 射线 | 高达 12Gy，非均匀 | 6 | |
| 13 | 1960 | 前苏联 | $^{137}$Cs，自杀 | ～15Gy | 1 | 1 |
| 14 | 1960 | 前苏联 | 溴化镭，摄入 | 74MBq | 1 | 1 |
| 15 | 1961 | 前苏联 | 核潜艇事故 | 1.5～50Gy | >30 | 8 |
| 16 | 1961 | 美国 Miamisburg | $^{238}$Pu | 不明 | 2 | |

续表

| | 年份 | 地点 | 源项 | 剂量或摄入量 | 过量照射人数 | 死亡人数 |
|---|---|---|---|---|---|---|
| 17 | 1961 | 美国 Miamisburg | $^{210}$Po | 不明 | 4 | |
| 18 | 1961 | 瑞士 | $^{3}$H | 3Gy | 3 | 4 |
| 19 | 1961 | 美国 Idaho Falls | 反应堆内爆炸 | 高达 3.5Gy | 7 | 3 |
| 20 | 1961 | 英国 Plymouth | X 射线 | 不明,局部 | 11 | |
| 21 | 1961 | 法国 Fontenay-aux-Roses | $^{239}$Pu | 不明 | 1 | |
| 22 | 1962 | 美国 Richland | 临界装置 | 不明 | 2 | |
| 23 | 1962 | 美国 Hanford | 临界装置 | 0.2～1.1Gy,混合照射 | 3 | |
| 24 | 1962 | 墨西哥 Mexico City | $^{60}$Co 辐射装置 | 9.9～52Sv | 5 | 4 |
| 25 | 1962 | 前苏联 Moscow | $^{60}$Co | 3.8Gy,非均匀 | 1 | |
| 26 | 1963 | 中国安徽省 | $^{60}$Co | 0.2～80Gy | 6 | 2 |
| 27 | 1963 | 法国 Saclay | 电子束 | 不明,局部 | 2 | |
| 28 | 1964 | 联邦德国 | $^{3}$H | 10Gy | 4 | 1 |
| 29 | 1964 | 美国 Rhode Island | 临界装置 | 0.3～46Gy,混合照射 | 4 | 1 |
| 30 | 1964 | 美国 New York | $^{241}$Am | 不明 | 2 | |
| 31 | 1965 | 美国 Rockford | 加速器 | >3Gy | 1 | |
| 32 | 1965 | 美国 | 衍射仪 | 不明,局部 | 1 | |
| 33 | 1965 | 美国 | 谱仪 | 不明,局部 | 1 | |
| 34 | 1965 | 比利时 Mol | 实验堆 | 5Gy(全身) | 1 | |
| 35 | 1966 | 美国 Portland | $^{32}$P | 不明 | 4 | |
| 36 | 1966 | 美国 Leechburg | $^{235}$Pu | 不明 | 1 | |
| 37 | 1966 | 美国 Pennsylvania | $^{198}$Au | 不明 | 1 | 1 |
| 38 | 1966 | 中国 | "污染区" | 2～3Gy | 2 | |
| 39 | 1966 | 前苏联 | 实验堆 | 3～7Gy(全身) | 5 | |
| 40 | 1967 | 美国 | $^{192}$Ir | 0.2Gy,50Gy(局部) | 1 | |
| 41 | 1967 | 美国 Bloomsburg | $^{241}$Am | 不明 | 1 | |
| 42 | 1967 | 美国 pittburgh | 加速器 | 1～6Gy | 3 | |
| 43 | 1967 | 印度 | $^{60}$Co | 80Gy(局部) | 1 | |
| 44 | 1967 | 前苏联 | X 射线诊断设备 | 50Gy(头,局部) | 1 | 1 |
| 45 | 1968 | 美国 Brubank | $^{239}$Pu | 不明 | 2 | |
| 46 | 1968 | 美国 Wisconsin | $^{198}$Au | 不明 | 1 | |
| 47 | 1968 | 联邦德国 | $^{192}$Ir | 1Gy | 1 | |
| 48 | 1968 | 阿根廷 La Plata | $^{137}$Cs | 0.5Gy(全身)+局部 | 1 | |
| 49 | 1968 | 美国 Chicago | $^{198}$Au | 4～5Gy(脊髓) | 1 | 1 |
| 50 | 1968 | 印度 | $^{192}$Ir | 130Gy(局部) | 1 | |
| 51 | 1968 | 前苏联 | 实验堆 | 1～1.5Gy | 4 | |
| 52 | 1968 | 前苏联 | $^{60}$Co 辐射装置 | 1.5Gy(局部,头) | 1 | |
| 53 | 1969 | 美国 Wisconsin | $^{85}$Sr | 不明 | 1 | |
| 54 | 1969 | 前苏联 | 实验堆 | 5.0Sv(全身),非均匀 | 1 | |

续表

| | 年份 | 地点 | 源项 | 剂量或摄入量 | 过量照射人数 | 死亡人数 |
|---|---|---|---|---|---|---|
| 55 | 1969 | 英国 Glasgow | $^{192}$Ir | 0.6Gy | 1 | |
| 56 | 1970 | 澳大利亚 | X 射线 | 4~45Gy（局部） | 2 | |
| 57 | 1970 | 美国 Des Moines | $^{32}$P | 不明 | 1 | |
| 58 | 1970 | 美国 | 谱仪 | 不明，局部 | 1 | |
| 59 | 1970 | 美国 Erwin | $^{235}$U | 不明 | 1 | |
| 60 | 1971 | 美国 Newport | $^{60}$Co | 30Gy（局部） | 1 | |
| 61 | 1971 | 英国 | $^{192}$Ir | 30Gy（局部） | 1 | |
| 62 | 1971 | 日本 | $^{192}$Ir | 0.2~1.5Gy | 4 | |
| 63 | 1971 | 美国 Oak Ridge | $^{60}$Co | 1.3Gy | 1 | |
| 64 | 1971 | 前苏联 | 实验堆 | 7.8Sv; 8.1Sv | 2 | |
| 65 | 1971 | 前苏联 | 实验堆 | 3.0Sv（全身） | 3 | |
| 66 | 1972 | 美国 Chicago | $^{192}$Ir | 100Gy（局部） | 1 | |
| 67 | 1972 | 美国 Peach Bottom | $^{192}$Ir | 300Gy（局部） | 1 | |
| 68 | 1972 | 联邦德国 | $^{192}$Ir | 0.3Gy | 1 | |
| 69 | 1972 | 中国 | $^{60}$Co | 0.4~5Gy | 20 | |
| 70 | 1972 | 保加利亚 | $^{137}$Cs 辐射装置，自杀 | >200Gy（局部，胸） | 1 | 1 |
| 71 | 1973 | 美国 | $^{192}$Ir | 0.3Gy | 1 | |
| 72 | 1973 | 英国 | $^{106}$Ru | 不明 | 1 | |
| 73 | 1973 | 捷克和斯洛伐克 | $^{60}$Co | 1.6Gy | 1 | |
| 74 | 1974 | 美国 Illinois | 谱仪 | 2.4~48Gy（局部） | 3 | |
| 75 | 1974 | 美国 Parsipany | $^{60}$Co | 1.7~4Gy | 1 | |
| 76 | 1974 | 中东 | $^{192}$Ir | 0.3Gy | 1 | |
| 77 | 1975 | 意大利 Brescia | $^{60}$Co | 10Gy | 1 | |
| 78 | 1975 | 美国 | $^{192}$Ir | 10Gy（局部） | 1 | |
| 79 | 1975 | 美国 Columbus | $^{60}$Co | 11~14Gy（局部） | 6 | |
| 80 | 1975 | 伊拉克 | $^{192}$Ir | 0.3Gy | 1 | |
| 81 | 1975 | 前苏联 | $^{137}$Cs，辐照装置 | 3~5Gy（全身）+>30Gy（手） | 1 | |
| 82 | 1975 | 民主德国 | 研究堆 | 20~30Gy（局部） | 1 | |
| 83 | 1975 | 联邦德国 | X 射线 | 30Gy（手） | 1 | |
| 84 | 1975 | 联邦德国 | X 射线 | 1Gy（全身） | 1 | |
| 85 | 1976 | 美国 Hanford | $^{241}$Am | >37MBq | 1 | |
| 86 | 1976 | 美国 | $^{192}$Ir | 37.2Gy（局部） | 1 | |
| 87 | 1976 | 美国 Pittburgh | $^{60}$Co | 15Gy（局部） | 1 | |
| 88 | 1977 | 美国 Rockaway | $^{60}$Co | 2Gy | 1 | |
| 89 | 1977 | 南非 Pretoria | $^{192}$Ir | 1.2Gy | 1 | |
| 90 | 1977 | 美国 Denver | $^{32}$P | 不明 | 1 | |
| 91 | 1977 | 前苏联 | $^{60}$Co 辐射装置 | 4Gy（全身） | 1 | |

续表

| | 年份 | 地点 | 源项 | 剂量或摄入量 | 过量照射人数 | 死亡人数 |
|---|---|---|---|---|---|---|
| 92 | 1977 | 前苏联 | 质子加速器 | 10～30Gy（手） | 1 | |
| 93 | 1977 | 英国 | $^{192}$Ir | 0.1Gy＋局部 | 1 | |
| 94 | 1977 | 秘鲁 | $^{192}$Ir | 0.9～2Gy（全身）＋160Gy（手） | 3 | |
| 95 | 1978 | 阿根廷 | $^{192}$Ir | 12～16Gy（局部） | 1 | |
| 96 | 1978 | 阿尔及利亚 | $^{192}$Ir | 13Gy（最高值） | 7 | |
| 97 | 1978 | 英国 | | | 1 | |
| 98 | 1978 | 前苏联 | 电子加速器 | 20Gy（局部） | 1 | |
| 99 | 1979 | 美国 California | $^{192}$Ir | 高达 1Gy | 5 | |
| 100 | 1980 | 前苏联 | $^{60}$Co 辐射装置 | 50Gy（局部，腿） | 1 | |
| 101 | 1980 | 民主德国 | X 射线 | 15～30Gy（手） | 1 | |
| 102 | 1980 | 联邦德国 | 射线照相装置 | 23Gy（手） | 1 | |
| 103 | 1980 | 中国 | $^{60}$Co | 5Gy（手） | 1 | |
| 104 | 1981 | 法国 Saintes | $^{60}$Co 医疗设施 | ＞25Gy | 3 | |
| 105 | 1981 | 美国 Oklahoma | $^{192}$Ir | 不明 | 1 | |
| 106 | 1982 | 挪威 | $^{60}$Co | 22Gy | 1 | 1 |
| 107 | 1982 | 印度 | $^{192}$Ir | 35Gy（局部） | 1 | |
| 108 | 1983 | 阿根廷 | 临界装置 | 43Gy，混合照射 | 1 | 1 |
| 109 | 1983 | 墨西哥 | $^{60}$Co | 0.25～5Gy，迁延照射 | 10 | |
| 110 | 1983 | 伊朗 | $^{192}$Ir | 20Gy（手） | 1 | |
| 111 | 1984 | 摩洛哥 | $^{192}$Ir | 不明 | 11 | 8 |
| 112 | 1984 | 秘鲁 | X 射线 | 5～40Gy（局部） | 6 | |
| 113 | 1985 | 中国 | 电子加速器 | 不明，局部 | 2 | |
| 114 | 1985 | 中国 | $^{198}$Au，治疗错误 | 不明 | 2 | 1 |
| 115 | 1985 | 中国 | $^{137}$Cs | 8～10Sv（亚急性） | 3 | |
| 116 | 1985 | 巴西 | 射线照相源 | 410Sv（局部） | 1 | |
| 117 | 1985 | 巴西 | 射线照相源 | 160Sv（局部） | 2 | |
| 118 | 1985/86 | 美国 | 加速器 | 不明 | 3 | 2 |
| 119 | 1986 | 中国 | $^{60}$Co | 2～3Gy | 2 | |
| 120 | 1986 | 前苏联 Chernobyl | 核电站 | 1～16Gy，混合照射 | 134 | 28 |
| 121 | 1987 | 巴西 Goiania | $^{137}$Cs | 高达 7Gy，混合照射 | 50 | 4 |
| 122 | 1987 | 中国 | $^{60}$Co | 1Gy | 1 | |
| 123 | 1989 | 萨尔瓦多 | $^{60}$Co 辐射装置 | 3～8Gy | 3 | 1 |
| 124 | 1990 | 以色列 | $^{60}$Co 辐射装置 | ＞12Gy | 1 | 1 |
| 125 | 1990 | 西班牙 | 加速器，放疗用 | 不明 | 27 | 11 |
| 126 | 1991 | 白俄罗斯 Nesvizh | $^{60}$Co 辐射装置 | 10Gy | 1 | 1 |
| 127 | 1991 | 美国 | 加速器 | ＞30Gy（手和腿） | 1 | |
| 128 | 1992 | 越南 | 加速器 | 20～50Gy（手） | 1 | |

续表

| | 年份 | 地点 | 源项 | 剂量或摄入量 | 过量照射人数 | 死亡人数 |
|---|---|---|---|---|---|---|
| 129 | 1992 | 中国 | $^{60}Co$ | >0.25~10Gy（局部） | 8 | 3 |
| 130 | 1992 | 美国 | $^{192}Ir$，近距放疗 | >1000Gy | 1 | 1 |
| 131 | 1994 | 爱沙尼亚 Tammiku | $^{137}Cs$，废物库 | 4Gy（全身）+1830Gy（腿） | 3 | 1 |
| 132 | 1996 | 哥斯达黎加 | $^{60}Co$，放射治疗 | 60% 过量 | 115 | 13 |
| 133 | 1996 | 伊朗 Gilan | $^{192}Ir$，射线照相 | 2~3Gy？（全身）+100Gy？（胸） | 1 | |
| 134 | 1997 | 俄罗斯 | 临界实验装置 | 5~10Gy（全身）+200~250Gy（手） | 1 | |
| 135 | 1998 | 土耳其 | $^{60}Co$ | 3Gy（全身，最高值） | 10 | |
| 136 | 1999 | 秘鲁 | $^{192}Ir$，射线照相 | 100Gy（局部，腿） | 1 | |
| | | 合计 | 136 起 | | 675 | 106 |

# 第二节　日本福岛核事故

2011 年 3 月 11 日 14 时 46 分（当地时间），日本宫城县以东约 130km 的太平洋海域发生 20 世纪以来罕见的里氏 9.0 级强烈地震，并且引发特大海啸，袭击了日本东部海岸，其中宫古的姊吉遭受的海啸高度达到 38.9m。截至 2011 年 10 月的统计数据表明，共计 15 810 人死亡，此外还有 4613 人下落不明。此外，还有更多的人因为其居住的城镇被摧毁而不得不离开家园。当地的许多基础设施也在此次地震和海啸中严重受损。福岛第一核电站在地震来袭后，成功启动了快速停堆，中断了链式反应，但是由于特大地震、特大海啸、全厂断电、应急柴油机损毁、辅助给水系统瘫痪等一系列事件同时发生造成反应堆无法降温而引发次生灾害——核泄漏事故。

## 一、概况

日本福岛第一核电站拥有 6 座用于商业运转的沸水型轻水堆（BWR）。最老的 1 号机组是从约 40 年前的 1971 年开始运转的。

## 二、事故经过

地震发生之前，福岛第一核电站的 6 台机组中 1 号、2 号、3 号处于功率运行状态，4 号、5 号、6 号在停堆检修。地震导致福岛第一核电站所有的厂外供电丧失，三个正在运行的反应堆自动停堆，应急柴油发电机按设计自动启动并处于运转状态。第一波海啸浪潮在地震发生后 46 分钟抵达福岛第一核电站。海啸冲破了福岛第一核电站的防御设施，这些防御设施的原始设计能够抵御浪高 5.7m 的海啸，而当天袭击电厂的最大浪潮达到约 14m。海啸浪潮深入到电厂内部，造成除一台应急柴油发电机之外的其他应急柴油发电机电源丧失，核电站的直流供电系统也由于受水淹而遭受严重损坏，仅存的一些蓄电池最终也由于充电接口损坏而导致电力耗尽。

由于无法使用应急堆芯冷却装置注水,福岛第一核电站 1 号、2 号、3 号机组在堆芯余热的作用下迅速升温,锆金属包壳在高温下与水作用产生了大量氢气,随后引发了一系列爆炸:2011 年 3 月 12 日 15:36,1 号机组燃料厂房发生氢气爆炸;2011 年 3 月 14 日 11:01,3 号机组燃料厂房发生氢气爆炸;2011 年 3 月 15 日 6:00,4 号机组燃料厂房发生氢气爆炸。

这些爆炸对电厂造成进一步破坏,由于现场工作环境非常恶劣,许多抢险救灾工作往往以失败告终。现场淡水资源用尽后,东京电力公司分别于 3 月 12 日 20:20、3 月 13 日 13:12、3 月 14 日 16:34 陆续向 1、3、2 号机组堆芯注入海水,以阻止事态的进一步恶化。直至 3 月 25 日,福岛第一核电站才建立了淡水供应渠道,开始向所有反应堆和乏燃料池注入淡水。

日本东京电力公司 5 月 24 日公布了对福岛第一核电站 2、3 号机组堆芯状况的分析结果,推断这两个机组更可能在“水位下降”的情况下发生堆芯熔化。有关 1 号机组发生堆芯熔化的初步评估结果早已公布,反应堆中曾存有燃料的 1 至 3 号机组很可能全部发生堆芯熔化。大量放射性物质泄漏到环境中。

## 三、事故后果

### (一)对环境的影响

事故后第 7 天开始,附近地区蔬菜、饮水、牛奶被污染,至少 12 个县的蔬菜等食品被其他国家禁止输入。广大地区的空气、土壤、海水被污染。北半球许多国家空气被污染。中国内地和中国台湾报告蔬菜检出 I-131。4 月 12 日日本根据 3 月 18 日以来的检测,修正了释放量数据,确定事故释放了 $(3.7\sim6.3)\times10^{17}$ Bq 的 I-131 等效释放量。虽然在事故期间福岛第一核电站向外界释放的放射性总量约为前苏联切尔诺贝利事故的 10%,但也达到了国际核事件分级中最严重的事故等级(7 级)的范围。

### (二)对健康的影响

日本政府严密监测现场工作人员的健康状况,将他们受辐射的最高剂量限制在 250mSv 以下,福岛核电站工作人员受到的辐射剂量未超过 250mSv。3 月 24 日,遭受辐射剂量超过 170mSv 的 3 位工作人员被送进医院,但由于未发现健康问题而在 4 天后出院。有数百人参加救援,没有抢救人员死亡,28 人受到 100～200mSv 照射。

受福岛第一核电站事故影响,福岛县方面 5 月 23 日决定,将面向核电站周边自治体的约 15 万名居民实施 30 年以上的健康调查。除法律规定禁止入内的“警戒区”外,属于计划疏散区及紧急避难预备区范围内的双叶町、浪江町、南相马市等 12 个市町村的居民将成为健康调查的对象。健康调查将在县立医院及当地医师协会的协助下展开,除定期的健康检查外,还会针对白细胞数量及辐射所引起的癌症发病倾向等进行监测。

WHO 以 2012 年 5 月出版的世卫组织报告所载初步辐射剂量估算为基础,对 2011 年日本福岛核事故进行了健康风险评估。考虑到估算的照射水平,最可能发生的潜在健康影响就是癌症风险增加。受到辐射照射和一生癌症风险之间的关系是复杂的,取决于多种因素,包括受照剂量、受到照射时的年龄、性别和癌症部位。这些因素会影响到预计辐射风险的不确定性,特别是在评估低剂量风险的时候。

除最受辐射影响的地点外,预计一般人群风险很低,预计不会观察到高于癌症基线风险自然变化水平的增加；即使在福岛县内也是如此。辐射的确定性健康效应只有在超过一定受照剂量水平后才会出现。福岛县的辐射剂量远远低于这些水平，因此，预期一般人群中不会出现此类健康效应。福岛县的估计辐射剂量很低，尚不会影响到胚胎发育或妊娠结局，预计也不会由于产前受到照射导致自然流产、流产、围生期死亡率、先天性缺陷或认知功能障碍增加。

在福岛县内最受影响的两个地点，即浪江町（Namie machi）和饭馆村（Iitate mura），初步估计的首年有效受照剂量在 12～25mSv。在最高剂量点，一生中罹患白血病、乳腺癌、甲状腺癌和所有实体肿瘤的风险高于基线水平的可能性较高。预计受照男婴一生患白血病的风险会比基线风险率最多增加 7%；预计受照女婴一生患乳腺癌的风险会比基线风险率最多增加 4%；预计受照女婴一生患甲状腺癌的风险会比基线风险率最多增加 70%。这些比率均为针对基线风险率的相对增加，而非罹患此类癌症的绝对风险。由于甲状腺癌的基线率很低，虽然相对基线比率大幅度增加，但绝对风险的增加量很小。例如，女性一生患甲状腺癌的基线风险只有 0.75%，而本项研究表明，最受影响地点的受照女婴一生患甲状腺癌的风险只比基线值高 0.5%。

上述估算增加量仅适用于福岛县内最受影响的地点。对于次受影响地点的人群而言，其一生癌症风险增加水平只有最高剂量地点人群的一半。和婴儿相比，受照儿童和成人的风险更低。

在福岛县内受影响程度更低一级的地点，即初步估计有效受照剂量为 3 至 5 毫希的地点，其一生癌症风险增加水平为最受影响地点人群的四分之一到三分之一。

根据合理辐射照射情形推算，福岛第一核电站紧急救援人员一生罹患白血病、甲状腺癌和所有实体肿瘤的风险估计将高于基线水平。一些吸入了大量放射性碘的紧急救援人员可能会罹患非癌甲状腺疾病。

WHO 针对此次健康风险评估的结论是：预计福岛事件不会在日本以外导致健康风险明显增加。在日本，最受影响地区的特定年龄和性别人群一生患某些癌症的风险或许会比基线水平有所增加。相关估计为确定今后数年人口健康监测重点提供了宝贵信息。日本已经通过福岛健康管理调查开展监测工作。

**（三）公众防护问题**

3 月 11 日日本政府宣布进入"核能紧急事态"，并于 21 时 23 分疏散半径 3km 内的居民，并要求半径 3～10km 范围内的居民在室内躲避。3 月 12 日 5 时 44 分疏散半径 10km 内的居民，当日将福岛核事故按国际核和辐射事件分级定为 4 级，18 时 25 分疏散半径 20km 内的居民，要求 20～30km 内的居民在室内躲避。3 月 18 日日本政府将事故等级调整为 5 级。4 月 12 日日本将事故定为最严重的 7 级，半径 20km 内疏散了 13.6 万人，20～30km 内自愿撤离，100km 外的福岛市和 260km 外的东京有人逃离，40km 外的饭馆村污染严重，1 万人被撤离。4 月 27 日日本福岛第一核电站方圆 20km 被划为警戒区，禁止救灾相关人员以外的人员进入。5 月 18 日 40km 外的 5 个地区辐射水平（IAEA 的监测结果）超过年剂量限值，采取了非强制性撤离。

## 四、导致核事故事态更加严重的原因

1. 东京电力公司是私营企业，正常情况下可向人口超过 4200 万、产值占日本 GDP 近

40%的地区供电,但在地震和海啸发生后,丧失了40%的发电能力。福岛第一核电站发生事故后,日本政府只能干涉,无权处理,只能提出要求而不是死命令。而事故处理具体的执行人员以企业为主,企业如不执行或以各种借口拖延,政府也没办法,因为政府无权解除企业任何人的职务。

2. 东京电力公司也想救灾,但它首先考虑的是股东的利益,如果一开始就向堆芯注入海水的话,则机组就会全部报废。另外,最好别让外界知道问题的侥幸心理,也极大影响和耽误救灾进度

3. 日本管理体制上的弊端,也不可避免导致此次更加严重的核事故。5月18日,日本政府准备改变核电体制,将原子力安全保安院(核电监管部门)从经济产业省(主导核电发展部门)剥离。

4. 日本政府就福岛核电站事故设立的第三方机构"事故调查验证委员会"2011年12月26日的中期报告中指出,政府及东电公司未对海啸可能造成的重大事故作出预估,缺乏应对自然灾害及核事故双重打击的忧患意识,未准备应对措施,因而导致了严重事故。

## 五、日本政府的公众宣传和媒体应对

日本在事故发生的初期和中期信息披露及时、透明。灾情发生12小时内,包括首都在内,交通瘫痪、通讯切断,但电视、广播等媒体尚可运作。以国家电视台NHK为首的电视媒体,全频道24小时转播灾情,向国民传达逃生和救灾的各种信息;官房长官和经济产业大臣一直在就各种人们关心的问题召开记者招待会,及时公开各种信息和政府的各种决策和方案。另外,事故发生后,政府在经济产业省、厚生劳动省网站上发布福岛核电事故的相关信息;3月18日起,在文部科学省、厚生劳动省网站上开始发布日本各地环境辐射剂量率水平及空气沉降物、自来水、食品中放射性核素的检测结果。针对食品、饮用水中放射性核素的检测结果,政府及时公布相关数据,对公众进行相关引导。这些措施都有助于减轻核事故给民众造成的恐慌。

## 六、国际组织的应对

1. **国际原子能机构(IAEA)** IAEA在其网站上每日几次定期更新公布福岛核电事故相关信息,从3月15日开始,启动日本核事故每日技术简报。3月18日IAEA总干事访问日本,呼吁日方加强核事故相关信息的发布。派出相关专家前往日本核事故现场,开展监测,获取信息。

2. **世界卫生组织(WHO)** WHO在其网站开设"日本核事故"专栏,介绍电离辐射、个人防护、健康影响、饮用水污染、食品安全并及时更新。世界卫生组织辐射应急救援网络(WHO-REMPAN)定期向其在世界各国的联络机构发送日本地震地区核电站现状的信息通报。

3. **世界气象组织(WMO)** WMO的各个区域气候中心及各成员的气象监测网及时预报福岛核电事故周边地区的大气环流、天气,为各国预判提供气象条件。

4. **国际放射防护委员会(ICRP)** ICRP在4月4日提供网上免费下载ICRP第111号出版物,即对核事故或辐射紧急情况下长期生活在受污染地区的居民的防护建议。

## 七、中国的应对

日本福岛核泄漏事故后，中国政府就启动了海陆空全方位的环境核辐射监测、核设施安全检查，实时公布核辐射监测结果。中国环境保护部、国家核安全局每天向公众发布最新的核辐射监测数据，监测范围包括全国部分城市以及中国在运行核电站的周围环境。国家海洋局也启动了应急监测预案，调集海上执行放射性应急监测的海监船进行海水样品采集工作，通过放射性元素的含量来判断、预测中国海域是否会受放射性沾染物的影响。中国气象局网站每天都会在显著位置公布气象对放射性沾染物扩散的影响。中国原卫生部也及时开展了食品和饮用水的放射性污染监测并将结果予以公布，同时部署归国人员的体表放射性污染检测。中国各地的机场也在日本福岛核事故不久就开始对来自日本的飞行器、旅客和行李、货物进核辐射检测，以防止放射性沾染物附着在民航客机甚至旅客的身上带入我国境内。中国政府积极采取这些应对措施，并充分发挥媒体的作用，消除民众对日本福岛泄漏事故的恐慌情绪，充分体现了对民众的高度负责的态度。

## 八、中国的卫生应急响应与应对

日本此次地震震级非常高，且震中区周边有多座核电站在运行，如发生严重的核泄漏，会给我国带来核污染的风险。广泛的核污染除了直接危害人体健康和环境外，还会造成人员心理和精神的压力，引发一系列的卫生与社会问题，造成严重的政治影响和经济损失。卫生部门高度重视，地震发生当天，卫生部核事故医学应急中心就建立了有效的信息跟踪监测的机制，对 IAEA、WHO、ICRP、日本原子能安全保安院、东京电力公司等官方网站和国内相关部门网站发布的信息进行广泛收集和比较分析，组织专家就事态的进展进行趋势预测及研判可能对我国的影响。

3 月 12 日，事发后第二天，卫生部部署了对我国公众健康影响的应对和开展核事故国际救援的准备工作。3 月 14 日和 3 月 18 日中国疾病预防控制中心辐射防护与核安全医学所应对日本福岛核事故应急工作领导小组和疾病预防控制中心日本大地震核和辐射事故应对工作领导小组先后成立，信息组负责跟踪日本地震地区核事故发展动态（包括地震地区放射性污染情况，气象、海洋等信息资料），并进行综合分析，为专家组研判提供信息资料；技术组负责组织起草技术方案、文件、公众宣传材料及组织技术培训；专家组负责信息研判，技术咨询和技术方案审核等。

通过强化信息的研判分析、持续动态跟踪，建立了信息反馈机制，起到超前性、预警性的作用，包括密切跟踪日本的事故机组信息、辐射监测信息、食品饮用水的放射性污染监测信息、事故核电站向外界泄露和排放放射性物质信息和其他国家监测放射性物质情况。同时注重国内核和辐射科普知识的宣传，有效应对了国内的抢购碘盐事件，关注气候变化并及时布置雨后的露天蔬菜的放射性污染检测工作，及时开展了食品和饮用水放射性污染监测及吸入或食入放射性核素的健康风险评估，从而使我国在日本福岛核泄漏事故后的卫生应对工作中做到了应对从容、预判准确，评估科学，响应及时，举措有力；在公众宣传、媒体交流、信息发布方面也发挥了积极有效的作用，取得了良好的效果。2012 年，国家权威机构 - 清华大学国际传播研究中心《中国疾控中心媒体沟通能力评估报告(2008-2011)》中，对中国疾病预防控制中心辐射防护与核安全医学所在公众宣传、媒体交流、信息发布等方面给予了极高的评价。

# 第三节 前苏联切尔诺贝利核事故

1986 年 4 月 28 日上午，瑞典斯德哥尔摩以北 150km 处的福尔斯马尔克核电站的值班人员在退出管理区域时，大门监测器测出有异常放射性，同时核电站周围地面也测出了放射性污染。瑞典当局一开始以为是所在核电站发生泄漏事件，并准备将 600 余名职工撤离核电站。随后，在瑞典东海岸一带也发现有广泛的放射性污染，瑞典国立防卫研究所对空气中尘埃进行了核素分析，测出是碘 -131、铯 -137 和钌 -103 等放射性核素，并根据当日的风向和上气流，从而判断污染可能来自俄罗斯、乌克兰一带。瑞典政府当即询问前苏联政府，但没有得到答复。4 月 28 日 21 时，前苏联在国立电视台新闻节目中首次承认发生了核事故。直到 4 月 29 日前苏联政府才通过塔斯社正式宣布，切尔诺贝利核电站的 4 号堆发生了堆芯爆炸事件。这是国际核电史上最严重的一次核事故，不仅使前苏联蒙受大批人员伤亡和超过 200 余亿卢布的巨大经济损失，而且在世界上也引起了强烈反响。

## 一、概况

切尔诺贝利核电站位于乌克兰首府基辅市以北 130km，距离白俄罗斯边境约 10km。核电站以西 3km 为普里皮亚特镇，居民约 5 万人，是电站的生活区；电站东南 18km 是切尔诺贝利镇，人口约 1.25 万人。电站所处区域具有人口密度较低的特征，大约 70 人 /km²，在电站周围 30km 以内区域中，共有居民约 10 万人。全长 748km 的普利皮亚奇河流经电站后汇入第聂伯河，再经基辅最后进入黑海，是基辅市的饮用水源。

切尔诺贝利核电站开始建造于 1970 年 1 月，共有 4 套机组，第 1、2 号机组并网发电于 1977 年，第 3、4 号机组投产于 1983 年。4 套机组都为 1000MW 的石墨慢化压力管式沸水堆（RBMK-1000 型），堆芯尺寸为高 7m，直径 12m，总计装有约 180 吨含 2% 铀 -235 的低浓缩的二氧化铀燃料。

## 二、事故经过

1986 年 4 月 25 日，核电站的第 4 号机组原计划进行停堆检修，但是在关闭核装置之前，根据核电站有关方面的指令，还必须进行一次旨在提高供电系统安全性的涡轮发电机惰性转动供电试验，即利用涡轮发电机组无动力情况下的惯性，在蒸汽供应中断后，发电机依靠转子的惰性继续保持短时间供电，以确保反应堆的安全。

4 月 25 日凌晨 1 时（当地时间）值班操作员根据反应堆停堆的原检修日程开始降低反应堆额定的运行功率。13 时 05 分当热功率降至 1600MW（约为额定功率的 50%）时，从电网切除了第 4 号机组的 7 号汽轮发电机，机组本身切换到 8 号汽轮发电机。14 时根据试验计划要求切断反应堆紧急冷却系统。由于反应堆不能在没有事故冷却系统下运行，理应停堆。但是当时"基辅动力公司"的调度员不同意停堆，因此反应堆实际是在没有紧急冷却系统的情况下仍继续运行。23 时 10 分因得到可以停堆的许可，又开始按试验计划的规定，把反应堆的功率进一步降至 700～1000MW。然而操作员未能控制好，结果使反应堆的功率降到 30MW 以下。在这种情况下，反应堆停堆，操作员没有考虑到这种利害关系，并又试图想重新提高功率，但经努力未能成功。此时，反应堆中因碘 -135 衰变为氙 -135 的过程中使

氙 -135 大量堆积, 降低了堆芯的反应性。为了弥补这种反应性的降低, 把功率再提上去, 操作人员不顾反应堆安全所需的插入堆芯的控制棒不能少于 30 根的规定要求, 却在插入堆芯仅剩 6～8 根控制棒的情况下继续运行, 把大量控制棒都提到堆芯的顶部。

4 月 26 日 1 时操作人员终于把反应堆的功率提高, 但不是稳定在原试验计划要求的 700～1000MW, 而是稳定在 200MW (约为额定功率的 6%) 水平上。为提高试验开始后反应堆活性区冷却的可靠性, 操作人员在原 6 台主循环泵运行的情况下又启动了 2 台备用主循环泵, 使冷却剂流量大大超过标准, 造成蒸汽量减少, 压力下降。1 时 23 分时, 过剩反应性已到要求立即停堆的水平, 但操作人员未停堆, 反而关闭了事故紧急调节阀等安全保护系统。当反应堆功率开始迅速上升时, 试图将所有控制棒插入堆芯紧急停堆, 但因控制棒受阻而未能及时插入堆芯底部, 使堆芯失水熔毁, 核燃料因热量聚集过多而炸成碎块。当紧急注入水后, 使产生的过热蒸汽与烧熔的元件、包壳及石墨发生反应, 产生大量氢气、甲烷和一氧化碳, 这些易燃易爆的气体与氧气结合, 发生猛烈的化学爆炸, 1000 吨重的堆顶盖板被掀起, 堆中所有管道破裂, 反应堆厂房倒塌, 使堆芯进一步被破坏, 熊熊烈火达十层楼高, 热气团将堆芯中的大量放射性物质抛向 1200m 空中, 而后向水平方向传输。

这次核事故的原因, 是由于核电站设计上的缺陷和人为因素造成的。为了灭火及覆盖反应堆和吸收放射性气溶胶颗粒, 从 4 月 27 日到 5 月 10 日, 调动 300 多架次军用直升飞机空投了 5000 吨炭化硼、白云石、砂土和铅等混合物。为防止堆底部结构破坏, 修筑了人工排热通道。后来将整个反应堆用混凝土封闭, 形成所谓的 "石棺"。

## 三、事故后果

### (一) 对环境的影响

根据 IAEA 所公布的数据, 切尔诺贝利事故释放出的放射性物质的总活度约 $12 \times 10^{18}$Bq, 其中包括 $(6 \sim 7) \times 10^{18}$Bq 的惰性气体, 相当于 100% 的堆内总量; 碘 -131 为 $2 \times 10^{18}$Bq, 相当于 60% 堆内总量; 铯 -137 为 $9 \times 10^{16}$Bq, 相当于 50% 堆内总量; 铯 -134 为 $6 \times 10^{16}$Bq, 相当于 20% 堆内总量。相当于堆内 3%～4% 的烧过的核燃料、100% 的堆内产生的惰性气体和 20%～60% 易挥发核素释放到堆外; 由于释放出来的放射性物质随大气扩散, 造成大范围的污染。据估算, 事故放射性物质释放量扩散到各地区的比例大体为: 事故现场 12%, 20km 范围内 51%, 20km 范围以外 37%。由于持续 10 多天的释放以及气象变化等因素, 在欧洲造成复杂的烟羽弥散轨迹, 放射性物质沉降在前苏联西部广大地区和欧洲国家, 事故后在整个北半球均可测出放射性沉降物。

### (二) 对健康的影响

事故发生的第一天大约有 1000 名核电站员工及应急工作人员严重暴露于高度核辐射。事故中被认为患急性放射病, 而送入医院者共 237 人, 确诊为不同程度急性放射病患者 134 人; 现场急性放射病死亡 28 人, 非辐照原因死亡 3 人, 其中 1 人死于冠脉栓塞, 总计现场死亡人数为 31 人。

事故污染造成了近 4000 例甲状腺癌, 主要是事故发生时儿童和青少年受到了影响, 至少有 9 名儿童死于甲状腺癌; 但是从白俄罗斯的情况来看, 癌症患者的幸存率几乎是 99%。

与自然本底水平相比, 大多数应急工作人员和生活在污染区的民众受到的全身辐射剂量较低。因此，没有证据表明受影响人群的生育率下降，也没有证据表明核辐射造成先天性畸形增多。

切尔诺贝利对精神健康造成的影响才是"事故引起的最大的公共卫生问题"，并且这种精神上的创伤部分原因是信息讹误造成。精神健康方面的问题主要表现在：对健康状况进行负面的自我估计，认为寿命减少，缺乏主动精神，依赖国家援助。前苏联地区现在贫穷，"生活方式"性疾病肆虐，精神健康问题比辐射暴露对当地社区的威胁更大。对于辐射威胁长期的误解和其神秘感导致受影响地区居民相信"瘫痪宿命论"。对于 350 000 名撤离受影响地区的人们来说，移居被证明是"极度创伤的体验"。虽然事故发生后，116 000 人立即从重度影响区撤出，但是后来的搬迁行动对减少辐射暴露效果不明显。

（三）公众防护问题

事故后，4 月 27 日晨 7 时，普里皮亚特镇的空气剂量率接近 0.01Gy/h，17 时撤走了全部约 5 万人，在以后的几天内，又从核电站周围 30km 区域撤走 9 万人。事故后一共有 35 万多人已经迁出了污染最严重的地区。

据报道，事故的第二天早上就对普里皮亚特镇进行挨家挨户的通知，要求当地居民关闭窗户在室内隐蔽，并分发碘片。据统计该镇的 4.5 万居民和 30km 范围内的 71 个村庄的约 9 万居民都同时服用了碘片（碘化钾）。但也有资料报道，在事故发生的当天，官方没有通知让居民留在室内，公共场所照常开放，许多大人和小孩仍在游乐场所内休闲玩乐，也未及时分发碘片，一些儿童与公众都受到了不必要的照射。

波兰是切尔诺贝利事故后唯一对全国公众发放稳定碘的国家。4 月 29 日，行政当局发出了对波兰北部及中部的 11 个县、16 岁以下的儿童实行发放稳定碘的劝告。之后，考虑到对整个社会心理效应的影响，这一劝告在全国范围内也适用。这次对公众实行的稳定碘发放，是行政当局迫不得已作出的决定。因为对服用稳定碘的利弊进行定量分析的资料和时间不足，同时也未从前苏联得到任何有关事故的情报。根据事故后推算的甲状腺受照剂量全国平均为 1～10mSv。严重污染地区的最高值在 100～200mSv。因此，虽然没有必要在全国范围内实施稳定碘的服用，但是此次行动对严重污染地区来说是非常必要且及时的。

## 四、事故原因

1. **违章操作**　从本质上说，切尔诺贝利事故是由过快反应性引入而造成的严重事故。管理混乱，严重违章是这次严重事故发生的主要原因。操作人员在操作过程中严重地违反了运行规程。

2. **设计缺陷**

（1）正空泡系数（正功率系数）：RBMK-1000 型石墨反应堆在设计上存在严重缺陷，固有安全性差。反应堆具有正的空泡反应性系数。在堆功率低于 20% 额定功率时，功率反应性系数是正值。因而，在 20% 额定功率以下运行时，反应堆易于出现极大的不稳定性。在其他各种外在因素（操作人员多次严重违犯操作规程等）存在条件下，正是通过这个内在的正的空泡反应系数导致反应堆瞬发临界，造成了堆芯碎裂事故。

（2）没有安全壳：RBMK-1000 型石墨反应堆没有安全壳，这是该事故对环境造成严重影响的一个原因。当放射性物质大量泄漏时，没有任何防护设施能阻止它进入大气。

### 五、切尔诺贝利核电站的现状

因为 4 号反应堆中泄漏的放射性物质到目前只是非常小的一部分，多数科学家相信，百分之九十（大约 190 吨铀和 1 吨钚）仍然是在"石棺"之下。至少在未来的十万年里对人类存在威胁。切尔诺贝利的"石棺"，将比所有任何其他"世纪性"标志存在得更为长久，也许它的寿命会比埃及的金字塔还长。现在，切尔诺贝利核电站的 4 号反应堆被封存在厚重的"石棺"内，"石棺"设计寿命 10 年，但迄今已使用 25 年，其外部表面已出现裂缝。乌克兰政府 2011 年 4 月 19 日经由国际捐助会议募得总计 5.5 亿欧元捐助资金，将用于建造一个设计寿命达 100 年的拱形钢结构外壳，这个设计高度 110m 的金属外壳可防止持续放射污染，消除因"石棺"破损产生的污染隐患。外壳定于 2015 年落成。

切尔诺贝利核电站事故是历史上最严重的一次核事故，重创了世界核能发展，对政治、经济、社会、环境及人体健康，均造成了很大影响和不良后果，但在整个事故处理过程中，也提供了丰富、可贵的经验和教训。

## 第四节　美国三哩岛核事故

1979 年 3 月 28 日凌晨，美国宾州的三哩岛核电站由于设备故障和人为疏忽等原因造成核事故。但由于核电站安全壳的有效保护，只有少量的放射性气体排出。经剂量评估，整个事件造成部分公众的最大个人剂量为 0.8mSv，核电站周围 80km 范围内，平均公众个人接受剂量水平为 15mSv，在国际核和辐射事件分级表上列为第 5 级。

### 一、概况

三哩岛核电站位于美国东北部的宾夕法尼亚州，在宾州首府哈里斯堡东南约 15km 处，是萨斯奎哈纳河上的一个小岛。美国巴布科克（Babcock）和威尔科克斯（Wilcox）公司 1971 年在位于宾夕法尼亚州哈里斯堡附近的三哩岛上建设了 790MW 的压水堆核电站，从 1974 年开始进入了正式运行，1973 年动工兴建第二座 880MW 的 2 号机组（TMI Unit 2，压水型反应堆）于 1978 年 12 月建成。发生核突发事件的是 2 号机组，从建成到发生事故仅只运转了约三个月的时间。

### 二、事故经过

1979 年 3 月 28 日早晨 4 点 30 分左右，三哩岛核电站 2 号机组主水泵停转，辅助水泵按照预设的程序启动，但是由于辅助回路中一道阀门在此前的例行检修中没有按规定打开，导致辅助回路没有正常启动，二回路冷却水没有按照程序进入蒸汽发生器，热量在堆心聚集，堆心压力上升。堆心压力的上升导致减压阀开启，冷却水流出，由于发生机械故障，在堆心压力回复正常值后堆心冷却水继续注入减压水槽，造成减压水槽水满外溢。一回路冷却水大量排出造成堆心温度上升，待运行人员发现问题所在的时候，堆芯燃料的 47% 已经融毁并发生泄漏，系统发出了放射性物质泄漏的警报，但由于当时警报蜂起，核泄漏的警报并未引起运行人员的注意，甚至现时无人能够回忆起这个警报。直到当天晚上 8 点，二号堆一、二回路均恢复正常运转，但运行人员始终没有察觉堆芯的损坏和放射性物质的泄漏。

## 三、事故后果

### （一）对环境和健康的影响

本次核事故对反应堆本身的损坏是严重的，堆芯体积约 35% 已成了碎片，仅核突发事件后的总清理费用就达 10 亿美元，故经济损失严重。然而，对周围环境和公众健康的辐射危害却出乎意料地小，据估计三哩岛核事故排放到周围环境的放射性惰性气体的释放量为 $9 \times 10^{16} \sim 5 \times 10^{17} Bq$；放射性碘的释放量约为 $6 \times 10^{11} Bq$；放射性氙的释放量约为 $1 \times 10^{16} Bq$，以及放射性氪的释放量约为 $8 \times 10^{10} Bq$。事故中逸出的长寿命放射性核素的沉积，在测量仪器的可测限以下。

经调查，对核电站下游的 2 个地点多次采集河水样品都没有检出任何放射性物质，在周围 3km 范围内采集的 170 个植物样品均没有查出有放射性碘；在周围 8km 范围内采集近 150 个土壤样品中也没发现有任何放射性物质；有 152 个空气样品中，只有 8 个样品发现有微量的放射性碘，其中浓度最大的仅为 $9 \times 10^{-4} Bq/L$，为当时居民区容许浓度的 1/4；在大量的牛奶样品中也基本没有查出有放射性碘，个别最大浓度也只有 $0.5 \sim 1.6 Bq/L$，仅为美国国家允许浓度限值的 0.3%。

由于有厚实的安全壳防护，在安全壳外的射线剂量当量率只有零点几 mSv/h，离核电站 8km 范围内的剂量当量率也只有 $10 \sim 30 \mu Sv/h$，大约只相当于从北京到广州乘坐一次喷气式飞机在空中所接受的宇宙射线的剂量水平，或约为年天然本底照射水平的 1%。由此可见，三哩岛核事故对环境和周围居民产生的危害是很小的。

### （二）公众防护问题

由于对核事故的发生事先估计不足，弄清问题和研究措施又需要时间，考虑到反应堆氢气爆炸的潜在危险太大，其后果又难于估计，美国核管理委员会在征求许多专家的意见后，决定对公众采取预防性的安全撤离措施。3 月 30 日宾夕法尼亚州的州长在美国核管理委员会主席建议下发出公告，要求 8km 内的学龄前儿童和妊娠妇女撤离，并劝告 16km 范围内的居民待在家里，紧闭门窗。据估计，从 3 月 31 日至 4 月 11 日撤离的人数高达 8 万人，在核电站周围 32km 半径内大约撤走了 20 万居民，从而引起公众的普遍惊慌。再加上当时有些新闻媒体的有意夸大，制造耸人听闻的新闻报道，导致周围居民都争先恐后地纷纷离开三哩岛地区，而引起世界性的轰动，给三哩岛核事故蒙上了恐怖的色彩。

1939 年美国食品药品管理局（FDA）就正式批准碘化钾用于核事故应急，1978 年宣布碘化钾是核事故应急时阻断甲状腺摄取放射性碘的安全和有效的手段。三哩岛核电站事故时，FDA 曾向事故现场调拨碘化钾，但未使用。

## 四、经验与教训

1. 三哩岛核事故的教训主要在组织管理、操作人员素质培训与人机联系等方面，特别是操作人员的屡次操作失误，其教训尤为深刻。据报道，当时几个在处理事故过程中的操作人员，甚至连堆芯因失水、温度高引起堆芯沸腾的问题都没有想到过，在安全壳内观察到有强放射性水平以后的 3～4 天里仍没有意识到燃料元件包壳可能严重损坏等，可见操作人员的实际素质与技能水平是何等之差。三哩岛核电站为实现反应堆的安全而设计有多层设防的纵深防护结构，如果不是操作人员强行干预了安全系统与设备的工作，堆芯损坏和放射性向外逸出是不会发生的，故操作人员和工程技术人员必须接受事故判断能力方面的实践训练，这对确保安全至关重要。

2. 三哩岛核事故也暴露出在安全系统上的一些不足之处，诸如怎样防止一些人为故障与及时预测、预报等问题；操作人员一旦误操作，如何在安全系统中能及时反映显示出来，以提醒相关人员能及时纠正等。

3. 三哩岛核事故以前，总认为核电站设计、建造和运转十分可靠，发生严重事故的机会极少，即使发生，对厂外几乎无放射性影响。一般来说，这样的认识是符合事实的，问题是对核电站本身的可靠性过于自信，"绝对化"了，因此对严重事故可能发生缺少充分思想准备。三哩岛核事故前，已有人两次反映事故隐患，但却没有得到重视和引起警觉。

4. 二次世界大战后，美国忽视了政府的核事故总体应急计划。联邦、州和当地政府一级的应急计划也缺乏有效的组织领导，资金不足，管理上陷于一般化。

5. 1979 年之前，没有一个美国的核电站受监管。但是，美国三哩岛核电站事故发生后，导致更严格的安全标准的核电站出现。当局想方设法提高操作人员的培训，为管理人员提供知识和工具。现在，美国的每个核电站都必须有模拟控制室，这是和电站神经中枢一模一样的模拟器。控制室操作者每六个星期中有一个星期要在这个模拟控制室进行训练。训练是非常逼真的。所有操作人员都必须接受培训，以提高他们的应急反应和处理事故的能力。美国三哩岛核电站发生的泄漏事故，是人类历史上第一次核电站泄漏事故，对人类如何安全利用核能提出了警示。三哩岛核事故虽然没有导致任何核电站工作人员或者附近居民死伤，但所带来的最大影响却是公众对核电的态度，严重打击了核电行业的发展。自这场核事故之后，美国再未发生核事故，三哩岛事件使美国国内核能建设停滞不前，美国核管理委员会甚至有 30 年不审批建立新核电站的申请。

# 第五节 巴西戈亚尼亚铯源事故

放射源丢失事故在世界各地都曾发生过。一旦这些放射源流入民间并到处扩散，将可能造成人员伤亡、环境污染等严重后果，巴西戈亚尼亚铯源事故就是这种情况。

## 一、事故经过

1987 年 9 月，巴西戈亚尼亚市两名居民在一家私立放射治疗机构存放废弃的一台铯-137 放射治疗机的旧房中，想寻找可以变卖的废旧物品，而将该放射治疗机机头上的放射源容器窃回家中，并将其拆开。源壳内易溶解的放射性氯化铯部分漏出，造成住所的污染。后来又将放射源容器卖给了废品收购店，在随后的几天里，店主的一些亲友和邻居纷纷前来观看源物质在暗处发出蓝光的这一奇怪现象。店主还将谷粒大小的源碎片分发给几位朋友，他们将其装入口袋，放在床上或涂在身上。几天后，这些人开始出现胃肠道症状。当一位患者带着源碎片到医院看病时，恰有一位医学物理专家参加皮肤损伤的会诊，才怀疑是放射性导致的皮肤损伤。经过对患者的跟踪和测量，最后才找到放射源。这次事件造成了7 个主要污染区、85 处房屋被污染，按防护标准，41 间民居中 200 人需要撤离。

## 二、事故后果

在确定为严重放射事故后，从巴西各地赶来的物理人员和医师，将当地奥林匹克运动场作为受污染人员的集中点，第一批可疑人员中有 20 人被确定需要住院治疗，估计他们的受照剂量可达重度急性放射病的水平。

发现事故后的当晚，种种流言开始传播。许多人出现急性焦虑和心理紧张，有 11 万多人涌到体育馆或其他医疗机构要求进行医学检查。许多人去奥林匹克运动场监测站，要求检查是否受放射性污染并给予证明，以作为参与正常社交活动的凭证。在排队候检的人群中，恐惧深深地笼罩在每个人的心头，有人因忧虑和恐惧而晕倒在地，更多的人诉说有腹泻和呕吐等症状。在接受检查的 11.2 万人中，实际只有 249 人被确认受到辐射（占 0.2%），其中有 121 人的体内受放射性铯污染，54 人需要住院治疗，而受照剂量较大的只有 12 人，其中 4 人抢救无效而死亡。

在成千上万要求做医学检查的人员中，绝大部分是由于心理影响造成的各种症状，这种心理影响在灾后相当长的一段时期内难以恢复。此外，社会歧视问题在巴西这起事故中表现得最为突出，戈亚尼亚市的居民在事件发生后较长一段时间内，仍然受到来自各方面的歧视。新闻媒介的渲染加重了公众对事件的关注，人群中出现了"射线恐怖"。其他地区的旅店拒绝戈亚尼亚市居民入住，有些航空公司的飞行员拒绝驾驶有该地区居民乘坐的飞机，挂有该地区牌照的汽车在其他地区遭到石块的袭击。由于事故的影响，该州的主要农产品（牛肉、谷物等）的销售量减少了 1/4。

## 三、放射性污染去污工作

在去污工作中收集到的放射性废物共用了 38 000 个工业用圆桶（100L/ 桶）、1400 个铁箱（1.2m³/ 箱）、10 个集装箱（32m³/ 箱）和 6 个水泥井。这些容器先存放在临时库址，1999 年移至面积共为 1.6km² 的两处永久性放射性废物库，形成两个小丘，覆土造林，划为环境保护区，进行放射生态学监测。

## 四、经验与教训

1. 公众对辐射知识缺乏，无知酿成了悲剧。
2. 废放射源的管理十分重要，公众对废放射源应有的警惕性也十分重要。

# 第六节 山西忻州辐射事故

## 一、事故经过

1973 年山西忻县地区行署科技局（现忻州地区科委）为了培养良种，筹建了钴 -60 辐照装置。1973—1981 年使用期间，省卫生行政部门曾组织有关技术人员，对辐照加工装置及放射工作场所进行多次监督监测，并办理有关手续。

1980 年，地区科委原建筑小红楼二十间产权归属忻州地区环境监测站。其中，辐照室和附属两间操作室仍归科委所有，待钴 -60 迁走后，全部建筑物无偿移交忻州地区环境监测站。1981 年 9 月地区科委搬迁后，即停止使用辐照室，就地封存。

1991 年，忻州地区环境监测站因急于扩建使用仍属忻州地区科委的辐照室，未与省卫生、公安部门联系，未办理注销手续，未向忻州地区科委索取辐照加工装置密封源的有关资料，且没有制订拆除辐照加工装置实施方案，仅请示省环保局后，由省环保局安排省放射环境管理站负责承办收贮忻州地区科委放射源的工作。省放射环境管理站决定并组织对忻州科委的放射源进行倒装、收贮运输工作，同时，只和中国辐射防护研究院（简称中辐院）2 名技术人员个人联系到忻州倒装、收贮放射源工作。1991 年 6 月 25 日，在未受地区科委的委托和没有查明放射源有关材料，仅凭地区科委钴 -60 放射源专职管理人员口头介绍有 4 个放射源情况下，便组织了倒装、收贮放射源的工作。因辐照室钴源井水混浊不清，需将井水换清。在未化验井水有无污染的情况下，就将井水随意排放。1991 年 6 月 26 日开始倒装放射源，省放射环境管理站 2 名工作人员负责现场监测，中辐院 2 名技术人员负责倒装技术操作，因从不锈钢筒中倒出的钴 -60 放射源个数与提供的放射源数（4 个）不一致，多了 2 个。其中有一个颜色发暗的，在未进行监测的情况下，便误认为是一个"假源"，而将 5 个颜色发亮的装入铅罐，在场人员均未提出异议。在收贮放射源的实施过程中，没有现场监测记录及监测报告，倒装放射源的当天，相关人员对院内和钴 -60 辐照室进行了监测（没有书面报告）。源井中有 2.9m 深的水，未进行抽干钴源井水就进行了监测，并认为井内没有放射源。采集了两瓶钴源井水，回去后也未作测量。1991 年 7 月 7 日至 7 月 8 日，忻州地区环境监测站，在未办理退役手续的情况下，雇用民工将钴 -60 放射源井水淘完。8 月 10 日，由太原兴华化学材料厂爆破队爆破拆除了忻州地区辐照室，8 月 28 日，忻州地区环境监测站与忻州市建筑工程公司签订了《环境监测站拆除施工协议》，要求将辐照室拆除并清理至辐照室地面以下 0.8m。

1992 年 10 月 27 日，开始基建施工，承建单位雇用了忻州市附近的民工挖掘地基拆除钴井工程。11 月 18 日，民工侯 ×× 在井底挖出一个瓷盘和一根圆柱形铅捧带回家中。据民工张 ×× 证实，11 月 19 日上午 9 时许，民工张 × 昌在钴 -60 放射源井外东北侧拾到一圆柱形钢体装入身穿的皮夹克口袋内。大约 11 时即感到头晕、恶心、呕吐，不能继续劳动，由同事董 ×× 将其送回家中。下午张 ×× 的哥哥等人陪同张 ×× 到地区医院就诊。张 ×× 的哥哥在陪侍张 ×× 的第四天也发病住院。两兄弟的症状体征基本相同。11 月 26 日，两兄弟病情进一步恶化，下午转入山西医学院第一附属医院（以下简称山医一院）继续治疗，医治无效，张 ×× 于 12 月 2 日出院回到家中死亡，陪侍的张 ×× 的哥哥于 12 月 7 日也在家中死亡。张 ×× 的父亲一直陪侍两个儿子看病也相续发病，于 12 月 10 日死亡。张 ×× 之妻于 12 月 17 日到北京医科大学第二人民医院（以下简北医人民医院）就诊，诊断为放射病。经中辐院根据受照条件，对张氏父子三人估算了受照剂量，张 ×× 为 44Gy，张 ×× 的哥哥为 8.9Gy，张 ×× 的父亲 8.1Gy。

1992 年 12 月 31 日，省卫生厅接到卫生部通知，张 ×× 的妻子住北医人民医院，诊断倾向急性放射病。省卫生厅成立了放射事故调查领导组，并于 12 月 31 日下午抽调 5 名专业技术人员赴忻州追寻放射源。1992 年 12 月 31 日至 1993 年 2 月 3 日，省卫生厅、防疫站和忻州地区卫生局、防疫站及卫生部工业卫生实验所的专业技术人员曾先后 8 次对死者住地、火葬场、坟地、周围环境及钴源辐照室源井旧址等一切可疑的地方进行了全面细致的监测，均未找到放射源。从张 ×× 的岳父处了解到，其在山医一院陪侍张 ××

的皮夹克衣袋中掉出一个"铁疙瘩"。另据山西医学院一位学生提供，1992年11月26日晚7时许，在山医一院急诊室给张××检查诊断过程中，发现从张××皮夹克右侧兜里掉出一个褐色圆柱金属体，患者家属拾起，张××表示无用，家属便将该金属体扔到废纸篓里。为此，省卫生厅组织省防疫站有关技术人员，对山医一院所有垃圾堆、急诊室、传染科、厕所和山医一院垃圾站到市垃圾场沿途等可疑地点进行了监测，均为本底水平。从1993年1月6日到2月1日，省卫生厅组织省防疫站、太原市职防所有关技术人员，曾6次对民工倒垃圾现场和东山50m深的大沟内垃圾进行监测。经反复多次做倒垃圾工人的工作，最后倒垃圾工人承认，从1992年11月26日以后，他将山医一院的垃圾倒在晋祠公路旁的田地里。2月1日下午，省卫生厅人员带领省卫生防疫站的技术人员携带仪器在晋祠公路南屯村以南发现了钴-60放射源。由卫生厅与省公安厅联系，对现场进行了警戒。同时与中辐院联系，请该院制订收源方案。2月2日14时，省卫生厅主管领导赴现场指挥，公安部门中断了晋祠公路一段交通，晚19时30分，西山矿务局挖掘机到达指定位置，在技术人员指导下，挖掘机一次就将放射源挖出倒在指定位置，工作人员经过40分钟紧张工作，将放射源回收装入铅罐，运到中辐院废物库暂存，并经中辐院和省防疫站在收源的地方进行了监测，未再发现辐射水平升高现象。

## 二、事故原因

造成这起事故的主要原因是：

1. 山西省放射环境管理站是放射性核素的收贮管理机构，本应执行国家的有关法规、规章，山西省放射环境管理站严重违反了国务院44号令《放射性同位素与射线装置放射防护条例》、《辐射防护规定》、《放射环境管理办法》等法规、规章。在未接到注销、退役手续、环境影响评价手续，也未收集到源的原始资料，也未制订倒装、收贮放射源工作计划，就开始并草率完成了收贮工作，属严重责任事故。

2. 在倒装、收贮放射源过程中，严重违反技术操作规程，在源井中还有2.9m深的水，未进行抽干就进行监测，并认为井内没有放射源。中辐院2名专业技术人员未经单位同意私自参加倒装、收贮源的工作，在未掌握原始资料的情况下，盲目倒装放射源，并把颜色发暗的放射源未经监测认为是"假源"，属严重失职。

3. 忻州地区环境监测站在未接到地区科委委托，便超越职权，委托省放射环境管理站到忻州倒装、收贮源，送贮前既没有要求忻州地区科委办理注销许可登记、申请退役、作出环境评价手续，地区环境监测站也没有办理上述手续，就实施倒装、收贮放射源。在倒装、收贮钴-60放射源时，未按规定通知当地卫生、公安部门实施监督，也未通知科委主要领导到场，这些也是造成事故的重要原因。

4. 地区科委作为钴源所有权的单位，在移交过程中，对房屋移交以及迁源手续的办理检查不严，对钴源管理不严，账目不清。身为放射源的专职管理人员对源实际数目掌握不准、账目不清，在参与倒装源的工作中事前不请示地区科委领导，事后也没有汇报，擅自移交辐照室，对此次事故应负有一定责任。

## 三、事故后果

违章处置退役源致公众死伤多人。1992年11月19日上午民工张××发病，后来，陪侍人张××的哥哥和父亲也发病先后在地区医院、山医一院进行抢救治疗无效,相继在家中死亡,魏××于 11 月 19 日至 11 月 23 日在地区医院急诊室与张×× 同住观察室治疗而受到照射,于 1993 年元月 12 日到北医大人民医院住院治疗。张×× 的妻子和女儿在中辐院附属医院及北医人民医院检查住院治疗三次。

这次事故发生后,省卫生防疫站、卫生部工卫所、中辐院等单位对放射事故开展了生物剂量估算及血象分析。受到不同有效剂量当量 $H_E$(Gy)的人数为:>1Gy 5 人,0.5~1Gy 3 人,0.25~0.5Gy 7 人,0.1~0.25Gy 25 人,0.05~0.1Gy 28 人,0.01~0.05Gy 58 人,0.005~0.01Gy 16 人。共 142 人。

### 四、经验与教训

从这起恶性事故中,应吸取的经验教训主要有:

1. 这次事故充分说明使用和倒装、收贮放射源的单位,必须认真贯彻执行国家《放射性同位素与射线装置放射防护条例》、《辐射防护规定》、《放射环境管理办法》等法规、规章;重视放射防护及安全实施工作,增强法制意识;健全各种制度。

2. 提高专业技术人员的基本专业知识,树立认真负责的工作精神及严谨的工作方法和实事求是的科学态度。

3. 倒装辐射源是一项技术性、专业性很强的工作,需制订周密工作计划,专业人员经过培训和实际操作训练后方可从事此项工作。

4. 医务人员缺乏放射病诊断治疗的基本知识。在这起事故中,所发生的放射病临床症状典型,但在多家医院住院治疗,经很多专家会诊,都未能确诊。最后到北京大学人民医院就诊并由专业机构卫生部工业卫生实验所经生物剂量估算才确诊为急性放射病。放射事故不同于其他事故,有它的特殊性。由于人们对放射性知识不很了解,导致对放射性所致的损伤一无所知,甚至一般的医师由于没有经过相关放射病诊断治疗的专业知识培训,对造成危及生命的放射病都感到陌生,以为是什么恶性传染病。因此今后一是要加强对公众的核与辐射科普知识的宣传,二是要加强对医务人员的核与辐射专业知识的培训。

# 第七节　山东济宁 $^{60}$Co 辐射事故

2004 年 10 月 21 日 17 时 30 分,山东省济宁市金乡县华光辐照厂发生了一起人员意外受到 $^{60}$Co 放射源照射事故,2 例患者诊断为极重度急性放射病。事故发生后,我国各级放射应急医学救援组织快速响应,密切合作,开展了对事故损伤患者的医学救援工作,延长了患者的存活时间,并为处理大剂量误照事故的医学救援工作积累了宝贵的经验。

### 一、事故经过

华光辐照厂位于山东省济宁市金乡县高河乡。该辐照厂建于 1994 年,为自行设计建造的静态堆码式辐照装置。辐照源为 $^{60}$Co,1994 年加源 2.7PBq,1999 年 5 月又加源 1.6PBq,事发时的活度为 1.4PBq。2004 年 10 月 21 日下午,由于该辐照装置的铁网门安全连锁、降源限位开关、踏板降源装置、3 道防人员误入辐照室的光电连锁等 6 层安全装置及拉线开关全部失灵,放射源未正常回落到井下安全位置,2 名工作人员未经监测进入辐照室工作,造成超剂量误照射。待发现受照而撤出辐照室时，2 名工作人员受照时间为 5～10 分钟，受照人员距离放射源 0.8～1.7m。2 人受照后不久便出现呕吐症状，初步判断受照剂量大于 10Gy。

## 二、事故处理

### （一）医学救援

事故发生后，2 例患者于当日 19 时被送到当地金乡县医院住院治疗。患者在该院经输液治疗后，于 22 日上午转往山东省医院。2004 年 10 月 22 日 9 时 30 分，山东省疾病预防控制中心（简称山东省疾控中心）接到事故单位的电话报告后，根据事故单位电话报告提供的有关信息，对受照人员的受照剂量进行了快速估算，并立即上报山东省卫生厅和山东省环保局。根据初步的剂量估算结果，山东省疾控中心判断此次事故重大，当地无能力处理，立即向卫生部核事故医学应急中心请求援助。

2004 年 10 月 22 日上午，卫生部核事故医学应急中心办公室接到山东省疾控中心电话，咨询放射事故大剂量受照患者的医疗救治事宜。山东省疾控中心初步估算 2 例受照人员的受照剂量分别为 20Gy 和 16Gy，可能为极重度急性放射病，紧急请求上级技术支持。卫生部核事故医学应急中心接到请求后，立即向国家核事故医学应急领导小组办公室汇报了这一紧急情况，得到同意后迅速组织专家组到现场进行技术救援。

专家组由卫生部核事故医学应急中心的有关单位组成，包括解放军 307 医院、中国疾病预防控制中心辐射防护与核安全医学所（以下简称中国疾控中心辐射安全所）和中国医学科学院血液病医院的放射损伤救治专家和剂量估算专家。由卫生部核事故医学应急中心带队，并派专车于当日 15 时送专家组前往山东省济南市。

专家组于当日 22 时到达济南市山东省医院，在山东省卫生厅和山东省疾控中心的支持下，立即开展事故受照患者的救治工作。根据向事故单位和患者了解的事故受照情况，估算患者受照剂量可能大于 20Gy 和 16Gy，初步诊断为极重度急性放射病。卫生部核事故医学应急中心立即取 2 例受照患者的血样等样品，于 23 日 2 时 30 分派专车专人送往有关实验室进行检测，估算生物剂量。2 例受照患者的病情非常危重，随时会有生命危险，预后可能不好，需要尽快进行抢救。

由于当地没有相应的救治条件，专家组建议患者应当尽快转入北京解放军 307 医院抢救。患者家属和山东省卫生厅均同意专家组的转院建议。山东省卫生厅组织救护车和有关医护人员护送 2 例受照患者前往北京，于 24 日午夜零时到达北京 307 医院，该院立即组成救治组开展抢救工作。

### （二）剂量估算

为了进一步估算患者的受照剂量，卫生部核事故医学应急中心于 10 月 27 日再次派专家组赴山东省金乡县事故现场，模拟估算受照剂量。在山东省和济宁市卫生部门以及其他有关部门的支持配合下，对事故现场进行了受照时间模拟、受照剂量模拟估算，并开展了现场辐射剂量检测，完成了现场剂量调查任务。

卫生部核事故医学应急中心的各有关单位（解放军 307 医院、中国疾控中心辐射安全所、北京放射医学研究所和中国医学科学院放射医学研究所）积极开展患者的剂量估算工作，包括生物剂量、物理剂量、ESR 剂量和临床剂量估算，协助临床诊断和医疗救治。综合各种剂量估算方法估算的患者受照剂量结果和临床表现，估算病例 A 的受照剂量为 15～

25Gy，病例 B 的受照剂量为 9~15Gy。

### （三）临床救治

由于患者的受照剂量大，病情复杂，救治任务重，转院后，解放军 307 医院全力抢救患者。依据患者的受照剂量、临床表现、实验室检查结果进行综合分析，确认病例 A 患肠型急性放射病，病例 B 患极重度骨髓型急性放射病。患者住院治疗期间，对其进行了抗感染、无菌保护、改善微循环、细胞刺激因子、外周血干细胞移植、对症治疗和支持治疗等综合抢救措施。2 例患者的造血干细胞移植成功，造血功能快速恢复，延长了患者的存活时间。但终因受照剂量过大，全身各系统损伤严重，分别于受照后 33 天和 75 天死亡。

## 三、经验与教训

1. **快速响应，锻炼了我国的医学救援队伍** 济宁"10.21"放射事故发生后，我国有关地区放射应急医学救援组织快速响应，密切合作地开展了对事故损伤患者的医学救援工作，锻炼了医学救援队伍，为核和辐射应急医学救援工作积累了经验。

2. **加强我国的核和辐射应急医学救援准备和响应工作** 随着核能在我国的迅速发展和放射线技术应用的日益扩大，强放射源的应用数量增加，放射事故时有发生，应加强我国的核和辐射应急医学救援准备和响应工作。

3. **尽快在全国建立核和辐射应急医学救援体系** 国务院《核电厂核事故应急管理条例》和新颁布实施的国务院令第 449 号《放射性同位素与射线装置安全和防护条例》规定了卫生部门在核事故应急和放射事故应急工作中的职责和任务。在我国的核和辐射应急准备和响应工作中，卫生部门承担核和辐射应急医学救援职责和任务。核事故应急响应时，卫生部门需根据情况提出保护公众健康的措施建议，组织医学应急支援，并组织现有力量参与对场外应急辐射监测（人员饮用水和食品的监测）进行支援，参与事故调查和健康效应评价，组织对受过量照射人员的医学跟踪。发生放射事故后，卫生部门负责放射事故的医疗应急。因此，应当尽快在全国组织建立核和辐射应急医学救援体系，地方卫生应急部门协调有关卫生部门积极开展核应急和放射应急医学救援工作，加强我国的核和辐射应急医学救援能力建设。

4. **尽快建立强制性的放射损害第三方责任保险机制，保障医学救援经费** 核能和放射线技术的应用是一种高风险活动。核能和放射线技术应用在给人类带来巨大好处的同时，也伴随着巨大的风险。如果发生核事故或放射事故，就可能给公众（第三方）的健康、财产和环境造成损害。西方许多国家已经建立了比较完善的核损害民事责任与赔偿法律体系，以及强制性的第三方核责任保险机制。我国目前还没有专门核损害民事责任的法律。《放射性同位素与射线装置安全和防护条例》第六十一条对放射事故造成损害的民事责任规定，因辐射事故造成他人损害的，依法承担民事责任。国家应当建立强制性的放射损害第三方责任保险机制，凡是生产、销售、使用放射性同位素和射线装置的单位都应当加入放射损害第三方责任保险，规范放射性同位素和射线装置的生产、销售、使用单位的放射损害赔偿责任，使放射事故的医学救援经费能够得到保障，医学救援工作能够顺利开展，事故损伤人员能够得到及时、有效的救治。

5. **国家和地方政府应当设立放射事故应急处理专项资金，保障医学救援经费** 《国务院关于处理第三方核责任问题的批复》和《放射性同位素与射线装置安全和防护条例》明确了核损害或放射损害的民事责任，核事故或放射事故造成的核损害或放射损害，应当由核设施营运人或生产、销售、使用放射性同位素和射线装置的单位承担绝对责任或民事责任。但在发生放射事故后，常常由于各种原因致使事故处理的医学救援经费不能及时到位，影响了医学救援工作的顺利开展。《突发公共卫生事件应急条例》第四十三条规定，县级以上各级人民政府应当提供必要资金，保障因突发事件致病、致残的人员得到及时、有效的救治。国家和地方政府应当设立放射事故应急处理专项资金，储备一定数量的医学救援经费，确保突发核事故或放射事故时能够快速启动医学救援响应行动，保障事故损伤人员能够得到及时、有效的救治。

## 第八节　河南新乡"4.26" $^{60}$Co 源辐射事故

### 一、事故经过

1999 年 4 月 26 日河南省新乡市封丘县发生一起严重的 $^{60}$Co 源辐射事故，某医疗机构人员，将一长期未用的 $^{60}$Co 治疗机卖给废品收购站，当日下午该站人员"勇"、"义"、"民"3 人将铅罐中的两根不锈钢源棒（其中一个无放射源）取出，进行观看、搬移、称重等活动，并放到"勇"家院内，当晚先后转移到室内、菜地，27 日晨拿回院内，下午 5 时又将两根源棒卖给邻村的收购不锈钢个体户"天"，"天"开机动三轮车运回家中，将源棒放在东屋床头北 1.3m 处，其妻儿"梅"、"旺"俩晚上 8 时上床休息，至当晚 12 时，两人先后开始出现恶心、呕吐。"天"从北屋过来照顾两人，与妻儿睡在一起，1 小时后也出现呕吐，至 28 日 4 时许，"天"起来请当地乡村医师来看病，白天外出。"勇"等 3 人因在 27 日卖源棒当天晚上出现恶心等症状，于 28 日找到卖主及其合伙人询问是否有毒，合伙人让他们将不锈钢棒赶快装回铅罐。28 日下午 2 时，"勇"、"义"、"民"3 人到"天"家将源棒取回，轮流操作，历时 3 小时将两根不锈钢棒装入铅罐。

### 二、事故处理

4 月 30 日上午 10 时"勇"、"民"到河南省职业病防治研究所看病，确定为超剂量照射事故，下午 5 时事故调查人员到达事故现场调查事故经过、受照人数和放射源情况。5 月 1 日有关受照人员收住河南省职防所病房，下午开始对其中 7 名受较大剂量照射的人员进行受照条件的调查。

5 月 4 日下午，卫生部核事故医学应急中心第一临床部的中国医学科学院放射医学研究所接到卫生部通知后，按卫生部核事故医学应急规定的要求，立即开始了救治严重辐射损伤患者的有关准备工作，并采取了相应医学应急救治措施：①强化通讯联系保证应急响应速度直通电话 24 小时与卫生部、卫生部核事故医学应急中心及河南职防所联系。同时参加救治人员随时待命。②确保应急响应组织和条件落实，由中国医学科学院放射医学研究所和血液病医院主管领导和专家立即组成应急响应救治组，通过救治组的认真讨论，在患者未到达以前，就初步拟订了救治方案。并立即准备好层流病房 2 间，床旁隔离罩 2 个，为应急响应救治提供条件保障，还对救治器材、血制品、造血刺激因子、抗生素等药品都作了较充分的准备，在 4 小时内完成了应急响应救治的一切准备工作。

5 月 6 日依据物理剂量、生物剂量和临床症状初步判断为重、中度骨髓型急性放射病的"梅"、"旺"、"天"3 人被急送卫生部核事故医学应急中心第一临床部救治。其余轻度放射病和过量照射人员留河南省职防所治疗。5 月 6 日 19 点 50 分,3 个危重患者"梅"、"旺"、"天"3 人被送到天津机场。考虑患者危重,为了确保患者安全,就近接患者,经与机场总调度室等多方联系,救护车直接开到了飞机舱梯旁,及时将患者转送到卫生部核事故医学应急中心第一临床部实施救治。在听取了现场剂量和医务人员介绍病情后,经救治组初诊外照射急性放射损伤,重度骨髓型放射病 1 例("梅"),中度骨髓型放射病 2 例("旺"和"天")。给患者卫生消毒清理后,于 5 月 7 日重度患者进入层流病房,中度患者进入隔离罩内,开始了抢救治疗。"梅"的红骨髓计权平均剂量高达 6.74Gy,当她被送到医院时,已开始进入极期,外周血白细胞已降到 $0.3 \times 10^9$/L 以下,骨髓增生已极度减低,身体极度虚弱,因而对她的医学救治是这次医学救治工作的重点。"梅"的极期特别长,自第 18 天白细胞降至最低值为 $0.05 \times 10^9$/L,$0.3 \times 10^9$/L 以下持续了 22 天,血小板最低值 $2 \times 10^9$/L,低于 $10 \times 10^9$/L 也长达 14 天,加之她还伴有中耳炎,月经期正好在极期,这些给医学应急救治工作带来了更大的困难。对她的医学应急救治成功,也为我国核事故医学应急累积了一些宝贵的经验。

### 三、事故经验

在此次医学应急救治中,不但要做好放射患者的救治工作(特别是危重患者),而且也可以总结出一套核和辐射突发事件情况下医学应急救治的经验。这次事故受照的人员中:从受照的程度上看,有重度、中度、轻度的骨髓型放射病患者,还有受到一般过量照射的人员;从辐射损伤的类型上看,既有综合型的骨髓型辐射损伤,也有局部的皮肤辐射损伤;接受过量照射人员有男也有女;年龄结构分布也较广。

此次医学应急救治工作中,采用了当前国内外已有的医学应急救治先进技术和经验,也积累了一些我国在这方面的独特的经验。例如,当重度偏重患者"梅"在极期中,会因月经来潮而导致严重出血死亡的严重局面,应用了雄性激素,使其月经进入恢复期后才发生;因患者造血系统损伤严重,除应用了 GMCSF,还应用了 EPO,从而加快了造血功能的恢复;在患者剂量重建中,不但采用了常规的物理和生物剂量方法,而且应用了剂量重建技术,例如 EPR 和蒙特卡罗(Monte Carlo)模拟估算的方法。

## 第九节　河南杞县放射源卡源事件

"杞人忧天"的故事出自周代诸侯国杞国,即在今河南杞县一带。2009 年,此地再次上演现代版"杞人忧天"。2009 年 7 月 17 日下午,一些群众乘坐各种交通工具离开杞县。起因是由于河南省杞县利民辐照厂发生了放射源卡源事件,群众听说要发生"核泄露"。得知一些群众受谣言影响离开杞县的消息后,当地政府通过多种渠道及时将事实真相发布给当地群众,说明事件真相,讲解处置措施。同时,杞县政府也组织机关干部在主要交通路口,向群众讲明真相,劝导他们回家。18 日凌晨,绝大多数离家群众返回。这个事件即为"河南杞县放射源卡源事件"。

### 一、事件经过

河南省杞县利民辐照厂是一家从事辐照加工的民营企业,该企业辐照装置采用 $^{60}$Co 放射源照射物品，达到灭菌、消毒等目的。该装置的放射源处于至少 1m 厚的钢筋混凝土结构的辐照室内，进行辐照加工时，将放射源从水井中提起照射物品，使用后放射源即返回到水井中。2009 年 6 月 7 日凌晨 2 时，该企业辐照装置在运行中发生货物意外倒塌，压住了放射源保护罩，并使其发生倾斜，导致 $^{60}$Co 放射源卡住，不能正常回到水井中的安全位置。

6 月 14 日 15 时，辐照室内原辐照加工的物品由于放射源的长时间照射，发生了升温自燃。在消防及环境保护部门采取灌注水等措施后，引燃物于当晚得到有效控制。经河南省辐射安全技术中心监测，附近环境未发现任何辐射污染现象。

7 月 10 日开始，有关开封杞县钴 -60 泄漏的帖子在网络流传，引起网民关注，引发了各种猜测和争议，谣言不胫而走。

7 月 12 日，开封市政府召开新闻发布会，告知群众没有辐射源泄漏及周边辐射污染问题。

7 月 16 日，环境保护部网站介绍了事件的发生原因，并明确指出：发生卡源时，辐照装置正处于工作状态，没有任何人员处于辐照室内，事件未造成人员误照和辐射伤害。由于工业辐照用 $^{60}$Co 属于固体密封源，事件中放射源的不锈钢双层外壳没有遭到直接外力打击，包壳内的放射性物质没有泄漏，没有造成环境污染。按国家对辐照事故的分级管理规定，这次卡源不属于辐射事故，是辐射工作单位一起影响安全的运行事件。事发前，环境保护部门在对该企业的监督检查中，发现了安全隐患，提出了限期整改要求。在整改期间发生卡源事件，说明该企业安全意识淡薄，整改措施没有及时落实。事件发生后，作为核和辐射安全监管部门，环境保护部及时派出有关监督人员和技术专家赴现场监督检查，进行了依法调查。同时，要求河南省有关方面加强对该企业辐照室的人员出入控制和周围环境监测，切实保障公众和环境安全。杞县利民辐照厂会同有关专家编制完成事件处理方案，环境保护部组织了专家论证。因此，只要将放射源收回到安全水井内，就不会造成对人员和环境的威胁。7 月 17 日，环境保护部门领导和专家携带处置机器人到现场开展工作。因意外，两个处置机器人一个损坏后被强行拉出，另一个履带机器人被卡在迷道 16m 处，第一次机器人探测失败。消息不胫而走，加剧了群众对事件的怀疑。

7 月 17 日上午，"杞县发生核泄漏"等谣言，开始通过互联网和手机短信流传。当天下午，一些群众乘坐各种交通工具，从多个方向离开杞县。获知一些百姓受谣言影响离开杞县的消息后，当地政府通过报纸、电台、电视台、手机短信等渠道及时将事实真相发布给当地群众。杞县主管安全的领导和环境保护部有关专家也在电视上发表讲话，说明事件真相，讲解处置措施。同时，杞县政府组织机关干部在主要交通路口，向百姓讲明真相，劝导百姓回家。17 日晚上，绝大多数离家百姓返回。杞县政府还组织公安人员，加大巡逻力度，保证部分离家群众的财产安全。经共同努力，8 月 24 日杞县利民辐照厂卡源故障处置工作取得成功，被卡放射源于当晚 8 时半安全降到贮源井内。至此，困扰杞县 79 天的利民辐照厂卡源故障得到彻底解决。

## 二、事件原因

尽管没有发生"核泄露"现象，但出现公众逃离现象有其深刻的原因。

**1. 核和辐射突发事件成为人民群众的关注焦点**　以前大家对"核"的了解主要是从军事上了解的，突出了"危害性"的一面，现在核能和核技术应用事业发展迅速，发现"核"就在我们身边。但是，由于核电科普及公众宣传工作深度和广度不够，核电决策透明度不高，公众对核电普遍抱有神秘感、恐怖感，导致某种程度上核电发展面临着"政府推进，百姓敏感；专家清楚，群众糊涂"的局面。由于核和辐射突发事件的后果关系到人民群众的身体健康和生命安全，必然成为广大人民群众所关注的焦点。

**2. 信息透明、真实的要求**　突发事件的当事人、知情者，相对而言人数不会太多，更多的人对突发事件的关注只能从报纸、电视、网络等媒体的报道上去了解，了解的内容包括事件的原因、造成的后果或可能造成的后果、事态的发展、采取的措施以及政府的态度。

**3. 产生了传言和谣言，再加上互联网的推波助澜**　作为突发事件，人们在关注的同时，必将有一些传言和谣言产生，这是不以人的意志为转移的。这次河南杞县放射源卡源事件中，大家更是有了切身的感受。特别是在网络时代，信息流的速度比以前快多了。谣言、假消息，当然还有准确消息的散播速度也比以前快得多。而且在互联网上常常根本看不出来什么消息是从谁那里传出来的。在这次河南杞县放射源卡源事件中，有的网站为了吸引眼球，在转发政府部门的稿件时，竟然用"河南杞县放射源泄漏事件：官方称处于安全状态"作为标题。本来"放射源泄漏"是谣言中的提法，却被使用了，这样就会造成一些误导。

**4. 群众对政府的公信力下降**　传统观念认为，政府是一切合法化权力的集合体，政府公信力与生俱来，名正言顺。但是，随着以市场经济为取向的经济体制改革以及由此而推动的社会转型的逐步深入，经济、政治、文化、社会乃至人们的思想观念发生了深刻的变化，公众对政府满足自身利益的期望同政府不能有效地满足人们的期望之间形成了相对越来越突出的矛盾，政府公信力开始受到了质疑。

## 三、经验和教训

流言的扩散传播有两方面的显著特征。一方面，流言所传递信息的新闻价值越大，其传播速度就会越快。一般而言，流言所传递信息与受众有密切关系的易引起受众的关注，容易被快速扩散出去。"杞县钴 60 事件"涉及放射性物质辐射问题，对于杞县人来说，此事与他们休戚相关，可能会影响到他们的正常生产生活，民众的恐慌情绪很快被调动起来。正是基于这样的原因，流言才以惊人的速度扩散，最终导致杞县人的集体"大逃亡"。另一方面，流言所指事件的模糊性加剧了人们的恐惧，同样也加快了流言的传播速度。在危机事件发生时，人们往往会对不确定的事物表现出极大的恐慌。流言产生的根本是权威信息的匮乏，谣言经常因一个信息缺乏解释而问世。在流言传播过程中，它能够不断地吸引人们的注意力。信息越是不全面，人们就越是试图将获取的信息拼凑起来去解释。人们对流言不知不觉地揣摩反而加速了流言的传播扩散。

要消解流言就必须从多角度入手，构建通畅的信息渠道。以下几点经验，值得重视。

**1. 政府要公开发出权威的声音**　流言是一种未经证实而传播的信息。因此，权威明确信息源的设立是流言消解的基础。在应对危机事件中的流言传播时，政府要及时主动的发出权威声音。在信息传播渠道多元化的今天，"流言止于公开"是应对流言的主要手段，"公开"也是消解流言的一种积极态度。

**2. 媒体要及时传递准确的信息**　新闻媒体是社会信息的守望者，其职责就是向社会、向公众及时传达信息。大众传媒以其强大的信息把关和信息广布功能，在应对流言方面有着不可替代的优势。因此，大众传媒是消解流言传播的又一重要手段。在公共危机事件发生时，公众处于一种心理极度恐慌的状态，很容易受到外界一些非正规信息的干扰，其行为极易受到左右。大众传媒的失语更会加快流言的传播，使本来无序的社会更加无序。大众传媒应快速准确地解读政府的政策和措施，让公众明白事实真相，及时消除公众的疑惑。

**3. 公众要理性解读正确的信息** 知情权是公民的基本权利，是个人生存权和发展权的一种体现。现代媒体技术的飞速发展，使得公众接触的信息和内容大大扩展，但公众在媒体面前常表现出极易受到影响，对媒体传递的信息往往不去辨别正确与否而是"照单全收"，这样不利于对事实真相的判断。因此，公众要提高自身媒介素养，学会辨析所获取信息的真伪，正确处理所接触的各式各样的媒介信息，谣言止于智者。

突发的危机事件使社会充满了不确定性和风险，流言传播则更会加重这种不确定性。如何处理好流言传播是危机事件管理的重要组成部分，必须纳入到一定的管理范畴。针对流言的产生和扩散传播过程，制订相关的管理预案，以求防患于未然。

<h1 style="text-align:center">参 考 文 献</h1>

1. 卫生部卫生法制与监督局，公安部三局. 1988～1998 年全国放射事故案例汇编. 北京：中国科学技术出版社，2001：69-75

2. 张良安. 河南"4.26"$^{60}$Co 源辐射事故医学应急救治工作评述. 中华放射医学与防护杂志，2001，21（3）：149

3. 陈英，刘秀林，张学清，等. 哈尔滨辐射事故受照者生物剂量估计和远后效应评价. 中华放射医学与防护杂志，2006，26（2）：125-128

4. 刘英，秦斌，韩玉红，等. 山东济宁 $^{60}$Co 辐射事故的医学救援. 中华放射医学与防护杂志，2007，27（1）：40-42

5. 张天祝. 应对核与辐射突发事件的研究. 核安全，2009，3：6-11

6. 陈竹舟，叶常青. 核与辐射防护手册. 北京：科学出版社，2011：80-82

7. 张伟，秦斌，侯长松，等. 我国对日本福岛核电站事故的卫生应对. 中华放射医学与防护杂志，2012，32（2）：115-117

8. Smith J, Nicholas A Beresford. Chernobyl: Catastrophe and Consequences. Springer, 2005: 5

9. Guskova AK, Gusev IA. Medical aspects of the accident at Chernobyl//Gusev IA, Guskova AK, Mettler FA. Medical management of radiation accidents. 2$^{nd}$ ed. Boca Raton: CRC Press, 2001: 915-210

10. ICRP. Recommendations of the International Commission on Radiological Protection. ICRP Publication 111, Ann. ICRP, 2011